JN272268

# 基礎からの線形代数

博士（理学）　桑野　泰宏　著

コ ロ ナ 社

「基礎からの線形代数(初版1刷)」正誤表

| 頁 | 行・式・図 | 誤 | 正 |
|---|---|---|---|
| 本書で用いる記号 | (7) | ${}^t(\mathbb{R}^n)$ で $n$ 項<u>列</u>ベクトルの | ${}^t(\mathbb{R}^n)$ で $n$ 項<u>行</u>ベクトルの |
| 17 | 式(1.23)右辺 | $\left[\begin{array}{c\|c} ax+by & az+\underline{c}w \\ \hline cx+dy & cz+dw \end{array}\right]$ | $\left[\begin{array}{c\|c} ax+by & az+\underline{b}w \\ \hline cx+dy & cz+dw \end{array}\right]$ |
| 41 | 定義2.4<br>1行目 | 第 $j$ <u>行</u>を | 第 $j$ <u>列</u>を |
| 50 | 例題3.1<br>証明<br>2行目 | $\begin{bmatrix} k_1+k_2 \\ 2k_1+3k_2 \\ 3k_1+5k_{\underline{3}} \end{bmatrix}$ | $\begin{bmatrix} k_1+k_2 \\ 2k_1+3k_2 \\ 3k_1+5k_{\underline{2}} \end{bmatrix}$ |
| 103 | 例4.6の後<br>1行目 | 第<u>2</u>章で | 第<u>3</u>章で |
| 108 | 定義4.6<br>1行目 | 第 $j$ <u>行</u>を | 第 $j$ <u>列</u>を |
| 121 | 式(5.4)<br>左辺 | $A\underline{\boldsymbol{x}}$ | $A\underline{\boldsymbol{v}}$ |
| 155 | 練習1.5<br>4行目<br>右辺 | $\underline{k}\left(\begin{bmatrix} x \\ y \end{bmatrix}\right)$ | $\underline{kf}\left(\begin{bmatrix} x \\ y \end{bmatrix}\right)$ |
| 163 | 練習3.8<br>5行目 | $\xrightarrow[(\text{第}3\text{列})-(\text{第}2\text{列})\times 7]{(\text{第}3\text{列})+(\text{第}1\underline{\text{行}})\times 4}$ | $\xrightarrow[(\text{第}3\text{列})-(\text{第}2\text{列})\times 7]{(\text{第}3\text{列})+(\text{第}1\underline{\text{列}})\times 4}$ |
| 187 | 4章<br>章末問題解答<br>[1]<br>7行目 | 各 $\underline{\sigma_k}$ は奇置換である。 | 各 $\underline{\sigma'_k}$ は奇置換である。 |



最新の正誤表がコロナ社ホームページにある場合がございます。
下記URLにアクセスして[キーワード検索]に書名を入力して下さい。
https://www.coronasha.co.jp

# まえがき

微分積分と線形代数は，大学教養の数学の二本柱として長年確立している。そのうち線形代数を基礎から解説するのが本書の目的である。

線形代数は，いまから 50 年ほど前まで『代数と幾何』や『行列と行列式』の名称で教えられてきた科目の名称と内容を変更してできた科目である。1960 年代は数学教育の現代化が叫ばれた頃で，線形代数のシラバスもその影響を受けている。線形代数が初学者にとって抽象的になりすぎているゆえんでもある。

線形代数の理論は，中学校以来学んできた連立 1 次方程式の解法と深い関連がある。物理学における量子力学，電気工学における電気回路の理論，統計学における因子分析法など，線形代数は広範な分野に応用される。理工系の大学生のみならず，医療系の大学生にも身につけていただきたい科目である。

以下簡単に本書の内容を概説しよう。第 1 章と第 2 章では，平面上と空間におけるベクトルを導入し，さらに，1 次変換との関連を強調する形で 2 次と 3 次の正方行列を導入した。第 3 章では，平面上と空間のベクトルを $n$ 項数ベクトルへと一般化し，さらに，一般サイズの行列と線形写像の理論を展開した。第 4 章では行列式について，第 5 章では行列の標準化，特に行列の対角化について学ぶ。理論的には大変重要だが，少し難しいので最初に読む際は飛ばしたほうがよいと考えたいくつかの定理・命題などを付録に収めてある。

線形代数の定理の多くは「あたり前」の事実である。もちろん，あたり前だからといって定理の証明がやさしいわけではない。むしろ，行列の基本変形などの操作に習熟する中で，定理が主張する内容があたり前に感じられるようになれば理解したも同然である。その意味で，最初に読むときは，定理の証明を飛ばしてもよいから，例題・練習等を必ず自分の手を動かして解いていただきたい。本書では一つの事例をいろいろな角度から問題として取り上げた。線形代数の理論全体が一つにつながっていることを実感してもらいたいからである。

高等学校で新学習指導要領が実施され，また，最近多くの大学で，教育の質向上を目指した改革が行われている。本書がこのような変化に適応した新しい教科書の一つになるなら，著者の喜びはこれにまさることはない。

大学の同僚の高英聖氏には，原稿を読んでいただき貴重なご意見をいただいた。コロナ社の方々には，本書の執筆を勧めていただき，編集作業を通じて多大なるご協力をいただいた。これらの方々に心から感謝いたします。

2014 年 7 月

桑野泰宏

本書の使い方

- 以下の項目をひとまとめにして，各章の中で通し番号を付している。
  - **定理・命題・補題・系**とは，定義等から論理的に証明された事柄をいう。これらの中で非常に重要なものを定理，重要なものを命題，命題等を証明するのに必要な補助命題を補題，命題等から容易に導かれるものを系としたが，その区別は厳密なものではない。
- 以下の各項目および重要な式，本文中の説明をわかりやすくするための図には，それぞれ各章の中で通し番号を付してある。
  - **定義**とは，言葉の意味や用法について定めたものである。
  - **注意**とは，定義や定理・命題等に関する注意である。
  - **例**とは，定義や定理・命題等の理解を助けるための実例である。
  - **例題**では，基本的な問題の解き方を丁寧に説明した。
  - **練習**は，（一部の例外を除き）例題の類題である。
- 各章の章末には，まとめの問題を**章末問題**として配置した。
- 本書では，証明の終わりに □，解答例の終わりに ◆ を付した。
- 重要な用語は太字にし，巻末の索引で引用するとともに，一部の用語には英訳を付した。探したい項目や式を見つけるには，それぞれの通し番号を参考にするとともに，目次や索引を活用して欲しい。

# 目　　　次

## 1. 平面上のベクトルと 1 次変換



## 2. 空間のベクトルと 1 次変換

## 3. 行列と数ベクトル空間



## 4. 行列式とその応用

## 5. 行列の対角化・標準化



## 付　　録

# 本書で用いる記号

本書では以下の記号を用いる。

(1) 自然数全体の集合を $\mathbb{N}$，実数全体の集合を $\mathbb{R}$，複素数全体の集合を $\mathbb{C}$ で表す。なお，本書では自然数を正の整数の意味で用いる。

(2) $a$ が集合 $A$ の元であるとき，$a \in A$ または $A \ni a$ と記す。$a$ が集合 $A$ の元ではないとき，$a \notin A$ または $A \not\ni a$ と記す。

(3) $P(x)$ を $x$ に関する命題であるとき，$\{x|P(x)\}$ で，条件 $P$ をみたす $x$ 全体の集合を表す。また，集合 $A$ の元が $a, b, c, d, \cdots$ のように列挙できる場合，$A = \{a, b, c, d, \cdots\}$ のように書くことがある。

(4) $A$, $B$ を集合とし，$x \in A$ ならつねに $x \in B$ が成り立つとき，$A$ は $B$ の部分集合であるといい，$A \subset B$ と記す。$A \subset B$ かつ $B \subset A$ が成り立つとき，$A = B$ が成り立つ。

(5) $A$, $B$ を集合とし，$f$ をすべての $A$ の元 $a$ から $B$ の元 $b$ をただ一通りに対応させる対応規則とするとき，$f$ を写像といい

$$f : A \longrightarrow B$$

$$f : a \longmapsto b$$

のように書く。

(6) $A := B$ または $B =: A$ で，$B$ により $A$ を定義すると読む。

(7) $\mathbb{R}^n$ で $n$ 項列ベクトルの全体を表す。${}^t(\mathbb{R}^n)$ で $n$ 項列ベクトルの全体を表す。

(8) $M_{n,m}(\mathbb{R})$ で $n$ 行 $m$ 列の（実数成分の）行列全体を表す。$M_n(\mathbb{R})$ で（実数成分の）$n$ 次正方行列を表す。この記法では，$\mathbb{R}^n = M_{n,1}(\mathbb{R})$ であり，${}^t(\mathbb{R}^n) = M_{1,n}(\mathbb{R})$ である。

# 1　平面上のベクトルと1次変換

本章では，高等学校での学習にならって，平面上の矢線ベクトルを導入する。矢線ベクトルと数ベクトルとの等価性について述べた後，行列と平面上の点の移動である1次変換について考察する。

## 1.1　平面上の有向線分と平面ベクトル

平面上の平行移動で，点Aが点Bに移るとき，**図1.1**のように線分ABに矢印をつけて表すことがある。このような向きのついた線分ABを**有向線分**ABといい，Aをその**始点**，Bをその**終点**という。

平面上の有向線分の全体を考える。この中で，有向線分ABと向きと長さ（大きさ）が等しい有向線分全体の集合を，有向線分ABの定める**矢線ベクトル**，あるいは単に**ベクトル**（vector）といい，$\overrightarrow{\mathrm{AB}}$で表す。

A，B，C，Dを平面上の4点とし，有向線分ABと有向線分CDの大きさと向きが相等しいとする（**図1.2**）。このとき，平面上の有向線分ABと向きと大

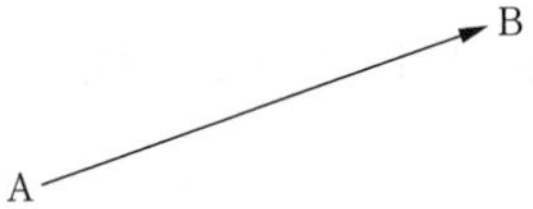


**図1.1**　有向線分AB

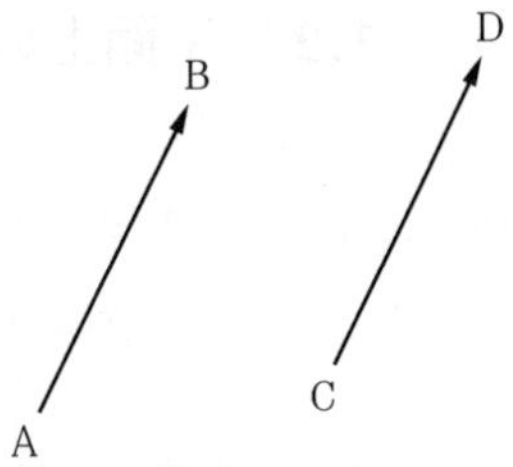


**図1.2**　ベクトルの相等

きさの等しい有向線分全体の集合 $\overrightarrow{\mathrm{AB}}$ と平面上の有向線分 CD と向きと大きさの等しい有向線分全体の集合 $\overrightarrow{\mathrm{CD}}$ は等しい。よって，$\overrightarrow{\mathrm{AB}} = \overrightarrow{\mathrm{CD}}$ である。

---

**例 1.1**　平行四辺形 ABCD において，$\overrightarrow{\mathrm{AB}} = \overrightarrow{\mathrm{DC}}$，$\overrightarrow{\mathrm{AD}} = \overrightarrow{\mathrm{BC}}$ などが成り立つ（**図 1.3**）。

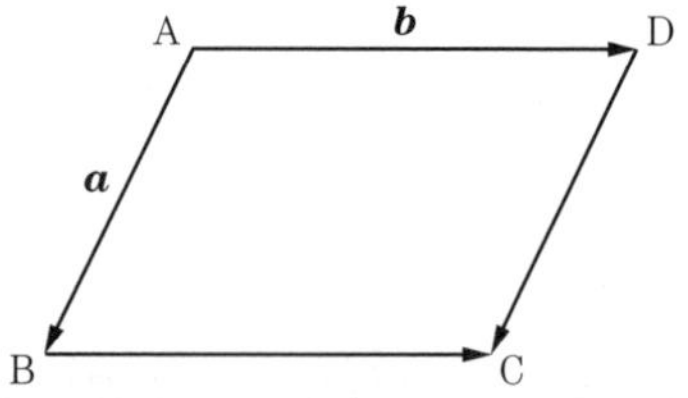


**図 1.3**　平行四辺形 ABCD

---

ベクトル $\overrightarrow{\mathrm{AB}}$ を，$\boldsymbol{a}$ のように，太字の小文字で表すことがある†。$\boldsymbol{a} = \overrightarrow{\mathrm{AB}}$ のとき，ベクトル $\boldsymbol{a}$ の向きは有向線分 AB の向きに等しく，また，ベクトル $\boldsymbol{a}$ の大きさ $|\boldsymbol{a}|$ は線分 AB の長さに等しい。

点 A を平面上の任意の点とし，始点と終点をともに A にとったときの有向線分 AA の定めるベクトルを**零ベクトル**といい，$\boldsymbol{0}$ と記す。零ベクトル $\boldsymbol{0}$ の大きさは 0 であり，その向きは特定できない。

平面上の任意のベクトル $\boldsymbol{a}$ に対し，$\boldsymbol{a}$ と大きさが等しく，向きが逆のベクトルが存在する。これを $\boldsymbol{a}$ の**逆ベクトル**といい，$-\boldsymbol{a}$ と記す。

---

**例 1.2**　図 1.3 の平行四辺形 ABCD において，$\boldsymbol{a} = \overrightarrow{\mathrm{AB}}$，$\boldsymbol{b} = \overrightarrow{\mathrm{AD}}$ とすると，$\overrightarrow{\mathrm{CD}} = -\boldsymbol{a}$，$\overrightarrow{\mathrm{CB}} = -\boldsymbol{b}$ などが成り立つ。

---

## 1.2　平面上のベクトルの成分表示

いま，平面上に $xy$ 直交座標軸を一つとって固定する。この座標系の原点 O を始点とし，座標平面上の任意の点 A を終点とする有向線分 OA を考える。点

† ほかに，$a$，$\vec{a}$，$\mathbb{a}$，$\underline{a}$ などと記すことがある。特に手書きの場合，$\boldsymbol{a}$ のような太字は書きにくいので，$\mathbb{a}$ のような白抜き文字を使うことが多い。

A の座標を $(a_1, a_2)$ とするとき，有向線分 OA の定めるベクトル $\boldsymbol{a} = \overrightarrow{\mathrm{OA}}$ を

$$\boldsymbol{a} = \begin{bmatrix} a_1 \\ a_2 \end{bmatrix} \tag{1.1}$$

と記すことがある。これを与えられた座標軸に関するベクトル $\boldsymbol{a}$ の**成分表示**という。また，$a_1$ を $\boldsymbol{a}$ の $x$ 成分または第 1 成分，$a_2$ を $\boldsymbol{a}$ の $y$ 成分または第 2 成分という。

ベクトルの成分表示を考える際は，始点を原点 O に固定しているため，零ベクトルの終点も O である。したがって

$$\boldsymbol{0} = \begin{bmatrix} 0 \\ 0 \end{bmatrix} \tag{1.2}$$

と成分表示される。

$\boldsymbol{a} = \overrightarrow{\mathrm{OA}}$ に対して，原点 O に関し点 A と対称な点を A′ とするとき，定義により，$\overrightarrow{\mathrm{OA'}} = -\boldsymbol{a}$ である。実際，有向線分 OA と有向線分 OA′ は，長さが等しく，逆向きであるからである。いま，A の座標を $(a_1, a_2)$ とすると A′ の座標は $(-a_1, -a_2)$ である。よって，ベクトル $\boldsymbol{a}$ の成分表示が式 (1.1) で与えられるとき

$$-\boldsymbol{a} = \begin{bmatrix} -a_1 \\ -a_2 \end{bmatrix} \tag{1.3}$$

と成分表示できる。

平面上のベクトルは，始点を座標原点 O に固定した場合，終点の座標で決定される。したがって，これ以後，平面上のベクトルとその成分表示とを同一視することとし，平面上のベクトル全体の集合[†]を $\mathbb{R}^2$ と記す。

ベクトル $\boldsymbol{a} = \overrightarrow{\mathrm{OA}}$ の成分表示が式 (1.1) で与えられるとき，その**大きさ** $|\boldsymbol{a}|$ を

$$|\boldsymbol{a}| = \mathrm{OA} = \sqrt{{a_1}^2 + {a_2}^2}$$

により定める。

† 平面上の点全体の集合といっても同じことである。

**注意 1.1**　ベクトル $\boldsymbol{a}=\overrightarrow{\mathrm{OA}}$ の成分表示は，座標軸のとり方による（図 **1.4**）。しかしながら，ベクトル $\boldsymbol{a}$ は大きさは座標軸の回転に対して不変なので，ベクトル $\boldsymbol{a}$ の大きさ $|\boldsymbol{a}|$ の値は座標軸のとり方によらない。なお，零ベクトル $\mathbf{0}$ の成分表示だけは，座標軸のとり方によらず，式 (1.2) で与えられる。

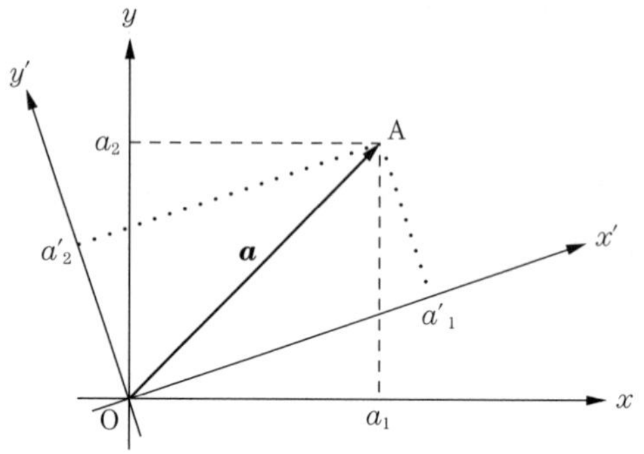


点 A の座標は，座標軸 O$xy$ のとき $(a_1, a_2)$，
座標軸 O$x'y'$ のとき $(a'_1, a'_2)$ である。

**図 1.4**　座標系と成分表示

## 1.3　平面上のベクトルの加法と実数倍

A，B，C を平面上の 3 点とし，$\boldsymbol{a}=\overrightarrow{\mathrm{AB}}$，$\boldsymbol{b}=\overrightarrow{\mathrm{BC}}$ とする。このとき，二つのベクトル $\boldsymbol{a}$，$\boldsymbol{b}$ の和 $\boldsymbol{a}+\boldsymbol{b}$ を $\overrightarrow{\mathrm{AC}}$ により定める。この定義では，$\boldsymbol{a}$ の終点と $\boldsymbol{b}$ の始点が一致している場合しか，ベクトルの加法が定義されてないように見えるが，そうではない。一般に，$\boldsymbol{a}=\overrightarrow{\mathrm{AB}}$，$\boldsymbol{b}=\overrightarrow{\mathrm{B'C'}}$ とし，$\mathrm{B}\neq\mathrm{B'}$ であるとする。いま，B′C′ を平行移動して BC となったとする。つまり，点 B′ が点 B に移るように平行移動したとき，点 C′ が点 C に移るとする。このとき，$\boldsymbol{b}=\overrightarrow{\mathrm{BC}}$ であり，$\boldsymbol{a}$ の終点と $\boldsymbol{b}$ の始点が一致するから，足し算が実行できて，$\boldsymbol{a}+\boldsymbol{b}=\overrightarrow{\mathrm{AC}}$ となる（図 **1.5**）。

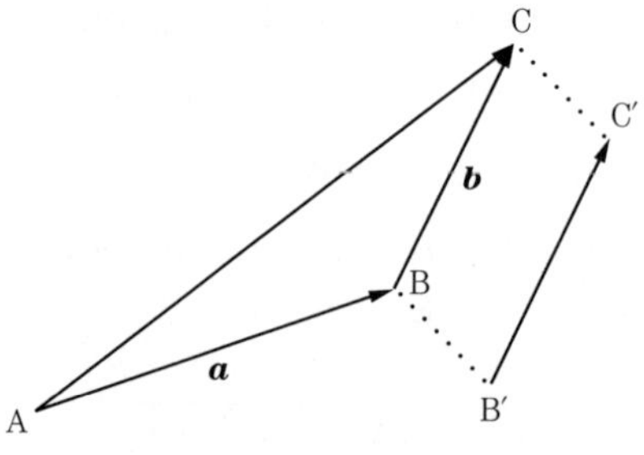


$\overrightarrow{\mathrm{AB}}+\overrightarrow{\mathrm{B'C'}}=\overrightarrow{\mathrm{AB}}+\overrightarrow{\mathrm{BC}}=\overrightarrow{\mathrm{AC}}$

**図 1.5**　ベクトルの足し算

**例 1.3**　(**平行四辺形の法則**)　平行四辺形 ABCD において，$\overrightarrow{\mathrm{AD}} = \overrightarrow{\mathrm{BC}}$ である。よって

$$\overrightarrow{\mathrm{AB}} + \overrightarrow{\mathrm{AD}} = \overrightarrow{\mathrm{AB}} + \overrightarrow{\mathrm{BC}} = \overrightarrow{\mathrm{AC}} \tag{1.4}$$

が成り立つ (**図 1.6**)。式 (1.4) は，$\overrightarrow{\mathrm{AB}}$ と $\overrightarrow{\mathrm{AD}}$ の和は，$\overrightarrow{\mathrm{AB}}$，$\overrightarrow{\mathrm{AD}}$ を隣り合う 2 辺とする平行四辺形の対角線により定まるベクトル $\overrightarrow{\mathrm{AC}}$ に等しいことを意味する。これを**平行四辺形の法則**という。

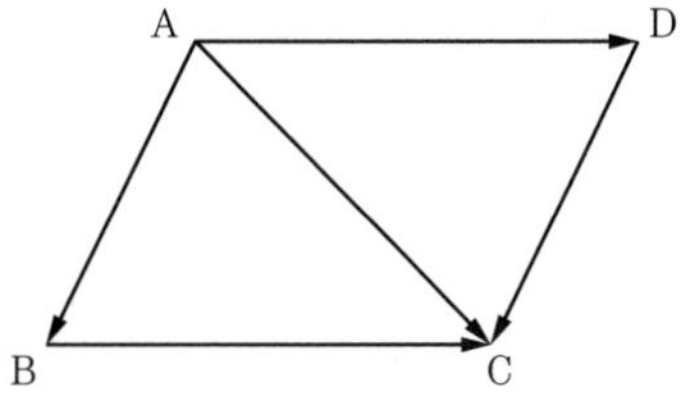


**図 1.6**　ベクトルの足し算における平行四辺形の法則

ベクトルの足し算を成分表示で考えよう。

**図 1.7** で，点 A の座標を $(a_1, a_2)$，点 B の座標を $(b_1, b_2)$，四角形 OACB を平行四辺形とする。$\overrightarrow{\mathrm{OB}} = \overrightarrow{\mathrm{AC}}$ より，OB=AC，OB//AC である。したがって，点 C は点 A を $x$ 方向に $b_1$，$y$ 方向に $b_2$ 平行移動した点であるから，点 C の座標は $(a_1+b_1, a_2+b_2)$ である。よって，$\boldsymbol{a} = \overrightarrow{\mathrm{OA}}$，$\boldsymbol{b} = \overrightarrow{\mathrm{OB}}$ のとき，$\boldsymbol{a}+\boldsymbol{b} = \overrightarrow{\mathrm{OC}}$ を成分表示すると

$$\begin{bmatrix} a_1 \\ a_2 \end{bmatrix} + \begin{bmatrix} b_1 \\ b_2 \end{bmatrix} = \begin{bmatrix} a_1 + b_1 \\ a_2 + b_2 \end{bmatrix} \tag{1.5}$$

と表される。

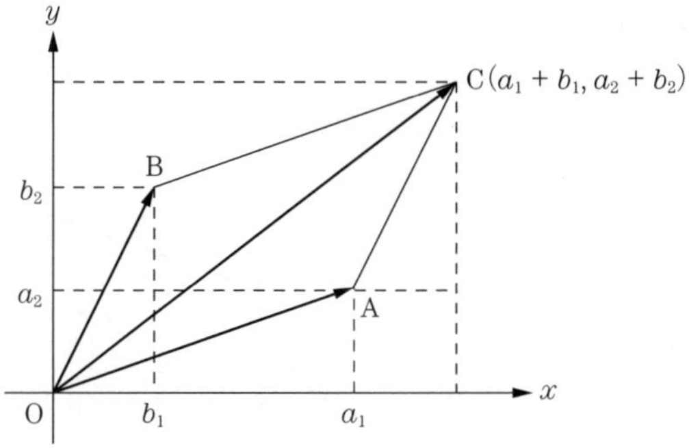


**図 1.7**　ベクトルの足し算の成分表示

この考察により，ベクトルの和の $x$，$y$ 成分はそれぞれ，$x$，$y$ 成分同士の和に等しい。よって，これよりただちに，ベクトルの加法に関する次の性質が従う。

**命題 1.1**　$\boldsymbol{a}, \boldsymbol{b}, \boldsymbol{c} \in \mathbb{R}^2$ に対し，次の (1)〜(4) が成り立つ。

(1)　$\boldsymbol{a}+\boldsymbol{b}=\boldsymbol{b}+\boldsymbol{a}$

(2)　$(\boldsymbol{a}+\boldsymbol{b})+\boldsymbol{c}=\boldsymbol{a}+(\boldsymbol{b}+\boldsymbol{c})$

(3)　$\boldsymbol{a}+\boldsymbol{0}=\boldsymbol{0}+\boldsymbol{a}=\boldsymbol{a}$

(4)　$\boldsymbol{a}+(-\boldsymbol{a})=(-\boldsymbol{a})+\boldsymbol{a}=\boldsymbol{0}$

**証明**　式 (1.5) より明らかである。　□[†]

二つのベクトル $\boldsymbol{a}$，$\boldsymbol{b}$ の差 $\boldsymbol{a}-\boldsymbol{b}$ は

$$\boldsymbol{b}+\boldsymbol{x}=\boldsymbol{a}$$

の解として定義できる。したがって，$\boldsymbol{a}-\boldsymbol{b}$ は，$\boldsymbol{a}$ と $-\boldsymbol{b}$ の和 $\boldsymbol{a}+(-\boldsymbol{b})$ に等しい。よって，ベクトルの引き算を成分表示すると，式 (1.6) のように表される。

$$\begin{bmatrix} a_1 \\ a_2 \end{bmatrix} - \begin{bmatrix} b_1 \\ b_2 \end{bmatrix} = \begin{bmatrix} a_1-b_1 \\ a_2-b_2 \end{bmatrix} \tag{1.6}$$

次に，**ベクトルの実数（スカラー）倍**を定めよう。ベクトル $\boldsymbol{a}$ の $c$ 倍 $c\boldsymbol{a}$ を

1.　$\boldsymbol{a} \neq \boldsymbol{0}$ のとき，$c>0$ ならば $\boldsymbol{a}$ と同じ向き，$c<0$ ならば $\boldsymbol{a}$ と逆向きで，大きさは $\boldsymbol{a}$ の $|c|$ 倍のベクトル，$c=0$ ならば $c\boldsymbol{a}=\boldsymbol{0}$ と定義する。

2.　$\boldsymbol{a}=\boldsymbol{0}$ のとき，すべての実数 $c$ に対して，$c\boldsymbol{a}=\boldsymbol{0}$ と定義する。

**図 1.8** で，$\overrightarrow{\mathrm{OA}'}=c\overrightarrow{\mathrm{OA}}$ のとき，点 A の座標が $(a_1, a_2)$ ならば点 A$'$ の座標は $(ca_1, ca_2)$ である。

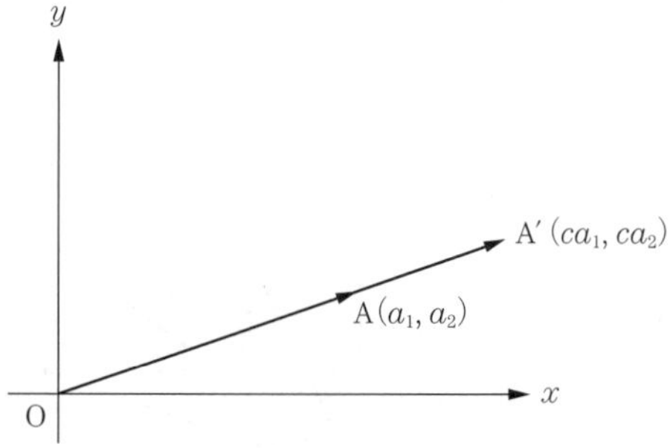


**図 1.8**　ベクトルのスカラー倍の成分表示

† □は証明終わりの記号である。

よって，ベクトルのスカラー倍を成分表示すると

$$c\begin{bmatrix}a_1\\a_2\end{bmatrix}=\begin{bmatrix}ca_1\\ca_2\end{bmatrix} \tag{1.7}$$

と表される。これによりただちに，ベクトルの実数（スカラー）倍に関する次の性質が従う。

**命題 1.2** $\boldsymbol{a},\boldsymbol{b}\in\mathbb{R}^2$, $c,d\in\mathbb{R}$ に対し，次の (1)〜(3) が成り立つ。

(1) $c(\boldsymbol{a}+\boldsymbol{b})=c\boldsymbol{a}+c\boldsymbol{b}$

(2) $(c+d)\boldsymbol{a}=c\boldsymbol{a}+d\boldsymbol{a}$

(3) $(cd)\boldsymbol{a}=c(d\boldsymbol{a})$

証明 式 (1.7) より明らかである。 □

---

**例題 1.1** $\boldsymbol{a}=\begin{bmatrix}1\\2\end{bmatrix}$, $\boldsymbol{b}=\begin{bmatrix}3\\-1\end{bmatrix}$ のとき，$2(-\boldsymbol{a}+2\boldsymbol{b})+3(\boldsymbol{a}+\boldsymbol{b})$ を求めよ。

---

解答例

$$\begin{aligned}2(-\boldsymbol{a}+2\boldsymbol{b})+3(\boldsymbol{a}+\boldsymbol{b})&=-2\boldsymbol{a}+4\boldsymbol{b}+3\boldsymbol{a}+3\boldsymbol{b}\\&=(-2+3)\boldsymbol{a}+(4+3)\boldsymbol{b}\\&=\boldsymbol{a}+7\boldsymbol{b}\end{aligned}$$

であるから

$$2(-\boldsymbol{a}+2\boldsymbol{b})+3(\boldsymbol{a}+\boldsymbol{b})=\begin{bmatrix}1\\2\end{bmatrix}+7\begin{bmatrix}3\\-1\end{bmatrix}=\begin{bmatrix}22\\-5\end{bmatrix}$$

である。 ◆[†]

**練習 1.1** $\boldsymbol{a}=\begin{bmatrix}2\\-3\end{bmatrix}$, $\boldsymbol{b}=\begin{bmatrix}-1\\1\end{bmatrix}$ のとき，$2(3\boldsymbol{a}-2\boldsymbol{b})-3(\boldsymbol{a}-\boldsymbol{b})$ を求めよ。

† ◆は解答例終わりの記号である。

$\mathbf{0}$ に等しくない二つのベクトル $\boldsymbol{a}$，$\boldsymbol{b}$ が同じ向きであるか，逆向きのとき，$\boldsymbol{a}$ と $\boldsymbol{b}$ はたがいに平行であるという。零ベクトル $\mathbf{0}$ の向きは任意であると考え，$\mathbf{0}$ は任意のベクトルとたがいに平行であるとみなす。

**注意 1.2**　ベクトルの実数倍の定義により，$c \in \mathbb{R}$ として，$\boldsymbol{a}$ と $c\boldsymbol{a}$ とはたがいに平行である。また逆に，$\mathbf{0}$ に等しくない二つのベクトル $\boldsymbol{a}$ と $\boldsymbol{b}$ がたがいに平行であるならば，$\boldsymbol{b} = c\boldsymbol{a}$ と書ける $c \in \mathbb{R}$ が存在する。

---

**例題 1.2**　平面のベクトル $\boldsymbol{a}$，$\boldsymbol{b}$ に対し

$$k\boldsymbol{a} + l\boldsymbol{b} = \mathbf{0} \tag{1.8}$$

が成り立つのが $k = l = 0$ のときに限るならば，$\boldsymbol{a}$ と $\boldsymbol{b}$ はたがいに平行でないことを証明せよ。

---

**証明**　この命題の対偶「平面のベクトル $\boldsymbol{a}$ と $\boldsymbol{b}$ がたがいに平行ならば，ある $(k, l) \neq (0, 0)$ が式 (1.8) をみたす」ことを示す。

$\boldsymbol{a} = \mathbf{0}$ のとき，$(k, l) = (1, 0)$ に対し，式 (1.8) が成り立つ。$\boldsymbol{b} = \mathbf{0}$ のとき，$(k, l) = (0, 1)$ に対し，式 (1.8) が成り立つ。

そこで，$\boldsymbol{a}, \boldsymbol{b} \neq \mathbf{0}$ を仮定し，さらに $\boldsymbol{a}$ と $\boldsymbol{b}$ がたがいに平行ならば，ある $c \in \mathbb{R}$ を用いて $\boldsymbol{b} = c\boldsymbol{a}$ と書ける。よって

$$-c\boldsymbol{a} + \boldsymbol{b} = \mathbf{0} \tag{1.9}$$

を得る。式 (1.9) は式 (1.8) が $(k, l) = (-c, 1)$ のとき成り立つことを意味する。よって題意は示された。□

**練習 1.2**　平面のベクトル $\boldsymbol{a}$，$\boldsymbol{b}$ に対し，ある $(k, l) \neq (0, 0)$ が

$$k\boldsymbol{a} + l\boldsymbol{b} = \mathbf{0} \tag{1.10}$$

をみたすとき，$\boldsymbol{a}$ と $\boldsymbol{b}$ はたがいに平行であることを証明せよ。

大きさ1のベクトルを**単位ベクトル**という。$\boldsymbol{a} \neq \mathbf{0}$ のとき

$$\hat{\boldsymbol{a}} := \frac{1}{|\boldsymbol{a}|}\boldsymbol{a}$$

は大きさが 1 であるから，$\boldsymbol{a}$と同じ向きの単位ベクトルである。

座標平面上の 2 点 $\mathrm{E}_1\,(1,0)$，$\mathrm{E}_2\,(0,1)$ に対して

$$\boldsymbol{e}_1 = \overrightarrow{\mathrm{OE}_1}, \quad \boldsymbol{e}_2 = \overrightarrow{\mathrm{OE}_2}$$

により，$\boldsymbol{e}_1$，$\boldsymbol{e}_2$ を定めると，これらはそれぞれ，$x$ 軸および $y$ 軸の正の向きと同じ向きをもつ単位ベクトルである。以下，$\boldsymbol{e}_1$，$\boldsymbol{e}_2$ をそれぞれ $x$ 軸および $y$ 軸方向の**基本ベクトル**と呼ぶ。

$\boldsymbol{a} = \begin{bmatrix} a_1 \\ a_2 \end{bmatrix}$ と成分表示できるとき，明らかに

$$\boldsymbol{a} = a_1\boldsymbol{e}_1 + a_2\boldsymbol{e}_2$$

である。これを，$\boldsymbol{a}$ の与えられた座標軸に関する基本ベクトル表示という。

## 1.4　平面上のベクトルの内積

次に，平面ベクトルの**内積** (inner product) を定義しよう。二つの $\mathbf{0}$ に等しくないベクトル $\boldsymbol{a}$，$\boldsymbol{b}$ が，$\boldsymbol{a} = \overrightarrow{\mathrm{OA}}$，$\boldsymbol{b} = \overrightarrow{\mathrm{OB}}$ であるとき，半直線 OA と OB のなす角のうち，大きくないほうを，$\boldsymbol{a}$ と $\boldsymbol{b}$ のなす角という（図 **1.9**）。

$\boldsymbol{a}$ と $\boldsymbol{b}$ のなす角 $\theta$ は定義により $0 \leqq \theta \leqq \pi$[†] である。$\theta = 0$ のとき，$\boldsymbol{a}$ と $\boldsymbol{b}$ は同じ向きであり，$\theta = \pi$ のとき，$\boldsymbol{a}$ と $\boldsymbol{b}$ は逆向きである。よって，$\theta = 0$，$\pi$ のとき，$\boldsymbol{a}$ と $\boldsymbol{b}$ は平行であるといい，$\boldsymbol{a}/\!/\boldsymbol{b}$ と記す。また，$\theta = \pi/2$ のとき，$\boldsymbol{a}$ と $\boldsymbol{b}$ は直交しているといい，$\boldsymbol{a}\perp\boldsymbol{b}$ と記す。

平面上の $\mathbf{0}$ に等しくない二つのベクトル $\boldsymbol{a}$，$\boldsymbol{b}$ の内積 $\boldsymbol{a}\cdot\boldsymbol{b}$ を，$\boldsymbol{a}$ と $\boldsymbol{b}$ のなす角を $\theta$ として

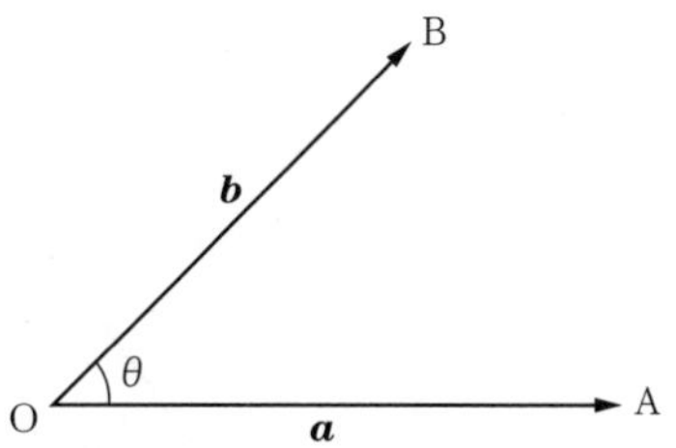

図 **1.9**　ベクトルのなす角

† ここでは角度は弧度法で測ることとする。度数法との関係は $180° = \pi$ で表される。

$$\boldsymbol{a}\cdot\boldsymbol{b} = |\boldsymbol{a}||\boldsymbol{b}|\cos\theta \tag{1.11}$$

により定める。また，$\boldsymbol{a}=\boldsymbol{0}$ または $\boldsymbol{b}=\boldsymbol{0}$ のとき，$\boldsymbol{a}$ と $\boldsymbol{b}$ のなす角 $\theta$ は定義できないが，$|\boldsymbol{a}|=0$ または $|\boldsymbol{b}|=0$ なので，$\boldsymbol{a}\cdot\boldsymbol{b}=0$ と定義することにする。

**注意 1.3**　式 (1.11) から明らかなように，内積は，二つのベクトルから一つの実数を対応させる２項演算である。内積のことを**スカラー積**（scalar product）ともいうが，内積をとった結果はもはやベクトルではなく実数であるということはつねに念頭におくべきである。

さて，$\boldsymbol{a}=\overrightarrow{\mathrm{OA}}=\begin{bmatrix}a_1\\a_2\end{bmatrix}$，$\boldsymbol{b}=\overrightarrow{\mathrm{OB}}=\begin{bmatrix}b_1\\b_2\end{bmatrix}$ のとき，これら二つのベクトル $\boldsymbol{a}$，$\boldsymbol{b}$ の内積は，成分 $a_1$，$a_2$，$b_1$，$b_2$ を用いてどう書けるか調べよう。

**図 1.10** の三角形 OAB に余弦定理を適用することにより，$\angle\mathrm{AOB}=\theta$ として

$$\mathrm{AB}^2 = \mathrm{OA}^2 + \mathrm{OB}^2 - 2\mathrm{OA}\cdot\mathrm{OB}\cos\theta$$

すなわち

$$|\boldsymbol{b}-\boldsymbol{a}|^2 = |\boldsymbol{a}|^2 + |\boldsymbol{b}|^2 - 2\boldsymbol{a}\cdot\boldsymbol{b}$$

である。これを解いて

$$\boldsymbol{a}\cdot\boldsymbol{b} = \frac{1}{2}\left(|\boldsymbol{a}|^2 + |\boldsymbol{b}|^2 - |\boldsymbol{b}-\boldsymbol{a}|^2\right)$$

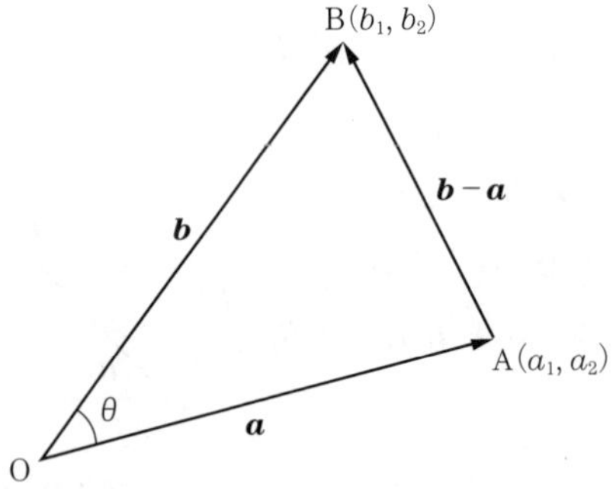


**図 1.10**　三角形 OAB

となる。ここで，$\boldsymbol{a} = \overrightarrow{\mathrm{OA}} = \begin{bmatrix} a_1 \\ a_2 \end{bmatrix}$，$\boldsymbol{b} = \overrightarrow{\mathrm{OB}} = \begin{bmatrix} b_1 \\ b_2 \end{bmatrix}$ を代入すると

$$\begin{aligned} \boldsymbol{a} \cdot \boldsymbol{b} &= \frac{1}{2} \left\{ ({a_1}^2 + {a_2}^2) + ({b_1}^2 + {b_2}^2) - [(b_1 - a_1)^2 + (b_2 - a_2)^2] \right\} \\ &= a_1 b_1 + a_2 b_2 \end{aligned} \tag{1.12}$$

を得る。

いま，縦ベクトル $\boldsymbol{a} = \begin{bmatrix} a_1 \\ a_2 \end{bmatrix}$ に対応する横ベクトル $[a_1, a_2]$ を $\boldsymbol{a}^T$ と記すことにする。このとき，2 本の縦ベクトル $\boldsymbol{a}$，$\boldsymbol{b}$ の内積 (1.12) を

$$\begin{aligned} \boldsymbol{a}^T \boldsymbol{b} &= [a_1, a_2] \begin{bmatrix} b_1 \\ b_2 \end{bmatrix} \\ &= \boldsymbol{a} \cdot \boldsymbol{b} \\ &= a_1 b_1 + a_2 b_2 \end{aligned} \tag{1.13}$$

のように，横ベクトル $\boldsymbol{a}^T$ と縦ベクトル $\boldsymbol{b}$ の積とみなすことがある。

---

**例題 1.3**　平面上のベクトル $\boldsymbol{a} = \begin{bmatrix} 3 \\ 1 \end{bmatrix}$，$\boldsymbol{b} = \begin{bmatrix} 1 \\ 2 \end{bmatrix}$ の内積 $\boldsymbol{a} \cdot \boldsymbol{b}$ を求めよ。また，$\boldsymbol{a}$，$\boldsymbol{b}$ のなす角を求めよ。

---

**解答例**　内積の代数的定義式 (1.12) より

$$\boldsymbol{a} \cdot \boldsymbol{b} = 3 \cdot 1 + 1 \cdot 2 = 5 \tag{1.14}$$

である。$\boldsymbol{a}$，$\boldsymbol{b}$ のなす角を $\theta$ とすると，式 (1.14) の結果を内積の幾何学的定義式 (1.11) に代入して

$$\boldsymbol{a} \cdot \boldsymbol{b} = |\boldsymbol{a}||\boldsymbol{b}| \cos\theta$$

$$5 = \sqrt{3^2 + 1^2}\sqrt{1^2 + 2^2} \cos\theta$$

を解いて，$\cos\theta = 1/\sqrt{2}$，$0 \leqq \theta \leqq \pi$ より，$\theta = \pi/4 \, (= 45^\circ)$ を得る。◆

**練習 1.3**　1 辺の長さが 1 の正六角形 ABCDEF において，次の内積を求めよ。

(1)　$\overrightarrow{\mathrm{AB}} \cdot \overrightarrow{\mathrm{BC}}$　　(2)　$\overrightarrow{\mathrm{AB}} \cdot \overrightarrow{\mathrm{AC}}$

## 1.5　直線の方程式

平面上の点 A を通って，ベクトル $\boldsymbol{b}$ に平行な直線を $l$ とし，$l$ 上の任意の点を P とする（図 **1.11**）。このとき $\overrightarrow{\mathrm{AP}} /\!/ \boldsymbol{b}$ より，$\overrightarrow{\mathrm{OA}} = \boldsymbol{a}$，$\overrightarrow{\mathrm{OP}} = \boldsymbol{x}$ とおけば

$$\overrightarrow{\mathrm{AP}} = \boldsymbol{x} - \boldsymbol{a} = t\boldsymbol{b}$$

が成り立つ[†]。よって

$$\boldsymbol{x} = \boldsymbol{a} + t\boldsymbol{b} \tag{1.15}$$

は，直線 $l$ を表す**ベクトル方程式**である。また，$\boldsymbol{b}$ を $l$ の**方向ベクトル**という。

$\boldsymbol{a} = \begin{bmatrix} a_1 \\ a_2 \end{bmatrix}$，$\boldsymbol{b} = \begin{bmatrix} b_1 \\ b_2 \end{bmatrix}$ のとき，直線 $l$ 上の点 P の座標 $(x, y)$ は

$$\begin{bmatrix} x \\ y \end{bmatrix} = \begin{bmatrix} a_1 \\ a_2 \end{bmatrix} + t\begin{bmatrix} b_1 \\ b_2 \end{bmatrix} = \begin{bmatrix} a_1 + tb_1 \\ a_2 + tb_2 \end{bmatrix}$$

をみたす。この関係式を，直線 $l$ の方程式の**パラメータ表示**という。直線 $l$ の $y$ 切片を $a$，傾きを $m$ とするとき，$\boldsymbol{a} = \begin{bmatrix} 0 \\ a \end{bmatrix}$，$\boldsymbol{b} = \begin{bmatrix} 1 \\ m \end{bmatrix}$ とできるから

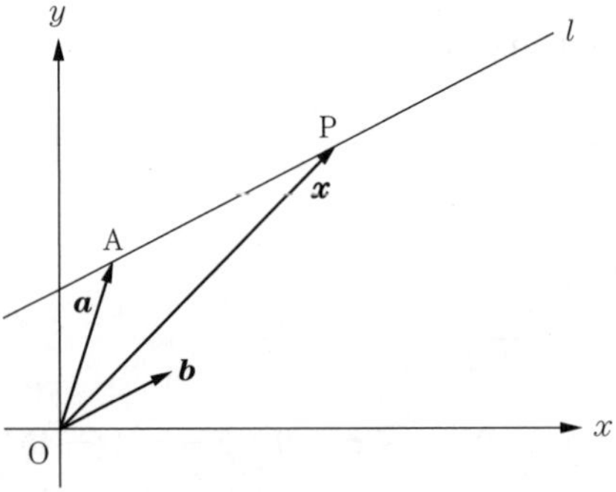


図 **1.11**　点 A を通り，ベクトル $\boldsymbol{b}$ に平行な直線 $l$

† 注意 1.2 のベクトルの平行に関する説明参照。

$$\begin{bmatrix} x \\ y \end{bmatrix} = \begin{bmatrix} t \\ a + tm \end{bmatrix}$$

となる。これはおなじみの直線の方程式

$$y = mx + a \tag{1.16}$$

を表す。

---

**例 1.4** 平面上の点 A を通って，ベクトル $\boldsymbol{b}$ に平行な直線を $l$ とする。ここで，$\boldsymbol{a} = \overrightarrow{\mathrm{OA}} = \begin{bmatrix} 3 \\ -2 \end{bmatrix}$，$\boldsymbol{b} = \begin{bmatrix} 1 \\ 2 \end{bmatrix}$ である。直線 $l$ 上の点で原点 O からの距離が最小となる点 P を求めたい（図 **1.12**）。

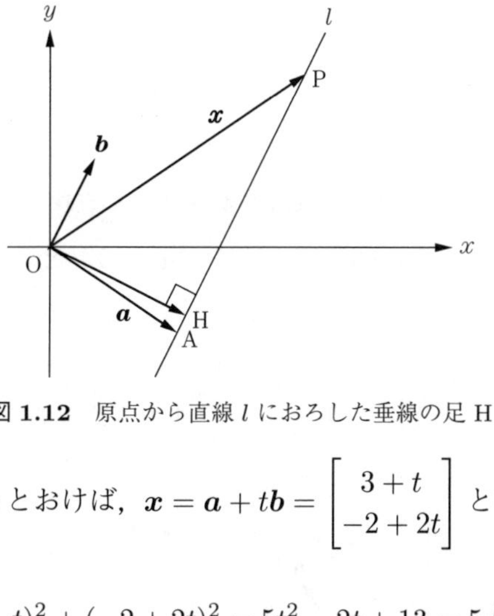


**図 1.12** 原点から直線 $l$ におろした垂線の足 H

いま，$\overrightarrow{\mathrm{OP}} = \boldsymbol{x}$ とおけば，$\boldsymbol{x} = \boldsymbol{a} + t\boldsymbol{b} = \begin{bmatrix} 3 + t \\ -2 + 2t \end{bmatrix}$ と書けるから

$$|\boldsymbol{x}|^2 = (3+t)^2 + (-2+2t)^2 = 5t^2 - 2t + 13 = 5\left(t - \frac{1}{5}\right)^2 + \frac{64}{5}$$

となる。よって，$t = 1/5$ で，原点からの距離は最小となる。このとき，$\boldsymbol{x} = (16/5, -8/5)$ であるから，$\boldsymbol{x} \cdot \boldsymbol{b} = 0$ より $\boldsymbol{x} \perp \boldsymbol{b}$ である。

これは偶然ではない。実際 $\boldsymbol{x} \perp \boldsymbol{b}$ をみたす $\boldsymbol{x}$ は，原点から直線 $l$ におろした垂線の足 H に対応しており，このとき $|\boldsymbol{x}|$ は最小値をとるからである。

---

直線の方程式には，式 (1.16) の形のほかに

$$ax + by + c = 0 \quad (a^2 + b^2 > 0) \tag{1.17}$$

の形がある。この方程式で表される直線を $l$ とし，直線 $l$ 上の 1 点 A の座標を $(x_0, y_0)$ とおくと

$$ax_0 + by_0 + c = 0$$

をみたす。これを式 (1.17) から引いて

$$a(x - x_0) + b(y - y_0) = 0 \tag{1.18}$$

となる。この直線 $l$ 上の任意の点 P の座標を $(x, y)$, $\boldsymbol{n} = \begin{bmatrix} a \\ b \end{bmatrix}$ とおくと，式 (1.18) は

$$\boldsymbol{n} \cdot \overrightarrow{\mathrm{AP}} = 0 \tag{1.19}$$

と書ける。これは，$\boldsymbol{n}$ が直線 $l$ に垂直であることを意味するので，$\boldsymbol{n}$ を直線 $l$ の**法線ベクトル**という（図 **1.13**）。$\boldsymbol{x} = \overrightarrow{\mathrm{OP}}$, $\boldsymbol{a} = \overrightarrow{\mathrm{OA}}$ とおくと

$$\boldsymbol{n} \cdot (\boldsymbol{x} - \boldsymbol{a}) = 0 \tag{1.20}$$

となり，式 (1.20) もまた，直線 $l$ のベクトル方程式である。

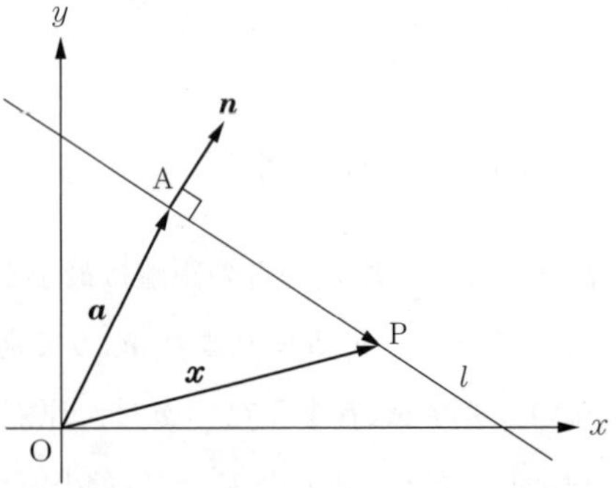


図 **1.13**　点 A を通り，ベクトル $\boldsymbol{n}$ に垂直な直線 $l$

**例題 1.4** 直線 $l: ax+by+c=0$ に，点 $\mathrm{A}(x_0, y_0)$ から垂線 AH をおろすとき，垂線 AH の長さ $d$ が

$$d = \frac{|ax_0+by_0+c|}{\sqrt{a^2+b^2}}$$

と書けることを示せ。

**証明** 直線 $l$ の法線ベクトル（の一つは），$\boldsymbol{n} = \begin{bmatrix} a \\ b \end{bmatrix}$ である。なぜなら，式 (1.19) を書き換えると

$$\boldsymbol{x}\cdot\boldsymbol{n} - \boldsymbol{a}\cdot\boldsymbol{n} = 0$$

であり，$\boldsymbol{x} = \begin{bmatrix} x \\ y \end{bmatrix}$ としてこの式と直線 $l$ の方程式を見比べると，$\boldsymbol{n} = \begin{bmatrix} a \\ b \end{bmatrix}$，$\boldsymbol{a}\cdot\boldsymbol{n} = -c$ となるからである。

そこで点 A から直線 $l$ に垂線 AH をおろすと，$\overrightarrow{\mathrm{AH}} /\!/ \boldsymbol{n}$ である[†]。よって，$\overrightarrow{\mathrm{AH}} = t\boldsymbol{n}$ とおくと

$$\overrightarrow{\mathrm{OH}} = \overrightarrow{\mathrm{OA}} + t\boldsymbol{n} = \begin{bmatrix} x_0 \\ y_0 \end{bmatrix} + t\begin{bmatrix} a \\ b \end{bmatrix}$$

である。これを直線 $l$ の方程式に代入して

$$a(x_0+ta) + b(y_0+tb) + c = 0$$

となる。これを $t$ について解いて

$$t = -\frac{ax_0+by_0+c}{a^2+b^2}$$

を得る。よって

$$d = |\overrightarrow{\mathrm{AH}}| = |t\boldsymbol{n}| = |t|\sqrt{a^2+b^2} = \frac{|ax_0+by_0+c|}{\sqrt{a^2+b^2}}$$

が成り立つ。 □

† $\mathrm{AH}\perp l$ より，$\overrightarrow{\mathrm{AH}}$ は直線 $l$ の法線ベクトル $\boldsymbol{n}$ に平行になる。

**練習 1.4**　$\boldsymbol{a} = \begin{bmatrix} 2 \\ -1 \end{bmatrix}$，$\boldsymbol{b} = \begin{bmatrix} 3 \\ 2 \end{bmatrix}$，$\boldsymbol{c} = \boldsymbol{a} + t\boldsymbol{b}$ として，次の問に答えよ。

(1) $\boldsymbol{c}$ と $\boldsymbol{b}$ とが直交するように，$t$ の値を定めよ。また，このときの $\boldsymbol{c}$ の大きさを求めよ。

(2) $\boldsymbol{c}$ と $\boldsymbol{a}$ のなす角と $\boldsymbol{c}$ と $\boldsymbol{b}$ のなす角が等しくなるように $t$ の値を定めよ。

## 1.6　1次変換と2次正方行列

この節で学ぶ2次正方行列とは，4個の実数 $a, b, c, d$ を次のように正方形に配置したものをいう。

$$A = \begin{bmatrix} a & b \\ c & d \end{bmatrix} \tag{1.21}$$

$a, b, c, d$ をそれぞれ行列 $A$ の $(1,1)$，$(1,2)$，$(2,1)$，$(2,2)$ 成分という。行列の成分の横の並びを**行**（row），縦の並びを**列**（column）という。

天下りではあるが，2次正方行列 $A = \begin{bmatrix} a & b \\ c & d \end{bmatrix}$ と平面上のベクトル $\boldsymbol{v} = \begin{bmatrix} x \\ y \end{bmatrix}$ の積を

$$A\boldsymbol{v} = \left[\begin{array}{cc} a & b \\ \hline c & d \end{array}\right] \begin{bmatrix} x \\ y \end{bmatrix} = \left[\begin{array}{c} ax + by \\ \hline cx + dy \end{array}\right] \tag{1.22}$$

で定義する[†1]。$A\boldsymbol{v}$ の第1成分は $A$ の第1行目の横（行）ベクトル $[a, b]$ と縦（列）ベクトル $\boldsymbol{v}$ の，第2成分は $A$ の第2行目の横ベクトル $[c, d]$ と縦ベクトル $\boldsymbol{v}$ の積である[†2]。

次に，二つの行列 $A = \begin{bmatrix} a & b \\ c & d \end{bmatrix}$ と $B = \begin{bmatrix} x & z \\ y & w \end{bmatrix}$ の積を

---

†1　式 (1.22) 中の横線は，行列とベクトルの積をわかりやすくするために便宜的に引いたものであり，例えば右辺は $\dfrac{ax + by}{cx + dy}$ ではない (!) ことに注意せよ（式 (1.23) も同様）。

†2　式 (1.13) 参照のこと。

$$AB = \left[\begin{array}{cc} a & b \\ \hline c & d \end{array}\right] \left[\begin{array}{c|c} x & z \\ y & w \end{array}\right] = \left[\begin{array}{c|c} ax+by & az+cw \\ \hline cx+dy & cz+dw \end{array}\right] \tag{1.23}$$

で定義する。行列の積 $AB$ の $(i,j)$ 成分は，$A$ の第 $i$ 行（横ベクトル）と $B$ の第 $j$ 列（縦ベクトル）の積で与えられる。

**注意 1.4** 行列の積は可換とは限らない。例えば

$$A = \begin{bmatrix} 1 & 2 \\ 3 & 4 \end{bmatrix}, \quad B = \begin{bmatrix} 1 & 0 \\ 0 & 2 \end{bmatrix}$$

のとき

$$AB = \begin{bmatrix} 1 & 4 \\ 3 & 8 \end{bmatrix}, \quad BA = \begin{bmatrix} 1 & 2 \\ 6 & 8 \end{bmatrix}$$

となって，$AB \neq BA$ である。

さて，行列とベクトルの積や行列と行列の積は，なぜ式 (1.22)，式 (1.23) のような複雑な定義をするのか,「その心」をつかむために，1次変換を考察する。

---

**定義 1.1 (1次変換)** 平面上の点を平面上の点に移す写像 $F : \mathbb{R}^2 \longrightarrow \mathbb{R}^2$ が次の (1)，(2) をみたすとき，$F$ を平面上の **1次変換**（linear transformation）という。

(1) $F(\boldsymbol{v}_1 + \boldsymbol{v}_2) = F(\boldsymbol{v}_1) + F(\boldsymbol{v}_2) \ \ (\boldsymbol{v}_1, \boldsymbol{v}_2 \in \mathbb{R}^2)$ (1.24 a)

(2) $F(k\boldsymbol{v}) = kF(\boldsymbol{v}) \ \ (\boldsymbol{v} \in \mathbb{R}^2, k \in \mathbb{R})$ (1.24 b)

また，式 (1.24) の二つの性質を**線形性**（linearity）という。

---

**定義 1.2 (行列の定める1次変換)** 2次正方列行 $A = \begin{bmatrix} a & b \\ c & d \end{bmatrix}$ に対し，$\mathbb{R}^2$ の元 $\boldsymbol{v} = \begin{bmatrix} x \\ y \end{bmatrix}$ を $A\boldsymbol{v}$ に移す写像

$$T_A(\boldsymbol{v}) = A\boldsymbol{v} = \begin{bmatrix} a & b \\ c & d \end{bmatrix} \begin{bmatrix} x \\ y \end{bmatrix} \tag{1.25}$$

を，行列 $A$ の定める平面上の**1次変換**という。

---

**定理 1.3**　行列 $A = \begin{bmatrix} a & b \\ c & d \end{bmatrix}$ の定める1次変換 $T_A$ は式 (1.24) の二つの性質をみたす。

**証明**　$\boldsymbol{v} = \begin{bmatrix} x \\ y \end{bmatrix}$ に対し，$T_A(\boldsymbol{v}) = A\boldsymbol{v}$ を

$$T_A(\boldsymbol{v}) = A\boldsymbol{v} = \begin{bmatrix} a & b \\ c & d \end{bmatrix} \begin{bmatrix} x \\ y \end{bmatrix} = x \begin{bmatrix} a \\ c \end{bmatrix} + y \begin{bmatrix} b \\ d \end{bmatrix} \tag{1.26}$$

のように書き直すことができる。よって，$\boldsymbol{v}_1 = \begin{bmatrix} x_1 \\ y_1 \end{bmatrix}$，$\boldsymbol{v}_2 = \begin{bmatrix} x_2 \\ y_2 \end{bmatrix}$ とおくと

$$\begin{aligned} A\boldsymbol{v}_1 + A\boldsymbol{v}_2 &= x_1 \begin{bmatrix} a \\ c \end{bmatrix} + y_1 \begin{bmatrix} b \\ d \end{bmatrix} + x_2 \begin{bmatrix} a \\ c \end{bmatrix} + y_2 \begin{bmatrix} b \\ d \end{bmatrix} \\ &= (x_1 + x_2) \begin{bmatrix} a \\ c \end{bmatrix} + (y_1 + y_2) \begin{bmatrix} b \\ d \end{bmatrix} \end{aligned}$$

より

$$T_A(\boldsymbol{v}_1) + T_A(\boldsymbol{v}_2) = T_A(\boldsymbol{v}_1 + \boldsymbol{v}_2)$$

が成り立つ。また，式 (1.24 b) の性質は

$$A(k\boldsymbol{v}) = k(A\boldsymbol{v})$$

により従う。 □

**注意 1.5**　2次正方行列 $A$ の定める1次変換 $T_A$ に対し，式 (1.24 b) で $k = 0$ とおくことにより，$F(\mathbf{0}) = \mathbf{0}$ でなければならない。

**定理 1.4**　平面上の点を平面上の点に移す写像が線形性 (1.24) をみたすならば，その写像はある適当な2次正方行列の定める1次変換である。

**証明**　$\mathbb{R}^2$ の基本ベクトル $\boldsymbol{e}_1$，$\boldsymbol{e}_2$ が写像 $F$ により，それぞれ $\begin{bmatrix} a \\ c \end{bmatrix}$，$\begin{bmatrix} b \\ d \end{bmatrix}$ に移り，かつ式 (1.24 a)，(1.24 b) をみたすならば，$\boldsymbol{v} = \begin{bmatrix} x \\ y \end{bmatrix} = x\boldsymbol{e}_1 + y\boldsymbol{e}_2$ に対し

$$F(x\boldsymbol{e}_1 + y\boldsymbol{e}_2) = F(x\boldsymbol{e}_1) + F(y\boldsymbol{e}_2) = xF(\boldsymbol{e}_1) + yF(\boldsymbol{e}_2) = x\begin{bmatrix} a \\ c \end{bmatrix} + y\begin{bmatrix} b \\ d \end{bmatrix}$$

が成り立つので，式 (1.26) を思い出せば，これは結局 $A = \begin{bmatrix} a & b \\ c & d \end{bmatrix}$ の定める1次変換である。□

---

**例 1.5**　$xy$ 座標平面において，$x$ 軸に関する折り返し $\begin{bmatrix} x \\ y \end{bmatrix} \mapsto \begin{bmatrix} x \\ -y \end{bmatrix}$ は行列 $\begin{bmatrix} 1 & 0 \\ 0 & -1 \end{bmatrix}$ の定める1次変換である。同様に，原点Oを通る任意の直線に関する折り返しも1次変換である。一方，注意1.5により，原点を通らない直線に関する折り返しは1次変換ではない。

---

---

**例題 1.5**　$xy$ 座標平面において原点Oを中心とする角度 $\theta$ の回転 $F$ は，$\mathbb{R}^2$ 上の1次変換であることを示し，対応する行列を求めよ。

---

**解答例**　$\boldsymbol{a} = \overrightarrow{\mathrm{OA}}$, $\boldsymbol{b} = \overrightarrow{\mathrm{OB}}$ を隣り合う2辺とする平行四辺形OACBにおいて，平行四辺形の法則 (例1.3) より $\overrightarrow{\mathrm{OC}} = \boldsymbol{a}+\boldsymbol{b}$ が成り立つ。点A, B, Cの $F$ による像をA′, B′, C′とすると，$\overrightarrow{\mathrm{OA'}} = F(\boldsymbol{a})$, $\overrightarrow{\mathrm{OB'}} = F(\boldsymbol{b})$, $\overrightarrow{\mathrm{OC'}} = F(\overrightarrow{\mathrm{OC}}) = F(\boldsymbol{a}+\boldsymbol{b})$ である。

四角形OA′C′B′は平行四辺形OACBを原点を中心とする角度 $\theta$ の回転で移したものだから，平行四辺形である。よって再び平行四辺形の法則により，$\overrightarrow{\mathrm{OA'}} + \overrightarrow{\mathrm{OB'}} = \overrightarrow{\mathrm{OC'}}$ が成り立つが，これは $F(\boldsymbol{a}) + F(\boldsymbol{b}) = F(\boldsymbol{a}+\boldsymbol{b})$ を意味する。なお，$F(k\boldsymbol{v}) = kF(\boldsymbol{v})$ は明らかである。よって $F$ は $\mathbb{R}^2$ 上の1次変換である。

また, $\mathbb{R}^2$ の基本ベクトル $\boldsymbol{e}_1, \boldsymbol{e}_2$ は1次変換 $F$ によりそれぞれ $\begin{bmatrix} \cos\theta \\ \sin\theta \end{bmatrix}$, $\begin{bmatrix} -\sin\theta \\ \cos\theta \end{bmatrix}$ に移るから，$F$ は行列

$$R_\theta = \begin{bmatrix} \cos\theta & -\sin\theta \\ \sin\theta & \cos\theta \end{bmatrix} \tag{1.27}$$

の定める1次変換である。なお，式 (1.27) の右辺の行列のことを（角度 $\theta$ の）**回転行列**という。 ◆

**練習 1.5**　次の $\mathbb{R}^2$ 上の写像が1次変換であるかどうか判定せよ。

(1)　$f : \begin{bmatrix} x \\ y \end{bmatrix} \mapsto \begin{bmatrix} 2x \\ x-y \end{bmatrix}$　　(2)　$g : \begin{bmatrix} x \\ y \end{bmatrix} \mapsto \begin{bmatrix} x+1 \\ y+1 \end{bmatrix}$

この節の内容をまとめると次のようになる。定理 1.4 により，平面上の任意の1次変換はすべてある適当な2次正方行列を左から掛けたものである。逆にいうと，そうなるように2次正方行列と平面上のベクトルの積を式 (1.22) のように定義したともいえる。

また

$$A_1 = \begin{bmatrix} a_1 & b_1 \\ c_1 & d_1 \end{bmatrix}, \quad A_2 = \begin{bmatrix} a_2 & b_2 \\ c_2 & d_2 \end{bmatrix}, \quad \boldsymbol{v} = \begin{bmatrix} x \\ y \end{bmatrix}$$

とおくと

$$\begin{aligned} (T_{A_1} \circ T_{A_2})(\boldsymbol{v}) &= T_{A_1}(A_2\boldsymbol{v}) = T_{A_1}\left(\begin{bmatrix} a_2x + b_2y \\ c_2x + d_2y \end{bmatrix}\right) \\ &= \begin{bmatrix} a_1 & b_1 \\ c_1 & d_1 \end{bmatrix} \begin{bmatrix} a_2x + b_2y \\ c_2x + d_2y \end{bmatrix} \\ &= \begin{bmatrix} (a_1a_2 + b_1c_2)x + (a_1b_2 + b_1d_2)y \\ (c_1a_2 + d_1c_2)x + (c_1b_2 + d_1d_2)y \end{bmatrix} \\ &= \begin{bmatrix} a_1 & b_1 \\ c_1 & d_1 \end{bmatrix} \begin{bmatrix} a_2 & b_2 \\ c_2 & d_2 \end{bmatrix} \begin{bmatrix} x \\ y \end{bmatrix} \\ &= (A_1A_2)\boldsymbol{v} \end{aligned}$$

が成り立つ。すなわち，平面上の二つの1次変換 $F_1$，$F_2$ に対応する2次正方行列 $A_1$，$A_2$ とするとき，二つの1次変換の合成 $F_1 \circ F_2$ は2次正方行列の積 $A_1A_2$ の定める1次変換となる。逆にいうと，そうなるように行列と行列の積を式 (1.23) のように定義したともいえるのである。

## 1.7 逆行列と行列式

2 次正方行列 $A = \begin{bmatrix} a & b \\ c & d \end{bmatrix}$ に対し，$a$，$d$ を対角成分，$b$，$c$ を非対角成分という。非対角成分がすべて 0 に等しい $\begin{bmatrix} a & 0 \\ 0 & d \end{bmatrix}$ の形の行列を対角行列という。対角行列のうち，$a = d = 0$ をみたす $O = \begin{bmatrix} 0 & 0 \\ 0 & 0 \end{bmatrix}$ を**零行列**，$a = d = 1$ をみたす $I = \begin{bmatrix} 1 & 0 \\ 0 & 1 \end{bmatrix}$ を**単位行列**という。単位行列 $I$ はどんな 2 次正方行列 $X$ に対して

$$XI = IX = X$$

をみたすので行列の乗法の単位元である。

---

**定義 1.3** (正則行列)　行列 $A = \begin{bmatrix} a & b \\ c & d \end{bmatrix}$ に対して

$$AX = XA = I \tag{1.28}$$

をみたす 2 次正方行列 $X$ が存在するとき，$A$ は**正則**（nonsingular）である，または，**正則行列**であるという。

---

**注意 1.6**　正則でない 2 次正方行列も存在する。例えば，明らかに零行列 $O$ は正則ではない。実際，どんな 2 次正方行列 $X$ に対しても

$$OX = XO = O \neq I$$

であるからである。

**命題 1.5**　式 (1.28) をみたす行列 $X$ は存在すれば一意である。

**証明**　$X_1$，$X_2$ が式 (1.28) をみたすならば

$$X_1 = X_1 I = X_1(AX_2) = (X_1 A)X_2 = IX_2 = X_2$$

となって，$X_1 = X_2$ が得られる。 □

**定義 1.4**　**(逆行列)**　2 次正方行列 $A$ が正則であるとき，命題 1.5 により一意に定まる式 (1.28) をみたす 2 次正方行列 $X$ を，$A$ の**逆行列**（inverse matrix）といい，$A^{-1}$ と記す。

**定義 1.5**　**(行列式)**　2 次正方行列 $A = \begin{bmatrix} a & b \\ c & d \end{bmatrix}$ に対して，スカラー量 $ad - bc$ を行列 $A$ の**行列式**（determinant）といい，$\det A$, $|A|$, $\begin{vmatrix} a & b \\ c & d \end{vmatrix}$ などと記す。

**注意 1.7**　2 次正方行列の行列式は，**図 1.14** のようにタスキ掛けの規則により計算できる（サラスの方法）。

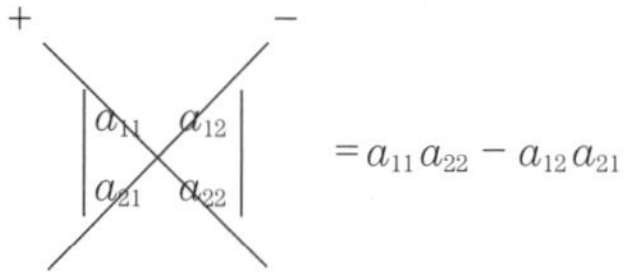


**図 1.14**　サラスの方法（2 次正方行列の場合）

**例 1.6**　$A = \begin{bmatrix} 1 & 2 \\ 3 & 4 \end{bmatrix}$ のとき，$\det A = 1 \times 4 - 2 \times 3 = -2$ である。

**定理 1.6**　**(2 次正方行列の逆行列の公式)**　2 次正方行列 $A = \begin{bmatrix} a & b \\ c & d \end{bmatrix}$ は，$\det A \neq 0$ のとき正則である。またこのとき，$A$ の逆行列は

$$A^{-1} = \frac{1}{\det A} \begin{bmatrix} d & -b \\ -c & a \end{bmatrix} \tag{1.29}$$

で表される。

証明 $\tilde{A} = \begin{bmatrix} d & -b \\ -c & a \end{bmatrix}$ とおくと

$$
\begin{aligned}
A\tilde{A} &= \tilde{A}A \\
&= \begin{bmatrix} ad-bc & 0 \\ 0 & ad-bc \end{bmatrix} \\
&= (\det\, A)I
\end{aligned}
$$

が成り立つ。よって，$\det A = ad - bc \neq 0$ のとき $A$ は正則であり

$$
A^{-1} = \frac{1}{\det A}\tilde{A}
$$

である。 □

---

**例題 1.6** 例 1.6 の行列 $A$ が正則であることを示し，その逆行列を求めよ。

---

解答例 $\det A = -2 \neq 0$（例 1.6）であるから，定理 1.6 より，$A$ は正則行列である。その逆行列は定理 1.6 により

$$
\begin{aligned}
A^{-1} &= -\frac{1}{2}\begin{bmatrix} 4 & -2 \\ -3 & 1 \end{bmatrix} \\
&= \begin{bmatrix} -2 & 1 \\ 3/2 & -1/2 \end{bmatrix}
\end{aligned}
$$

である。 ◆

**練習 1.6** 平面上の 1 次変換 $F$ は，点 $\begin{bmatrix} 1 \\ 3 \end{bmatrix}$ を点 $\begin{bmatrix} 2 \\ 1 \end{bmatrix}$ に移し，点 $\begin{bmatrix} 2 \\ 4 \end{bmatrix}$ を点 $\begin{bmatrix} -1 \\ 0 \end{bmatrix}$ に移す。このとき，1 次変換 $F$ はどんな行列の定める 1 次変換であるか。

## 1.8 行列式の性質

前節で行列式を定義したが，この節では行列式の重要ないくつかの性質について述べる。

**定理 1.7**　(行列式の積公式)　任意の2次正方行列 $A$, $A'$ に対して

$$\det(AA') = \det A \det A' \tag{1.30}$$

すなわち,「積の行列式は行列式の積」が成り立つ。

証明　$A = \begin{bmatrix} a & b \\ c & d \end{bmatrix}$, $A' = \begin{bmatrix} a' & b' \\ c' & d' \end{bmatrix}$ とおくと

$$AA' = \begin{bmatrix} aa' + bc' & ab' + bd' \\ ca' + dc' & cb' + dd' \end{bmatrix}$$

であるから

$$\begin{aligned} \det AA' &= (aa' + bc')(cb' + dd') - (ab' + bd')(ca' + dc') \\ &= aa'dd' + bc'cb' - ab'dc' - bd'ca' \\ &= (ad - bc)(a'd' - b'c') \\ &= \det A \det A' \end{aligned}$$

より, 式 (1.30) を得る。　□

**系 1.8**　正則な2次正方行列 $P$ に対して,「逆行列の行列式は行列式の逆数」であること, すなわち

$$\det P^{-1} = \frac{1}{\det P} \tag{1.31}$$

が成り立つ。特に正則行列 $P$ に対して, $\det P \neq 0$ が成り立つ。

証明　$PP^{-1} = I$ の両辺の行列式をとって

$$\begin{aligned} \det(PP^{-1}) &= \begin{vmatrix} 1 & 0 \\ 0 & 1 \end{vmatrix} \\ \det P \det P^{-1} &= 1 \end{aligned} \tag{1.32}$$

であるから, 式 (1.31) が成り立つ。ここでもし, $\det P = 0$ なら式 (1.32) に矛盾するから, $P$ が正則行列のとき, $\det P \neq 0$ である。　□

**定理 1.9** 2次正方行列 $A$ が正則であるための必要十分条件は，$\det A \neq 0$ が成り立つことである。

証明 2次正方行列 $A$ が正則ならば，系 1.8 により $\det A \neq 0$ である。逆に $\det A \neq 0$ ならば，定理 1.6 により $A$ は正則である。 □

**定理 1.10** (行列式の幾何学的意味) 2次正方行列 $A$ が定める1次変換を $T_A$ とする。このとき，次の (1)〜(3) が成り立つ。

(1) 基本ベクトル $\boldsymbol{e}_1$，$\boldsymbol{e}_2$ を隣り合う2辺とする正方形の $T_A$ による像の面積は $|\det A|$ に等しい。

(2) $\det A = 0$ のとき，$\boldsymbol{a}_1 = T_A(\boldsymbol{e}_1)$，$\boldsymbol{a}_2 = T_A(\boldsymbol{e}_2)$ に対し，$k\boldsymbol{a}_1 + l\boldsymbol{a}_2 = \boldsymbol{0}$ をみたすともに0ではない実数の組 $(k, l)$ が存在する。

(3) 平行四辺形 OPRQ の $T_A$ による像の面積は，平行四辺形 OPRQ の面積の $|\det A|$ 倍に等しい。

証明 (1) $A = \begin{bmatrix} a & b \\ c & d \end{bmatrix}$ とするとき，基本ベクトル $\boldsymbol{e}_1$，$\boldsymbol{e}_2$ の $T_A$ による像はそれぞれ $\boldsymbol{a}_1 = \begin{bmatrix} a \\ c \end{bmatrix}$，$\boldsymbol{a}_2 = \begin{bmatrix} b \\ d \end{bmatrix}$ である。よって，線形性から，$\boldsymbol{e}_1$，$\boldsymbol{e}_2$ を隣り合う2辺とする正方形は $T_A$ により，$\boldsymbol{a}_1$，$\boldsymbol{a}_2$ を隣り合う2辺とする平行四辺形に移る。この平行四辺形の面積を $S$ とすると

$$S^2 = |ad - bc|^2 \tag{1.33}$$

より，$S = |\det A|$ が従う（例題 1.7）。

(2) (1) より，$\det A = 0$ のとき，$\boldsymbol{a}_1$，$\boldsymbol{a}_2$ を隣り合う2辺とする平行四辺形の面積は0である。よって，$\boldsymbol{a}_1 \neq \boldsymbol{0}$，$\boldsymbol{a}_2 \neq \boldsymbol{0}$ とすると，これらのベクトルは平行であるから，$\boldsymbol{a}_2 = c\boldsymbol{a}_1$ をみたす実数 $c$ が存在する。つまり $(k, l) = (-c, 1) \neq (0, 0)$ に対し，$k\boldsymbol{a}_1 + l\boldsymbol{a}_2 = \boldsymbol{0}$ が成り立つ。また，$\boldsymbol{a}_1 = \boldsymbol{0}$ のときは $(k, l) = (1, 0)$，$\boldsymbol{a}_2 = \boldsymbol{0}$ のときは $(k, l) = (0, 1)$ とおけば，$k\boldsymbol{a}_1 + l\boldsymbol{a}_2 = \boldsymbol{0}$ が成り立つ。

(3) $\overrightarrow{\mathrm{OP}} = \boldsymbol{p}$，$\overrightarrow{\mathrm{OQ}} = \boldsymbol{q}$ とすると，(1) により，平行四辺形 OPRQ の面積 $S_1$ は $|\det[\boldsymbol{p}, \boldsymbol{q}]|$ に等しい。また，$\boldsymbol{p}$，$\boldsymbol{q}$ の $T_A$ による像を $\boldsymbol{p}'$，$\boldsymbol{q}'$ とおくと，平行四

辺形 OPRQ は $T_A$ により，$\boldsymbol{p}'$，$\boldsymbol{q}'$ を隣り合う 2 辺とする平行四辺形に移るが，その面積 $S_2$ は $|\det[\boldsymbol{p}', \boldsymbol{q}']|$ に等しい。いま

$$A[\boldsymbol{p}, \boldsymbol{q}] = [\boldsymbol{p}', \boldsymbol{q}']$$

が成り立っていることに注意する。この式に定理 1.7 を適用し，両辺の絶対値をとると

$$|\det A|S_1 = S_2$$

が成り立つ。 □

---

**例題 1.7**　定理 1.10(1) の証明中の式 (1.33) が成り立つことを示せ。

---

**証明**　$\boldsymbol{a}_1$，$\boldsymbol{a}_2$ のなす角を $\theta$ として

$$S = |\boldsymbol{a}_1||\boldsymbol{a}_2|\sin\theta$$

と書ける。ここで

$$\begin{aligned}|\boldsymbol{a}_1||\boldsymbol{a}_2|\cos\theta &= \boldsymbol{a}_1 \cdot \boldsymbol{a}_2 \\ &= ab + cd\end{aligned}$$

であることから

$$\begin{aligned}S^2 &= |\boldsymbol{a}_1|^2|\boldsymbol{a}_2|^2(1 - \cos^2\theta) \\ &= |\boldsymbol{a}_1|^2|\boldsymbol{a}_2|^2 - (\boldsymbol{a}_1 \cdot \boldsymbol{a}_2)^2 \\ &= (a^2 + c^2)(b^2 + d^2) - (ab + cd)^2 \\ &= (ad - bc)^2 \\ &= (\det A)^2\end{aligned}$$

となって，式 (1.33) を得る。 □

**練習 1.7**　A(1, −3)，B(0, 1)，C(4, 3) のとき，三角形 ABC の面積を求めよ。

## 章　末　問　題

【１】 三角形 ABC の外心を点 O とする。$\overrightarrow{\mathrm{OA}} = \boldsymbol{a}$, $\overrightarrow{\mathrm{OB}} = \boldsymbol{b}$, $\overrightarrow{\mathrm{OC}} = \boldsymbol{c}$ とするとき，次の問に答えよ。

(1) $\overrightarrow{\mathrm{OG}} = (\boldsymbol{a}+\boldsymbol{b}+\boldsymbol{c})/3$ により点 G を定義するとき，点 G は三角形 ABC の重心であることを示せ。

(2) $\overrightarrow{\mathrm{OH}} = \boldsymbol{a}+\boldsymbol{b}+\boldsymbol{c}$ により点 H を定義するとき，点 H は三角形 ABC の垂心であることを示せ。

【２】 $A \neq O,\ B \neq O$ かつ $AB = O$ をみたす 2 次正方行列 $A, B$ の例を見つけよ（このような $A$ および $B$ を零因子という）。

【３】 $xy$ 座標平面において原点 O を中心とする角度 $\alpha$ の回転を $F_\alpha$，角度 $\beta$ の回転を $F_\beta$ とするとき，その合成 $F_\alpha \circ F_\beta$ は原点 O を中心とする角度 $\alpha+\beta$ の回転 $F_{\alpha+\beta}$ に等しい。この事実を用いて，三角関数の加法定理を証明せよ。

【４】 $\mathbb{R}^2$ 上の 1 次変換 $F$ は，点 $\begin{bmatrix} 2 \\ -1 \end{bmatrix}$ を点 $\begin{bmatrix} 1 \\ 3 \end{bmatrix}$ に移す。また，2 点 $\begin{bmatrix} 2 \\ -1 \end{bmatrix}$，$\begin{bmatrix} 1 \\ 3 \end{bmatrix}$ を通る直線 $l$ を自分自身に移すが，直線 $l$ 上の点で自分自身に移る点はない。このとき，1 次変換 $F$ を求めよ。

コーヒーブレイク

## 高等学校の学習指導要領と線形代数

高等学校までの教育内容は，文部科学省が告示する学習指導要領によって定められ，ほぼ 10 年ごとに改訂されている。このコラムでは，高等学校の学習指導要領の変遷を線形代数との関わりを中心に簡単に振り返ってみたい。

行列と１次変換が高等学校の数学に初登場したのが，1970 年告示，1973 年実施の学習指導要領によってである。この学習指導要領は『現代化カリキュラム』と呼ばれている。スプートニク・ショック[†1]により，算数・数学教育の現代化[†2]が叫ばれた時代背景の中で生まれたカリキュラムである。

次の 1978 年告示，1982 年実施の学習指導要領の『ゆとりカリキュラム』[†3]は，詰め込み主義から学習内容精選へと舵を切った転換点とされる。この際，行列と１次変換は「代数・幾何」の科目の一単元となり，線形代数が解析系科目から独立を果たした。高等学校で本格的に線形代数が定着した時期である。

1989 年告示，1994 年実施の学習指導要領は『新学力観カリキュラム』と呼ばれ，数学は数学 I・II・III のコア科目と数学 A・B・C のオプション科目に再編された[†4]。この際，行列は３行３列まで扱う一方，１次変換は削除された。

1999 年告示，2003 年実施の学習指導要領，『世間一般でいうところのゆとりカリキュラム』[†5]で，「点の移動」という形で１次変換は不完全ながら復活した。

2009 年公示，2012 年実施の学習指導要領『脱ゆとりカリキュラム』で，行列・１次変換は複素数平面と入れ換わる形で消滅した[†6]。そのため本書は，高等学校で線形代数をまったく学んでいないという前提で書かれている。

---

†1　1957 年，旧ソ連が人類初の人工衛星「スプートニク１号」の打ち上げに成功したことに対する，アメリカ合衆国をはじめとする西側諸国（冷戦下における自由主義・資本主義諸国）に起こった衝撃や危機感のことである。

†2　同時期の小学校の学習指導要領に集合や $n$ 進法が登場し，話題を呼んだ。

†3　完全週休二日制や総合学習などと一緒に導入された『世間一般でいうところのゆとりカリキュラム』とはまた別物である。

†4　この際，最初に数学 I を学ぶとされた以外は学習順序に自由度があったため，必要な公式を必要なときに導く「現地調達主義」が採用された。数学を系統的に学ぶ態度や，複数分野の融合問題への取組みに影響があったといわれている。

†5　小学校の算数で，一部の塾やメディアから「円周率が３になる」と喧伝され，東京大学・理科系の 2003 年度前期入学試験で「円周率が 3.05 より大きいことを証明せよ」というメッセージ性のある問題が出題された。

†6　正確には「数学活用」というマイナー科目の中に生き残っている。

# 2 空間のベクトルと1次変換

本章では，3 次元空間のベクトルと 1 次変換を導入する。空間のベクトルに関するほとんどの記述は，平面上のベクトルに関するそれとほとんどパラレルに説明できる。おもな違いは，外積という新しい演算が定義されることである。

## 2.1 空間のベクトル

空間内の 2 点 A，B に対して，空間内の**有向線分**のうち，有向線分 AB と向きと長さの等しい有向線分の集合を，有向線分 AB の定める**矢線ベクトル**，あるいは単に**ベクトル**（vector）といい，$\overrightarrow{\mathrm{AB}}$ で表す。

空間内に**右手系**[†1]の直交座標軸を一つ固定する（**図 2.1**）。空間内のベクトル $\boldsymbol{a}$ の始点を座標原点 O にとったときの $\boldsymbol{a}$ の終点が $\mathrm{A}(a_1, a_2, a_3)$ であるとき

$$\boldsymbol{a} = \begin{bmatrix} a_1 \\ a_2 \\ a_3 \end{bmatrix} \tag{2.1}$$

と記す。これをベクトル $\boldsymbol{a}$ の**成分表示**といい，$a_1, a_2, a_3$ をそれぞれ，ベクトル $\boldsymbol{a}$ の第 1 成分，第 2 成分，第 3 成分という[†2]。また，このベクトルの**大きさ**は

$$|\boldsymbol{a}| = \sqrt{{a_1}^2 + {a_2}^2 + {a_3}^2} \tag{2.2}$$

で与えられる。

---

†1　右手系とは，$+x$ 軸から $+y$ 軸の向きに右ネジを回すときに右ネジが進む向きと $+z$ 軸の向きが一致する座標系を指す。

†2　$x$ 成分，$y$ 成分，$z$ 成分ということもあるが，一般の $n$ 項数ベクトルとのつながりを考え，$x, y, z$ の記号より $1, 2, 3$ の番号のほうを本書では用いる。

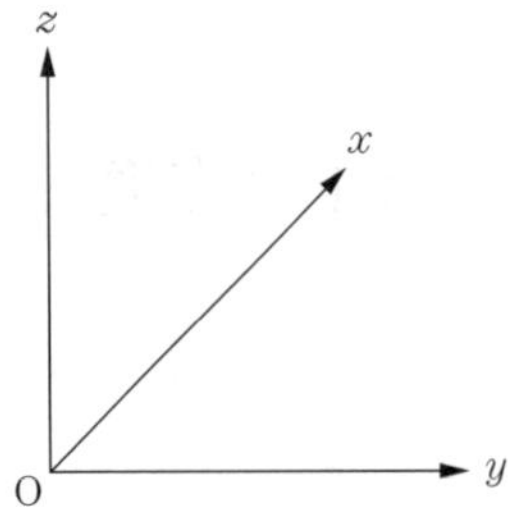


(a)　左手系

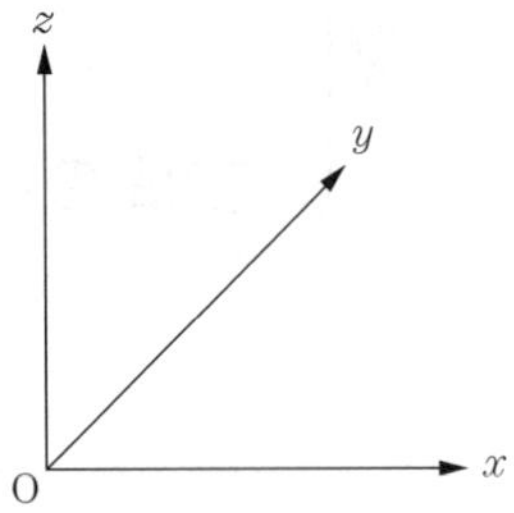


(b)　右手系

**図 2.1**　直交座標系

空間内のベクトルの始点と終点が一致しているベクトル

$$\mathbf{0} = \begin{bmatrix} 0 \\ 0 \\ 0 \end{bmatrix} \tag{2.3}$$

を**零ベクトル**といい，$\mathbf{0}$ と記す。

空間内のベクトルは，始点を座標原点 O に固定した場合，終点の座標で決定される。したがって，これ以後，空間内のベクトルとその成分表示とを同一視することとし，空間内のベクトル全体の集合†を $\mathbb{R}^3$ と記す。

空間内のベクトルの加法や減法，実数倍，ベクトルの内積も，平面上のベクトルの場合と同様に定義できる。$\boldsymbol{a} = \begin{bmatrix} a_1 \\ a_2 \\ a_3 \end{bmatrix}$，$\boldsymbol{b} = \begin{bmatrix} b_1 \\ b_2 \\ b_3 \end{bmatrix}$ と成分表示できるとき

$$\boldsymbol{a} \pm \boldsymbol{b} = \begin{bmatrix} a_1 \pm b_1 \\ a_2 \pm b_2 \\ a_3 \pm b_3 \end{bmatrix}, \quad c\boldsymbol{a} = \begin{bmatrix} ca_1 \\ ca_2 \\ ca_3 \end{bmatrix}, \quad \boldsymbol{a} \cdot \boldsymbol{b} = a_1 b_1 + a_2 b_2 + a_3 b_3 \tag{2.4}$$

が成り立つ。

平面上のベクトルの場合と同様に，空間におけるベクトルの内積にも，$\boldsymbol{a} \neq \mathbf{0}$，$\boldsymbol{b} \neq \mathbf{0}$ のとき $\boldsymbol{a} \cdot \boldsymbol{b} = |\boldsymbol{a}||\boldsymbol{b}| \cos\theta$ という幾何学的意味がある。ここで，$\theta$ は $\boldsymbol{a}$ と $\boldsymbol{b}$ のなす角である。また，縦ベクトル $\boldsymbol{a} = \begin{bmatrix} a_1 \\ a_2 \\ a_3 \end{bmatrix}$ に対応する横ベクトル

† 空間内の点全体の集合といっても同じことである。

$[a_1, a_2, a_3]$ を $\boldsymbol{a}^T$ と記すと，2 本の縦ベクトル $\boldsymbol{a}$，$\boldsymbol{b}$ の内積 (2.4) を

$$\boldsymbol{a}^T\boldsymbol{b} = [a_1, a_2, a_3]\begin{bmatrix} b_1 \\ b_2 \\ b_3 \end{bmatrix} = \boldsymbol{a}\cdot\boldsymbol{b} = a_1b_1 + a_2b_2 + a_3b_3 \tag{2.5}$$

のように横ベクトル $\boldsymbol{a}^T$ と縦ベクトル $\boldsymbol{b}$ の積とみなすことができるのも，平面のベクトルの場合と同様である。

二つの空間ベクトル $\boldsymbol{a} = \begin{bmatrix} a_1 \\ a_2 \\ a_3 \end{bmatrix}$，$\boldsymbol{b} = \begin{bmatrix} b_1 \\ b_2 \\ b_3 \end{bmatrix}$ の**外積**（outer product）を

$$\boldsymbol{a}\times\boldsymbol{b} = \begin{bmatrix} a_2b_3 - a_3b_2 \\ a_3b_1 - a_1b_3 \\ a_1b_2 - a_2b_1 \end{bmatrix} \tag{2.6}$$

により定義する。

**注意 2.1**　外積は内積（スカラー積）とは異なり，その結果は実数ではなくベクトルである。そのため，外積は**ベクトル積**（vector product）と呼ばれることがある。

次に，ベクトルの外積に関する命題を証明しよう。

**命題 2.1**　次の (1)〜(3) が成り立つ。

(1)　外積 $\boldsymbol{a}\times\boldsymbol{b}$ は，$\boldsymbol{a}$，$\boldsymbol{b}$ にともに垂直である。

(2)　外積 $\boldsymbol{a}\times\boldsymbol{b}$ の大きさは，$\boldsymbol{a}$，$\boldsymbol{b}$ を隣り合う 2 辺とする平行四辺形の面積に等しい。

(3)　ベクトル $\boldsymbol{a}, \boldsymbol{b}, \boldsymbol{c}$ を隣り合う 3 辺とする平行六面体の体積 $V$ は，$|(\boldsymbol{a}\times\boldsymbol{b})\cdot\boldsymbol{c}|$ に等しい。

**証明**　(1)　$\boldsymbol{a}\times\boldsymbol{b}$ と $\boldsymbol{a}$，$\boldsymbol{b}$ の内積をとって 0 となることを示せばよい。実際

$$\boldsymbol{a}\cdot(\boldsymbol{a}\times\boldsymbol{b}) = a_1(a_2b_3 - a_3b_2) + a_2(a_3b_1 - a_1b_3) + a_3(a_1b_2 - a_2b_1) = 0$$

より，$(\boldsymbol{a}\times\boldsymbol{b})\perp\boldsymbol{a}$ である。同様にして，$(\boldsymbol{a}\times\boldsymbol{b})\perp\boldsymbol{b}$ も成り立つ。

(2)　式 (2.6) より

$$
\begin{aligned}
|\boldsymbol{a}\times\boldsymbol{b}|^2 &= (a_2b_3 - a_3b_2)^2 + (a_3b_1 - a_1b_3)^2 + (a_1b_2 - a_2b_1)^2 \\
&= ({a_1}^2 + {a_2}^2 + {a_3}^2)({b_1}^2 + {b_2}^2 + {b_3}^2) - (a_1b_1 + a_2b_2 + a_3b_3)^2 \\
&= |\boldsymbol{a}|^2|\boldsymbol{b}|^2 - (\boldsymbol{a}\cdot\boldsymbol{b})^2 \\
&= |\boldsymbol{a}|^2|\boldsymbol{b}|^2(1-\cos^2\theta) \\
&= |\boldsymbol{a}|^2|\boldsymbol{b}|^2\sin^2\theta
\end{aligned}
$$

であるから，大きさは $\boldsymbol{a}$，$\boldsymbol{b}$ のなす平行四辺形の面積に等しい。

**注意 2.2**　$\boldsymbol{a}\neq\boldsymbol{0}, \boldsymbol{b}\neq\boldsymbol{0}$ のとき，外積 $\boldsymbol{a}\times\boldsymbol{b}$ は，その大きさが $\boldsymbol{a}, \boldsymbol{b}$ を隣り合う 2 辺とする平行四辺形の面積 $S$ に等しく，$\boldsymbol{a}$ と $\boldsymbol{b}$ に垂直で，右手系の場合，$\boldsymbol{a}$ から $\boldsymbol{b}$ へ右ネジを回すときに右ネジが進む向きに等しいといえる（図 **2.2**）。

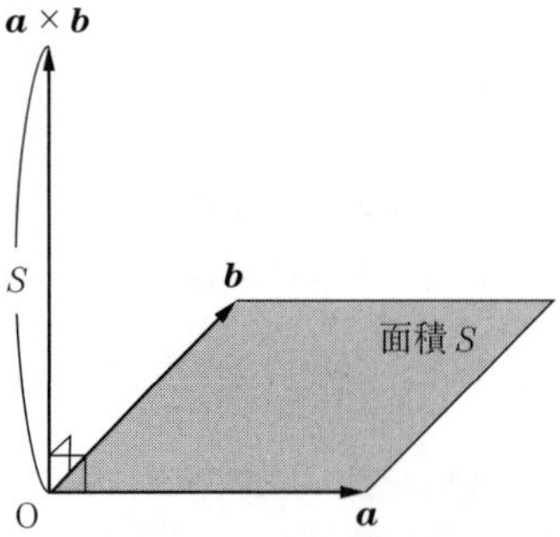


図 **2.2**　ベクトルの外積

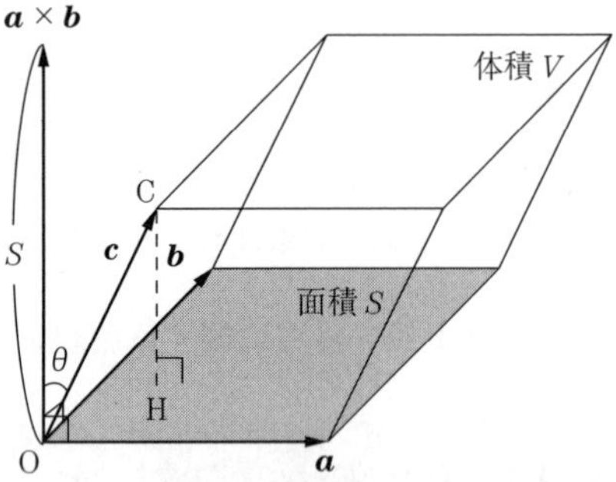


図 **2.3**　平行六面体の体積

(3)　ベクトル $\boldsymbol{a}\times\boldsymbol{b}$ は，$\boldsymbol{a}, \boldsymbol{b}$ に垂直だから，$\boldsymbol{c} = \overrightarrow{\mathrm{OC}}$ として，C から，$\boldsymbol{a}, \boldsymbol{b}$ を隣り合う 2 辺とする平行四辺形に垂線 CH をおろすと $\overrightarrow{\mathrm{HC}} /\!/ (\boldsymbol{a}\times\boldsymbol{b})$ となる（図 **2.3**）。よって，題意の体積 $V$ は，$\overrightarrow{\mathrm{HC}}$ と $\boldsymbol{a}\times\boldsymbol{b}$ が同じ向きのとき

$$V = S\cdot\mathrm{CH} = S\cdot|\overrightarrow{\mathrm{OC}}|\cdot\cos\theta = (\boldsymbol{a}\times\boldsymbol{b})\cdot\boldsymbol{c} \tag{2.7}$$

となる。ここで，$S = |\boldsymbol{a}\times\boldsymbol{b}|$ は (2) により，$\boldsymbol{a}, \boldsymbol{b}$ を隣り合う 2 辺とする平行四辺形の面積，$\theta$ は $\boldsymbol{c}$ と $\boldsymbol{a}\times\boldsymbol{b}$ のなす角である。$\overrightarrow{\mathrm{HC}}$ と $\boldsymbol{a}\times\boldsymbol{b}$ が逆向きのときは式 (2.7) で $\theta$ が鈍角となって $\cos\theta < 0$ となるから，題意の平行六面体の体積 $V$ は式 (2.7) に負号をつけたものに等しい。よって，(3) が成り立つ。

**例題 2.1** $\boldsymbol{a} = \begin{bmatrix} 1 \\ 2 \\ 3 \end{bmatrix}, \boldsymbol{b} = \begin{bmatrix} 0 \\ -1 \\ 2 \end{bmatrix}$ のとき，次の量を求めよ。

(1) $2\boldsymbol{a} - 3\boldsymbol{b}$ (2) $\boldsymbol{a} \cdot \boldsymbol{b}$ (3) $\boldsymbol{a} \times \boldsymbol{b}$

**解答例** (1) 式 (2.4) より，$2\boldsymbol{a} - 3\boldsymbol{b} = \begin{bmatrix} 2 \\ 4 \\ 6 \end{bmatrix} - \begin{bmatrix} 0 \\ -3 \\ 6 \end{bmatrix} = \begin{bmatrix} 2 \\ 7 \\ 0 \end{bmatrix}$

(2) 式 (2.4) より，$\boldsymbol{a} \cdot \boldsymbol{b} = 1 \cdot 0 + 2 \cdot (-1) + 3 \cdot 2 = 4$

(3) 式 (2.6) より，$\boldsymbol{a} \times \boldsymbol{b} = \begin{bmatrix} 2 \cdot 2 - 3 \cdot (-1) \\ 3 \cdot 0 - 1 \cdot 2 \\ 1 \cdot (-1) - 2 \cdot 0 \end{bmatrix} = \begin{bmatrix} 7 \\ -2 \\ -1 \end{bmatrix}$

が成り立つ。 ◆

**練習 2.1** $\boldsymbol{a} = \begin{bmatrix} 1 \\ 2 \\ 3 \end{bmatrix}, \boldsymbol{b} = \begin{bmatrix} 0 \\ -1 \\ 2 \end{bmatrix}, \boldsymbol{c} = \begin{bmatrix} -1 \\ 0 \\ 1 \end{bmatrix}$ のとき

$$k\boldsymbol{a} + l\boldsymbol{b} + m\boldsymbol{c} = \begin{bmatrix} -1 \\ 5 \\ 7 \end{bmatrix}$$

が成り立つように，実数 $k$，$l$，$m$ を求めよ。

## 2.2 空間における直線と平面の方程式

空間内の直線は，直線上の異なる 2 点を与えれば決まる。直線上の異なる 2 点を与えれば，直線の方向が決まるから，直線上の 1 点と方向を与えてもよい。いま，空間内の直線 $l$ が，$\boldsymbol{a} = \overrightarrow{\mathrm{OA}}$ をみたす点 A を通り，ベクトル $\boldsymbol{b}$ に平行とする。直線上の任意の点を P とし，$\boldsymbol{x} = \overrightarrow{\mathrm{OP}}$ とおくと，平面上の直線の場合と同様にして，直線 $l$ のベクトル方程式は

$$\boldsymbol{x} = \boldsymbol{a} + t\boldsymbol{b} \tag{2.8}$$

で与えられる。$\boldsymbol{x} = \begin{bmatrix} x \\ y \\ z \end{bmatrix}$, $\boldsymbol{a} = \begin{bmatrix} x_0 \\ y_0 \\ z_0 \end{bmatrix}$, $\boldsymbol{b} = \begin{bmatrix} p \\ q \\ r \end{bmatrix}$ とおくことにより

$$\begin{bmatrix} x \\ y \\ z \end{bmatrix} = \begin{bmatrix} x_0 \\ y_0 \\ z_0 \end{bmatrix} + t\begin{bmatrix} p \\ q \\ r \end{bmatrix} = \begin{bmatrix} x_0 + tp \\ y_0 + tq \\ z_0 + tr \end{bmatrix}$$

が直線 $l$ の方程式の**パラメータ表示**を与える。特に，$pqr \neq 0$ のとき，これを $t$ について解くことにより，次の直線の方程式を得る。

$$\frac{x - x_0}{p} = \frac{y - y_0}{q} = \frac{z - z_0}{r}$$

空間内の平面は，1直線上にない平面上の3点を与えれば決まる。これらを A, B, C として，$\boldsymbol{a} = \overrightarrow{\mathrm{OA}}$, $\boldsymbol{b} = \overrightarrow{\mathrm{OB}}$, $\boldsymbol{c} = \overrightarrow{\mathrm{OC}}$ とおくと，例えば，$\boldsymbol{l}_1 = \overrightarrow{\mathrm{AB}} = \boldsymbol{b} - \boldsymbol{a}$, $\boldsymbol{l}_2 = \overrightarrow{\mathrm{AC}} = \boldsymbol{c} - \boldsymbol{a}$ は，平面に平行なベクトルである。また，3点 A, B, C が1直線上にないことから，$\boldsymbol{l}_1$ と $\boldsymbol{l}_2$ はたがいに平行でない。

空間内の平面 $\alpha$ が，$\boldsymbol{a} = \overrightarrow{\mathrm{OA}}$ をみたす点 A を通り，たがいに平行でない二つのベクトル $\boldsymbol{l}_1, \boldsymbol{l}_2$ に平行であるとする。平面 $\alpha$ 上の任意の点を P とし，$\boldsymbol{x} = \overrightarrow{\mathrm{OP}}$ とおくと，平面 $\alpha$ のベクトル方程式は

$$\boldsymbol{x} = \boldsymbol{a} + t_1\boldsymbol{l}_1 + t_2\boldsymbol{l}_2 \tag{2.9}$$

で与えられる（図 **2.4**）。

ところで，空間内の平面は，平面上の1点と平面に垂直な法線ベクトルを与

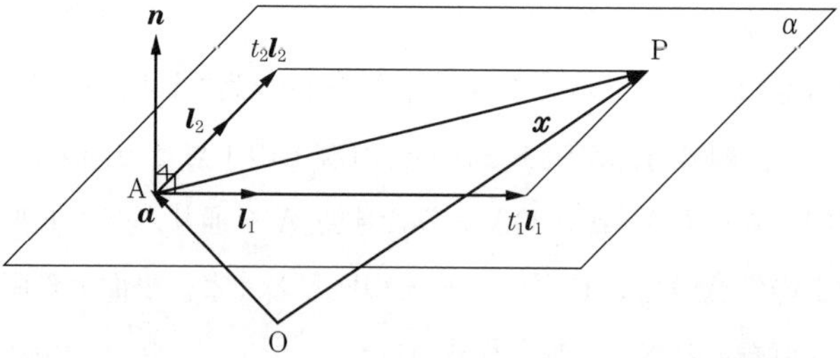


図 **2.4**　$\boldsymbol{a} = \overrightarrow{\mathrm{OA}}$ をみたす点 A を通り，$\boldsymbol{l}_1, \boldsymbol{l}_2$ に平行な平面 $\alpha$（$\boldsymbol{n}$ は法線ベクトル）

えても決まる（図 2.4）。平面 $\alpha$ が $\boldsymbol{a} = \overrightarrow{\mathrm{OA}}$ をみたす点 A を通り，ベクトル $\boldsymbol{n}$ に垂直とすれば，平面 $\alpha$ 上の任意の点 P は，$\overrightarrow{\mathrm{AP}} \perp \boldsymbol{n}$ をみたす。よって

$$(\boldsymbol{x} - \boldsymbol{a}) \cdot \boldsymbol{n} = 0 \tag{2.10}$$

は，式 (2.9) とは別の形の平面 $\alpha$ のベクトル方程式である。

式 (2.9) と式 (2.10) を連立させて

$$(t_1 \boldsymbol{l}_1 + t_2 \boldsymbol{l}_2) \cdot \boldsymbol{n} = 0$$

これが任意の $t_1, t_2$ に対して成り立つことから，$\boldsymbol{l}_1 \cdot \boldsymbol{n} = \boldsymbol{l}_2 \cdot \boldsymbol{n} = 0$ でなければならない。いま，$\boldsymbol{l}_1$ と $\boldsymbol{l}_2$ は平行でないから

$$\boldsymbol{n} = \boldsymbol{l}_1 \times \boldsymbol{l}_2$$

がこれをみたす解の一つである。

---

**例題 2.2**　平面 $\alpha : ax + by + cz + d = 0$ に，点 $\mathrm{A}(x_0, y_0, z_0)$ から垂線 AH をおろすとき，垂線 AH の長さ $D$ が

$$D = \frac{|ax_0 + by_0 + cz_0 + d|}{\sqrt{a^2 + b^2 + c^2}}$$

と書けることを示せ。

---

**証明**　平面の方程式 (2.10) を書き換えると $\boldsymbol{x} \cdot \boldsymbol{n} - \boldsymbol{a} \cdot \boldsymbol{n} = 0$ であり，

$\boldsymbol{x} = \begin{bmatrix} x \\ y \\ z \end{bmatrix}$ とおいて平面 $\alpha$ の方程式と比較すると，法線ベクトル（の一つ）は

$\boldsymbol{n} = \begin{bmatrix} a \\ b \\ c \end{bmatrix}$ であるとわかる[†1]。

そこで点 A から平面 $\alpha$ に垂線 AH をおろすと，$\overrightarrow{\mathrm{AH}} /\!/ \boldsymbol{n}$ である[†2]。よって，$\overrightarrow{\mathrm{AH}} = t\boldsymbol{n}$ とおくと

---

†1　さらに，$\boldsymbol{a} \cdot \boldsymbol{n} = -d$ となることがわかる。

†2　$\mathrm{AH} \perp \alpha$ より，$\overrightarrow{\mathrm{AH}}$ は平面 $\alpha$ の法線ベクトル $\boldsymbol{n}$ に平行になる。

$$\overrightarrow{\mathrm{OH}} = \overrightarrow{\mathrm{OA}} + t\boldsymbol{n} = \begin{bmatrix} x_0 \\ y_0 \\ z_0 \end{bmatrix} + t \begin{bmatrix} a \\ b \\ c \end{bmatrix}$$

である。これを平面 $\alpha$ の方程式に代入して

$$a(x_0 + ta) + b(y_0 + tb) + c(z_0 + tc) + d = 0$$

となる。これを $t$ について解いて

$$t = -\frac{ax_0 + by_0 + cz_0 + d}{a^2 + b^2 + c^2}$$

を得る。よって

$$D = |\overrightarrow{\mathrm{AH}}| = |t\boldsymbol{n}| = |t|\sqrt{a^2 + b^2 + c^2} = \frac{|ax_0 + by_0 + cz_0 + d|}{\sqrt{a^2 + b^2 + c^2}}$$

が成り立つ。 □

**練習 2.2**　3点 A(0, 0, 1), B(1, −2, 3), C(−1, 3, 0) を通る平面と原点の距離を求めよ。

## 2.3　3次正方行列と1次変換

この節で学ぶ3次正方行列とは，9個の実数 $a_{ij}$ $(1 \leqq i, j \leqq 3)$ を次のように正方形に配置したものをいう。

$$A = \begin{bmatrix} a_{11} & a_{12} & a_{13} \\ a_{21} & a_{22} & a_{23} \\ a_{31} & a_{32} & a_{33} \end{bmatrix} \tag{2.11}$$

$a_{ij}$ を行列 $A$ の $(i, j)$ 成分という。行列の成分の横の並びを**行**（row），縦の並びを**列**（column）という。

天下りではあるが，3次正方行列 $A$ と空間内のベクトル $\boldsymbol{v} = \begin{bmatrix} x_1 \\ x_2 \\ x_3 \end{bmatrix}$ の積を

$$A\boldsymbol{v} = \begin{bmatrix} a_{11} & a_{12} & a_{13} \\ a_{21} & a_{22} & a_{23} \\ a_{31} & a_{32} & a_{33} \end{bmatrix} \begin{bmatrix} x_1 \\ x_2 \\ x_3 \end{bmatrix} = \begin{bmatrix} a_{11}x_1 + a_{12}x_2 + a_{13}x_3 \\ a_{21}x_1 + a_{22}x_2 + a_{23}x_3 \\ a_{31}x_1 + a_{32}x_2 + a_{33}x_3 \end{bmatrix} \tag{2.12}$$

で定義する。$\boldsymbol{Av}$ の第 $i$ 成分 $(i = 1, 2, 3)$ は $A$ の第 $i$ 行目の横（行）ベクトル $[a_{i1}, a_{i2}, a_{i3}]$ と縦（列）ベクトル $\boldsymbol{v}$ の積である†。

次に，二つの行列 $A = \begin{bmatrix} a_{11} & a_{12} & a_{13} \\ a_{21} & a_{22} & a_{23} \\ a_{31} & a_{32} & a_{33} \end{bmatrix}$ と $B = \begin{bmatrix} b_{11} & b_{12} & b_{13} \\ b_{21} & b_{22} & b_{23} \\ b_{31} & b_{32} & b_{33} \end{bmatrix}$ の積を

$$AB = [a_{i1}b_{1j} + a_{i2}b_{2j} + a_{i3}b_{3j}]_{1 \leqq i,j \leqq 3} \tag{2.13}$$

で定義する。式 (2.13) の記法は，第 3 章以降しばしば用いるもので，行列 $AB$ の行列の $(i, j)$ 成分がカギカッコ内の式で表されることを意味する。この定義により，$AB$ の $(i, j)$ 成分は，$A$ の第 $i$ 行（横ベクトル）と $B$ の第 $j$ 列（縦ベクトル）の積に等しい。

さて，行列とベクトルの積は，なぜ式 (2.12) のような複雑な定義をするのか，「その心」をつかむために，1 次変換を考察する。

---

**定義 2.1　(1 次変換)**　空間内の点を空間内の点に移す写像 $F : \mathbb{R}^3 \longrightarrow \mathbb{R}^3$ が次の (1)，(2) をみたすとき，$F$ を空間内の **1 次変換**（linear transformation）という。

(1)　$F(\boldsymbol{v}_1 + \boldsymbol{v}_2) = F(\boldsymbol{v}_1) + F(\boldsymbol{v}_2)$　$(\boldsymbol{v}_1, \boldsymbol{v}_2 \in \mathbb{R}^3)$　　(2.14 a)

(2)　$F(k\boldsymbol{v}) = kF(\boldsymbol{v})$　$(\boldsymbol{v} \in \mathbb{R}^3, k \in \mathbb{R})$　　(2.14 b)

また，式 (2.14) の二つの性質を**線形性**（linearity）という。

---

**定義 2.2　(行列の定める 1 次変換)**　3 次正方行列 $A = \begin{bmatrix} a_{11} & a_{12} & a_{13} \\ a_{21} & a_{22} & a_{23} \\ a_{31} & a_{32} & a_{33} \end{bmatrix}$ に対し，$\mathbb{R}^3$ の元 $\boldsymbol{v} = \begin{bmatrix} x_1 \\ x_2 \\ x_3 \end{bmatrix}$ を $A\boldsymbol{v}$ に移す写像

---

† 式 (2.5) 参照のこと。

$$T_A(\boldsymbol{v}) = A\boldsymbol{v} = \begin{bmatrix} a_{11}x_1 + a_{12}x_2 + a_{13}x_3 \\ a_{21}x_1 + a_{22}x_2 + a_{23}x_3 \\ a_{31}x_1 + a_{32}x_2 + a_{33}x_3 \end{bmatrix} \tag{2.15}$$

を，行列 $A$ の定める空間内の **1 次変換**という。

---

**定理 2.2**　行列 $A = \begin{bmatrix} a_{11} & a_{12} & a_{13} \\ a_{21} & a_{22} & a_{23} \\ a_{31} & a_{32} & a_{33} \end{bmatrix}$ の定める 1 次変換 $T_A$ は式 (2.14) の二つの性質をみたす。

**証明**　定理 1.3 の証明とパラレルであるので，省略する。　□

**注意 2.3**　3 次正方行列 $A$ の定める 1 次変換 $T_A$ に対し，式 (2.14 b) で $k=0$ とおくことにより，$F(\mathbf{0}) = \mathbf{0}$ でなければならない。

**定理 2.3**　$\mathbb{R}^3$ の点を $\mathbb{R}^3$ の点に移す写像が線形性 (2.14) をみたすならば，その写像はある適当な 3 次正方行列の定める 1 次変換である。

**証明**　定理 1.4 の証明とパラレルであるので，省略する。　□

---

**例題 2.3**　原点を O とし，3 点 A, B, C の座標をそれぞれ，$(1,0,0)$, $(0,1,0)$, $(0,0,1)$ とする。3 次正方行列 $A = \begin{bmatrix} a_{11} & a_{12} & a_{13} \\ a_{21} & a_{22} & a_{23} \\ a_{31} & a_{32} & a_{33} \end{bmatrix}$ の定める 1 次変換 $T_A$ によって，OA, OB, OC を隣り合う 3 辺とする立方体（面上および内部の点）は何に移るか。

---

**解答例**　$\mathbb{R}^3$ の基本ベクトルを $\boldsymbol{e}_1 = \begin{bmatrix} 1 \\ 0 \\ 0 \end{bmatrix}$, $\boldsymbol{e}_2 = \begin{bmatrix} 0 \\ 1 \\ 0 \end{bmatrix}$, $\boldsymbol{e}_3 = \begin{bmatrix} 0 \\ 0 \\ 1 \end{bmatrix}$ とおくと，OA, OB, OC を隣り合う 3 辺とする立方体の面上および内部の点は

$$P = \{t_1\boldsymbol{e}_1 + t_2\boldsymbol{e}_2 + t_3\boldsymbol{e}_3 \mid 0 \leqq t_1, t_2, t_3 \leqq 1\}$$

である。

また，$\boldsymbol{a}_1 = \begin{bmatrix} a_{11} \\ a_{21} \\ a_{31} \end{bmatrix}$, $\boldsymbol{a}_2 = \begin{bmatrix} a_{12} \\ a_{22} \\ a_{32} \end{bmatrix}$, $\boldsymbol{a}_3 = \begin{bmatrix} a_{13} \\ a_{23} \\ a_{33} \end{bmatrix}$ とおくと，$T_A(\boldsymbol{e}_1) = \boldsymbol{a}_1$, $T_A(\boldsymbol{e}_2) = \boldsymbol{a}_2$, $T_A(\boldsymbol{e}_3) = \boldsymbol{a}_3$ が成り立つから，$T_A$ により $P$ は

$$T_A(P) = \{t_1\boldsymbol{a}_1 + t_2\boldsymbol{a}_2 + t_3\boldsymbol{a}_3 \mid 0 \leqq t_1, t_2, t_3 \leqq 1\}$$

に移る。よって，$\boldsymbol{a}_1, \boldsymbol{a}_2, \boldsymbol{a}_3$ を隣り合う 3 辺とする平行六面体（の面上およびその内部）に移る。 ◆

**練習 2.3**　次の $\mathbb{R}^3$ 上の写像が 1 次変換であるかどうか判定せよ。

(1)　$f : \begin{bmatrix} x \\ y \\ z \end{bmatrix} \mapsto \begin{bmatrix} y \\ z \\ x \end{bmatrix}$　　(2)　$g : \begin{bmatrix} x \\ y \\ z \end{bmatrix} \mapsto \begin{bmatrix} x+y+z \\ xy+yz+zx \\ xyz \end{bmatrix}$

## 2.4　3 次正方行列の行列式

3 次正方行列に対しても，行列の掛け算を式 (2.13) で定義したうえで，定義 1.3 と同様に**正則行列**を定義できる。ここで，3 次の単位行列（3 次正方行列の乗法の単位元）は $I = \begin{bmatrix} 1 & 0 & 0 \\ 0 & 1 & 0 \\ 0 & 0 & 1 \end{bmatrix}$ とする。さらに正則行列 $A$ に対しては，定義 1.4 と同様に**逆行列**（inverse matrix）$A^{-1}$ が一つ定まる。

---

**定義 2.3**　**(3 次正方行列の行列式)**　3 次正方行列 $A = \begin{bmatrix} a_{11} & a_{12} & a_{13} \\ a_{21} & a_{22} & a_{23} \\ a_{31} & a_{32} & a_{33} \end{bmatrix}$ に対し

$$\begin{aligned} &a_{11}a_{22}a_{33} + a_{21}a_{32}a_{13} + a_{31}a_{12}a_{23} \\ &- a_{11}a_{32}a_{23} - a_{21}a_{12}a_{33} - a_{31}a_{22}a_{13} \end{aligned} \tag{2.16}$$

で定義される，$A$ の成分 $a_{ij}$ $(1 \leqq i, j \leqq 3)$ の 3 次斉次多項式を，行列 $A$

の**行列式**（determinant）といい，$\det A$, $|A|$, または $\begin{vmatrix} a_{11} & a_{12} & a_{13} \\ a_{21} & a_{22} & a_{23} \\ a_{31} & a_{32} & a_{33} \end{vmatrix}$ と記す。

---

**注意 2.4** 3次正方行列の行列式は，**図 2.5** のようにタスキ掛けの規則により計算できる（サラスの方法）。

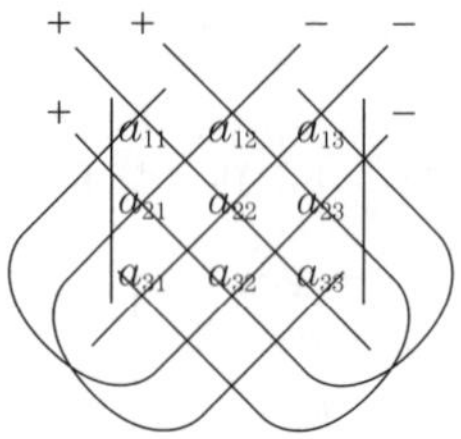

$$= a_{11}a_{22}a_{33} + a_{21}a_{32}a_{13} + a_{31}a_{12}a_{23} - a_{11}a_{32}a_{23} - a_{21}a_{12}a_{33} - a_{31}a_{22}a_{13}$$

**図 2.5** サラスの方法（3次正方行列の場合）

---

**例題 2.4** 次の行列式 $\begin{vmatrix} 2 & 7 & 5 \\ 1 & 3 & 2 \\ 3 & 4 & 3 \end{vmatrix}$ を計算せよ。

---

解答例　サラスの方法により，以下を得る。

$$\begin{vmatrix} 2 & 7 & 5 \\ 1 & 3 & 2 \\ 3 & 4 & 3 \end{vmatrix} = 2\times3\times3 + 1\times4\times5 + 3\times7\times2$$
$$-2\times4\times2 - 1\times7\times3 - 3\times3\times5$$
$$= 18 + 20 + 42 - 16 - 21 - 45 = -2$$ ◆

**練習 2.4** 次の行列式 $\begin{vmatrix} 1 & 2 & 3 \\ 4 & 5 & 6 \\ 7 & 8 & 9 \end{vmatrix}$ を計算せよ。

## 2.5　行列式の余因子展開

この節では，3 次正方行列の余因子を導入し，行列式の余因子による展開公式を示す。

**定義 2.4** (余因子)　3 次正方行列 $A$ に対し，$A$ の第 $i$ 行と第 $j$ 行を除いてできる 2 次正方行列を $A_{ij}$ として

$$(-1)^{i+j}\det A_{ij}$$

を，行列 $A$ の $(i,j)$-**余因子** (cofactor) といい，$\tilde{a}_{ij}$ と記す。

**例 2.1**　$A = \begin{bmatrix} 2 & 7 & 5 \\ 1 & 3 & 2 \\ 3 & 4 & 3 \end{bmatrix}$ のとき，$A_{11} = \begin{bmatrix} 3 & 2 \\ 4 & 3 \end{bmatrix}$, $A_{12} = \begin{bmatrix} 1 & 2 \\ 3 & 3 \end{bmatrix}$ である。

よって

$$\tilde{a}_{11} = (-1)^{1+1}\begin{vmatrix} 3 & 2 \\ 4 & 3 \end{vmatrix} = 3\times 3 - 2\times 4 = 1$$

$$\tilde{a}_{12} = (-1)^{1+2}\begin{vmatrix} 1 & 2 \\ 3 & 3 \end{vmatrix} = -(1\times 3 - 2\times 3) = 3$$

を得る。同様にして，$\tilde{a}_{13} = -5$，$\tilde{a}_{21} = -1$，$\tilde{a}_{22} = -9$，$\tilde{a}_{23} = 13$，$\tilde{a}_{31} = -1$，$\tilde{a}_{32} = 1$，$\tilde{a}_{33} = -1$ である。

**定理 2.4** (行列式の余因子展開)　3 次正方行列 $A = \begin{bmatrix} a_{11} & a_{12} & a_{13} \\ a_{21} & a_{22} & a_{23} \\ a_{31} & a_{32} & a_{33} \end{bmatrix}$ に対して次の (1)，(2) が成り立つ。

(1)　$\det A = a_{i1}\tilde{a}_{i1} + a_{i2}\tilde{a}_{i2} + a_{i3}\tilde{a}_{i3}$　　(第 $i$ 行に関する余因子展開)

(2)　$\det A = a_{1j}\tilde{a}_{1j} + a_{2j}\tilde{a}_{2j} + a_{3j}\tilde{a}_{3j}$　　(第 $j$ 列に関する余因子展開)

**証明**　(1)　行列式の定義式 (2.16) で，$a_{11}$，$a_{12}$，$a_{13}$ についてまとめると

$$\begin{aligned}
&a_{11}(a_{22}a_{33}-a_{23}a_{32})+a_{12}(a_{23}a_{31}-a_{21}a_{33})+a_{13}(a_{21}a_{32}-a_{22}a_{31})\\
&=a_{11}\begin{vmatrix}a_{22} & a_{23}\\ a_{32} & a_{33}\end{vmatrix}-a_{12}\begin{vmatrix}a_{21} & a_{23}\\ a_{31} & a_{33}\end{vmatrix}+a_{13}\begin{vmatrix}a_{21} & a_{22}\\ a_{31} & a_{32}\end{vmatrix}\\
&=a_{11}\tilde{a}_{11}+a_{12}\tilde{a}_{12}+a_{13}\tilde{a}_{13}
\end{aligned}$$

が成り立つ。これは (1) の $i=1$ を意味する。$i=2,3$ についても同様である。

(2)　同様に，$a_{11}$，$a_{21}$，$a_{31}$ についてまとめると，以下が成り立つ。

$$\begin{aligned}
&a_{11}(a_{22}a_{33}-a_{23}a_{32})+a_{21}(a_{13}a_{32}-a_{12}a_{33})+a_{31}(a_{12}a_{23}-a_{13}a_{22})\\
&=a_{11}\begin{vmatrix}a_{22} & a_{23}\\ a_{32} & a_{33}\end{vmatrix}-a_{21}\begin{vmatrix}a_{12} & a_{13}\\ a_{32} & a_{33}\end{vmatrix}+a_{31}\begin{vmatrix}a_{12} & a_{13}\\ a_{22} & a_{23}\end{vmatrix}\\
&=a_{11}\tilde{a}_{11}+a_{21}\tilde{a}_{21}+a_{31}\tilde{a}_{31}
\end{aligned}$$

これは (2) の $j=1$ を意味する。$j=2,\ 3$ についても同様である。　□

## 2.6　余因子行列と逆行列

2 次正方行列 $A$ の行列式には，$A$ が定める 1 次変換による平行四辺形の面積の拡大比（ただし符号つき）という幾何学的な意味があった。この節ではまず，3 次正方行列の行列式の幾何学的意味を調べることにする。

**定理 2.5**　**(行列式の幾何学的意味)**　$\boldsymbol{a}_i=\begin{bmatrix}a_{1i}\\ a_{2i}\\ a_{3i}\end{bmatrix}$ $(i=1,2,3)$ とし，3 次正方行列を $A=[\boldsymbol{a}_1,\boldsymbol{a}_2,\boldsymbol{a}_3]$ とするとき，次の (1)〜(3) が成り立つ。ただし，$(i,j,k)$ は $(1,2,3)$, $(2,3,1)$, $(3,1,2)$ のいずれかである。

(1)　$A$ の余因子を成分とするベクトルに対し，$\begin{bmatrix}\tilde{a}_{1i}\\ \tilde{a}_{2i}\\ \tilde{a}_{3i}\end{bmatrix}=\boldsymbol{a}_j\times\boldsymbol{a}_k$ が成り立つ。

(2)　$\det A=\boldsymbol{a}_i\cdot(\boldsymbol{a}_j\times\boldsymbol{a}_k)$

(3)　$\boldsymbol{a}_1$，$\boldsymbol{a}_2$，$\boldsymbol{a}_3$ を隣り合う 3 辺とする平行六面体の体積は $|\det A|$ に等しい。

**証明**　(1)　余因子の定義と外積の定義によりただちに従う。例えば

$$\tilde{a}_{11} = a_{22}a_{33} - a_{23}a_{32}$$

であるが，これは $\boldsymbol{a}_2 \times \boldsymbol{a}_3$ の第 1 成分に等しい。ほかの成分も同様である。

(2)　行列式の第 $i$ 列に関する余因子展開と (1) により従う。

(3)　(2) で $(i,j,k) = (3,1,2)$ とおくと

$$\det A = \boldsymbol{a}_3 \cdot (\boldsymbol{a}_1 \times \boldsymbol{a}_2) = (\boldsymbol{a}_1 \times \boldsymbol{a}_2) \cdot \boldsymbol{a}_3 \tag{2.17}$$

となり，命題 2.1(3) と式 (2.17) を合わせて，題意は示された。 □

**定義 2.5**　(余因子行列)　行列 $A$ に対し，その $(j,i)$-余因子 $\tilde{a}_{ji}$ を $(i,j)$ 成分とする行列を $\tilde{A}$ と記し，$A$ の**余因子行列**という。

**例 2.2**　例 2.1 の行列 $A$ の余因子行列は，定義 2.5 と例 2.1 の結果から，

$$\tilde{A} = \begin{bmatrix} 1 & -1 & -1 \\ 3 & -9 & 1 \\ -5 & 13 & -1 \end{bmatrix}$$ である。

**定理 2.6**　3 次正方行列 $A$ に対し，$\det A \neq 0$ ならば $A$ は正則である。また，このとき逆行列は

$$A^{-1} = \frac{1}{\det A}\tilde{A} \tag{2.18}$$

で表される。

**証明**　$\tilde{A}$ と $A$ の積を計算する。$\tilde{A}$ の第 1 行, 第 2 行, 第 3 行はそれぞれ $\boldsymbol{a}_2 \times \boldsymbol{a}_3$，$\boldsymbol{a}_3 \times \boldsymbol{a}_1$，$\boldsymbol{a}_1 \times \boldsymbol{a}_2$ に対応する横ベクトル $(\boldsymbol{a}_2 \times \boldsymbol{a}_3)^T$, $(\boldsymbol{a}_3 \times \boldsymbol{a}_1)^T$, $(\boldsymbol{a}_1 \times \boldsymbol{a}_2)^T$

であり，$A$ の第1列，第2列，第3列はそれぞれ $\boldsymbol{a}_1$, $\boldsymbol{a}_2$, $\boldsymbol{a}_3$ である。よって，$\tilde{A}A$ の $(1,1)$ 成分は，定理 2.5(2) より $\boldsymbol{a}_1 \cdot (\boldsymbol{a}_2 \times \boldsymbol{a}_3) = \det A$ である。$\tilde{A}A$ の $(1,2)$ 成分は，定理 2.5(2) より，$\boldsymbol{a}_2 \cdot (\boldsymbol{a}_2 \times \boldsymbol{a}_3) = \det[\boldsymbol{a}_2, \boldsymbol{a}_2, \boldsymbol{a}_3]$ に等しいが，定理 2.5(3) より 0 に等しい†。ほかの成分についても同様に計算すると

$$\tilde{A}A = (\det A)I$$

を得る。よって，$X = \dfrac{1}{\det A}\tilde{A}$ とおくと

$$XA = I$$

が成り立つ。実は後に定理 3.19 で証明されるが, $XA = I$ が成り立つなら $AX = I$ も成り立つ。よって，$A$ は正則であり，$A^{-1} = \dfrac{1}{\det A}\tilde{A}$ が成り立つ。　□

---

**例題 2.5**　例 2.1 の行列 $A$ が正則行列であることを示し，その逆行列を求めよ。

---

**解答例**　$\det A = -2 \neq 0$（例題 2.4）であるから，定理 2.6 より，$A$ は正則行列である。また例 2.2 と合わせて，その逆行列は

$$A^{-1} = \frac{1}{2}\begin{bmatrix} -1 & 1 & 1 \\ -3 & 9 & -1 \\ 5 & -13 & 1 \end{bmatrix}$$

である。　◆

**練習 2.5**　行列 $A = \begin{bmatrix} 1 & 2 & 3 \\ 3 & 1 & 5 \\ 5 & 4 & 10 \end{bmatrix}$ が正則であるかどうか調べ，正則ならばその逆行列を求めよ。

---

† 平行六面体の隣り合う3辺のうち2辺が一致しているため，平行六面体がつぶれてしまっているためである。

# 章 末 問 題

【1】 $\boldsymbol{a} = \begin{bmatrix} 2 \\ -3 \\ 6 \end{bmatrix}$ と逆向きの単位ベクトルを求めよ。

【2】 1 辺の長さが 1 の正四面体 OABC において，$\overrightarrow{\mathrm{OA}} = \boldsymbol{a}$, $\overrightarrow{\mathrm{OB}} = \boldsymbol{b}$, $\overrightarrow{\mathrm{OC}} = \boldsymbol{c}$ とするとき，次の問に答えよ。

(1) 内積 $\boldsymbol{a} \cdot \boldsymbol{b}$ を求めよ。

(2) 面 OAB と面 ABC のなす角を求めよ。

【3】 空間のベクトル $\boldsymbol{a} = \begin{bmatrix} 0 \\ 1 \\ 2 \end{bmatrix}$，$\boldsymbol{b} = \begin{bmatrix} 1 \\ 0 \\ 3 \end{bmatrix}$，$\boldsymbol{c} = \begin{bmatrix} 2 \\ 3 \\ 0 \end{bmatrix}$ について，次の問に答えよ。

(1) $\boldsymbol{a}$，$\boldsymbol{b}$ を隣り合う 2 辺とする平行四辺形の面積を求めよ。

(2) $\boldsymbol{a}$，$\boldsymbol{b}$，$\boldsymbol{c}$ を隣り合う 3 辺とする平行六面体の体積を求めよ。

【4】 最初，三角形 ABC の頂点 A の位置にあった動点 P が，硬貨を投げるたび次の規則で点 P は移動する。

（**規則 1**） 硬貨を投げて表が出た場合，点 P が頂点 A にあるとき頂点 B に，頂点 B にあるとき頂点 C に，頂点 C にあるとき頂点 A に移動する。

（**規則 2**） 硬貨を投げて裏が出た場合，点 P が頂点 A にあるとき頂点 C に，頂点 B にあるとき頂点 A に，頂点 C にあるとき頂点 B に移動する。

$n$ 回硬貨を投げた後，頂点 A にある確率を $a_n$，頂点 B にある確率を $b_n$，頂点 C にある確率を $c_n$ とし，$\boldsymbol{x}_n = \begin{bmatrix} a_n \\ b_n \\ c_n \end{bmatrix}$ とおく。

(1) $\boldsymbol{x}_{n+1} = P\boldsymbol{x}_n$ をみたす 3 次正方行列 $P$ を求めよ。

(2) (1) で求めた $P$ を用いて，$\boldsymbol{x}_n = P^n \begin{bmatrix} 1 \\ 0 \\ 0 \end{bmatrix}$ と書けることを示せ。

コーヒーブレイク

## 外積と3次元の特殊性

本章で3次元ベクトルの外積を考えた。第3章以降で考察する $n$ 次元数ベクトル空間でも外積という演算を定義することはできるが，一般に ${}_nC_2 = n(n-1)/2$ 個の成分が必要となる。$n = 3$ のときは $n(n-1)/2 = 3$ だったために，もとのベクトルと同じ形で表せたのである。その意味で，ベクトルの外積は3次元だけの特別な存在である。

物理では，位置座標 $\boldsymbol{x}$, 速度 $\boldsymbol{v} = d\boldsymbol{x}/dt$, 運動量 $\boldsymbol{p} = m\boldsymbol{v}$, 角運動量 $\boldsymbol{l} = \boldsymbol{x} \times \boldsymbol{p}$ などのベクトル量が登場する。なお，$m$ は質量と呼ばれるスカラー量である。

これらのベクトルを極性ベクトルと軸性ベクトルに分類することがある。極性ベクトルとは，空間反転 $\boldsymbol{x} \mapsto -\boldsymbol{x}$ としたとき符号が反転するベクトルであり，軸性ベクトルとは空間反転したとき符号が変わらないベクトルである。定義によりただちに，位置座標 $\boldsymbol{x}$，速度 $\boldsymbol{v}$，運動量 $\boldsymbol{p}$ は極性ベクトルであり，角運動量 $\boldsymbol{l}$ は軸性ベクトルである。一般に $(-\boldsymbol{a}) \times (-\boldsymbol{b}) = \boldsymbol{a} \times \boldsymbol{b}$ であるから，角運動量のように極性ベクトル同士の外積は軸性ベクトルになる。

座標変換したときの変換性でベクトルを反変ベクトルと共変ベクトルに分類することがある。座標変換や基底変換については本書では扱わないが，図1.4のようなある軸の周りのある角度の回転[†]などをイメージしてほしい。座標変換したとき，座標変換に対応する行列との積において列（縦）ベクトルとして振る舞うものを反変ベクトル，行（横）ベクトルとして振る舞うものを共変ベクトルという。

ベクトルの内積は，共変ベクトル（行ベクトル）と反変ベクトル（列ベクトル）の積として自然に定義され，その結果は座標系によらないスラカー量になる。ベクトルの外積は，反変ベクトル同士，共変ベクトル同士の積に対してのみ自然に定義される。$\boldsymbol{a}$ と $\boldsymbol{b}$ をそれぞれ反変ベクトル（列ベクトル）とすると，その外積 $\boldsymbol{a} \times \boldsymbol{b}$ は共変ベクトル（行ベクトル）となることがわかっている。

だから本来，列ベクトル同士の外積は行ベクトルである。$\boldsymbol{a} \times \boldsymbol{b}$（行ベクトル）と $\boldsymbol{c}$（列ベクトル）の積（内積）により，$\boldsymbol{a}$，$\boldsymbol{b}$，$\boldsymbol{c}$ を隣り合う3辺とする平行六面体の（向き付きの）体積というスカラー量が得られるのは，その意味で自然である。ただし本書では便宜上，ベクトルの外積を列ベクトルとして記述している。

---

† 図1.4は2次元の場合であるため，回転軸は一つしかない。標準的には $xy$ 座標平面に垂直で $x$ 軸から $y$ 軸に回転するとき右ネジが進む向きに回転軸を固定する。

# 3 行列と数ベクトル空間

第 1 章と第 2 章では 2 次元平面と 3 次元空間のベクトルと，それら相互の変換を与える行列の性質などを考察した。本章では前の二つの章の結果を拡張し，一般の次元のベクトルと一般のサイズの行列について導入する。

## 3.1　数ベクトルの導入

平面のベクトルは，成分表示すれば結局，二つの実数の組と 1 : 1 に対応していた。同様に，空間のベクトルは，三つの実数の組と 1 : 1 に対応していた。この考え方を拡張し，$n$ 項**数ベクトル**を $n$ 個の実数の組として定義する。また，$n$ 項数ベクトル全体の集合を $\mathbb{R}^n$ と記し，$n$ 次元**数ベクトル空間**という。

---

**定義 3.1**　**(数ベクトルの相等)**　二つの $n$ 項数ベクトル

$$\boldsymbol{a} = \begin{bmatrix} a_1 \\ \vdots \\ a_n \end{bmatrix}, \quad \boldsymbol{b} = \begin{bmatrix} b_1 \\ \vdots \\ b_n \end{bmatrix} \in \mathbb{R}^n \tag{3.1}$$

が $\boldsymbol{a} = \boldsymbol{b}$ であるとは

$$a_1 = b_1, \cdots, a_n = b_n \tag{3.2}$$

が成り立つことをいう。

---

**注意 3.1**　式 (3.1) で，$a_i (1 \leqq i \leqq n)$ を $\boldsymbol{a}$ の第 $i$ 成分という。

**定義 3.2** (数ベクトルの和・差・スカラー倍)　式 (3.1) に対して，加法や減法，実数（スカラー）倍を次のように定義する。

$$\boldsymbol{a} \pm \boldsymbol{b} = \begin{bmatrix} a_1 \pm b_1 \\ \vdots \\ a_n \pm b_n \end{bmatrix}, \quad c\boldsymbol{a} = \begin{bmatrix} ca_1 \\ \vdots \\ ca_n \end{bmatrix} \tag{3.3}$$

特に $c = -1$ のとき，$(-1)\boldsymbol{a}$ を $-\boldsymbol{a}$ と記し，$\boldsymbol{a}$ の**逆ベクトル**という。

平面や空間の零ベクトルを一般化し，すべての成分が 0 に等しいベクトル

$$\boldsymbol{0}_n = \begin{bmatrix} 0 \\ \vdots \\ 0 \end{bmatrix} \in \mathbb{R}^n \tag{3.4}$$

を $n$ 次元数ベクトル空間の**零ベクトル**という。

$n$ 次元数ベクトル空間 $\mathbb{R}^n$ のベクトルの間に，以下の命題が成り立つ。

**命題 3.1**　$\boldsymbol{a}, \boldsymbol{b}, \boldsymbol{c} \in \mathbb{R}^n$ に対し，次の (1)〜(4) が成り立つ。

(1)　$\boldsymbol{a} + \boldsymbol{b} = \boldsymbol{b} + \boldsymbol{a}$

(2)　$(\boldsymbol{a} + \boldsymbol{b}) + \boldsymbol{c} = \boldsymbol{a} + (\boldsymbol{b} + \boldsymbol{c})$

(3)　$\boldsymbol{a} + \boldsymbol{0}_n = \boldsymbol{0}_n + \boldsymbol{a} = \boldsymbol{a}$

(4)　$\boldsymbol{a} + (-\boldsymbol{a}) = (-\boldsymbol{a}) + \boldsymbol{a} = \boldsymbol{0}$

**証明**　式 (3.3)，式 (3.4) より明らかである。　□

**命題 3.2**　$\boldsymbol{a}, \boldsymbol{b} \in \mathbb{R}^n$, $c, d \in \mathbb{R}$ に対し，次の (1)〜(3) が成り立つ。

(1)　$c(\boldsymbol{a} + \boldsymbol{b}) = c\boldsymbol{a} + c\boldsymbol{b}$

(2)　$(c + d)\boldsymbol{a} = c\boldsymbol{a} + d\boldsymbol{a}$

(3)　$(cd)\boldsymbol{a} = c(d\boldsymbol{a})$

**証明**　式 (3.3) より明らかである。　□

**定義 3.3** (**数ベクトルの内積**) 式 (3.1) に対して，$\boldsymbol{a}$ と $\boldsymbol{b}$ の**内積**（inner product）を次のように定義する。

$$\boldsymbol{a} \cdot \boldsymbol{b} = a_1 b_1 + \cdots + a_n b_n \tag{3.5}$$

**注意 3.2** 本書では，内積の幾何学的定義を $n \geqq 4$ に対して拡張する代わりに，内積の代数的定義である式 (1.12)，式 (2.4) を式 (3.5) のように拡張したのである。

式 (3.1) の $n$ 項縦ベクトル $\boldsymbol{a}$ に対応する $n$ 項横ベクトル $[a_1, \cdots, a_n]$ を $\boldsymbol{a}^T$ と記す。平面上や空間内のベクトルの内積と同じように，内積 (3.5) を

$$\boldsymbol{a}^T \boldsymbol{b} = [a_1, \cdots, a_n] \begin{bmatrix} b_1 \\ \vdots \\ b_n \end{bmatrix} = \boldsymbol{a} \cdot \boldsymbol{b} = a_1 b_1 + \cdots + a_n b_n \tag{3.6}$$

のように，$n$ 項横ベクトル $\boldsymbol{a}^T$ と $n$ 項縦ベクトル $\boldsymbol{b}$ の積とみなすことができる。

**定義 3.4** (**ベクトルの 1 次結合**) $\boldsymbol{u}, \boldsymbol{v}_1, \boldsymbol{v}_2, \cdots, \boldsymbol{v}_r \in \mathbb{R}^n$ に対して，ある実数 $k_1, k_2, \cdots, k_r$ を用いて

$$\boldsymbol{u} = k_1 \boldsymbol{v}_1 + k_2 \boldsymbol{v}_2 + \cdots + k_r \boldsymbol{v}_r \tag{3.7}$$

と書けるとき，$\boldsymbol{u}$ は，$\boldsymbol{v}_1, \boldsymbol{v}_2, \cdots, \boldsymbol{v}_r$ の **1 次結合**（linear combination）であるという。

**例 3.1** $\boldsymbol{e}_i \in \mathbb{R}^n$ $(1 \leqq i \leqq n)$ を，第 $i$ 成分のみ 1 でほかの成分が 0 に等しいベクトルとする。$\boldsymbol{e}_1, \boldsymbol{e}_2, \cdots, \boldsymbol{e}_n$ を $n$ 次元数ベクトル空間 $\mathbb{R}^n$ の**基本ベクトル**という。式 (3.1) の $\boldsymbol{a}$ は $\boldsymbol{a} = a_1 \boldsymbol{e}_1 + \cdots + a_n \boldsymbol{e}_n$ と基本ベクトルの 1 次結合で表すことができる。

**定義 3.5　(1 次独立)**　$\mathbb{R}^n$ の $r$ 本のベクトル $\boldsymbol{v}_1, \cdots, \boldsymbol{v}_r$ は

$$k_1\boldsymbol{v}_1 + \cdots + k_r\boldsymbol{v}_r = \boldsymbol{0}_n \ (k_j \in \mathbb{R}) \implies k_1 = \cdots = k_r = 0 \quad (3.8)$$

が成り立つとき，$\mathbb{R}$ 上 **1 次独立**（linearly independent）という。

**注意 3.3**　式 (3.8) の逆，式 (3.9) はつねに成り立つ。

$$k_1 = \cdots = k_r = 0 \implies k_1\boldsymbol{v}_1 + \cdots + k_r\boldsymbol{v}_r = \boldsymbol{0}_n \quad (3.9)$$

**定義 3.6　(1 次従属)**　$\boldsymbol{v}_1, \cdots, \boldsymbol{v}_r \in \mathbb{R}^n$ が $\mathbb{R}$ 上 1 次独立ではないとき，すなわち，少なくとも一つが 0 に等しくない $k_1, \cdots, k_r \in \mathbb{R}$ が $k_1\boldsymbol{v}_1 + \cdots + k_r\boldsymbol{v}_r = \boldsymbol{0}_n$ をみたすとき，$\boldsymbol{v}_1, \cdots, \boldsymbol{v}_r$ は $\mathbb{R}$ 上 **1 次従属**（linearly dependent）であるという。

**例題 3.1**　$\boldsymbol{v}_1 = \begin{bmatrix} 1 \\ 2 \\ 3 \end{bmatrix}, \boldsymbol{v}_2 = \begin{bmatrix} 1 \\ 3 \\ 5 \end{bmatrix}$ は 1 次独立であることを示せ。

証明　$k_1\boldsymbol{v}_1 + k_2\boldsymbol{v}_2 = \boldsymbol{0}_3$ とおくと

$$k_1 \begin{bmatrix} 1 \\ 2 \\ 3 \end{bmatrix} + k_2 \begin{bmatrix} 1 \\ 3 \\ 5 \end{bmatrix} = \begin{bmatrix} k_1 + k_2 \\ 2k_1 + 3k_2 \\ 3k_1 + 5k_3 \end{bmatrix} = \begin{bmatrix} 0 \\ 0 \\ 0 \end{bmatrix}$$

となる。第 2 成分の式から第 1 成分の式の 2 倍を引いて，$k_2 = 0$ を得る。さらにこれを第 1 成分の式に代入して，$k_1 = 0$ を得る。$(k_1, k_2) = (0, 0)$ は第 3 成分の式もみたすから，結局，$k_1\boldsymbol{v}_1 + k_2\boldsymbol{v}_2 = \boldsymbol{0}_3$ ならば $k_1 = k_2 = 0$ であることが示された。よって，$\boldsymbol{v}_1, \boldsymbol{v}_2$ は 1 次独立である。 □

**練習 3.1**　$\boldsymbol{v}_1 = \begin{bmatrix} 1 \\ 2 \\ 3 \end{bmatrix}, \boldsymbol{v}_2 = \begin{bmatrix} 1 \\ 3 \\ 5 \end{bmatrix}, \boldsymbol{v}_3 = \begin{bmatrix} 4 \\ 3 \\ 2 \end{bmatrix}$ は 1 次従属であることを示せ。

この節の終わりに，次の重要な諸定理を導いておこう。

**定理 3.3** $r$ 本のベクトル $\boldsymbol{v}_1, \cdots, \boldsymbol{v}_r \in \mathbb{R}^n$ が 1 次従属であるための必要十分条件は，$r$ 本のうち少なくとも一つのベクトルがほかの $(r-1)$ 本のベクトルの 1 次結合として書けることである。

**証明** 仮定より，少なくとも一つが 0 でない $k_1, \cdots, k_r \in \mathbb{R}$ が

$$k_1\boldsymbol{v}_1 + \cdots + k_r\boldsymbol{v}_r = \boldsymbol{0}_n \tag{3.10}$$

をみたす。いま $k_i \neq 0$ とすると $\boldsymbol{v}_i = \displaystyle\sum_{\substack{j=1 \\ j\neq i}}^{r} \left(-\frac{k_j}{k_i}\right)\boldsymbol{v}_j$ となって，$\boldsymbol{v}_i$ はほかの $(r-1)$ 本のベクトルの 1 次結合で書ける。

逆に $\boldsymbol{v}_i$ が，ほかの $(r-1)$ 本のベクトルの 1 次結合として $\boldsymbol{v}_i = \displaystyle\sum_{\substack{j=1 \\ j\neq i}}^{r} k_j\boldsymbol{v}_j$ と書けるならば，$k_i = -1$ のとき式 (3.10) が成り立つから，定義により $\boldsymbol{v}_1, \cdots, \boldsymbol{v}_r$ は 1 次従属である。 □

**定理 3.4** $r$ 本のベクトル $\boldsymbol{v}_1, \cdots, \boldsymbol{v}_r \in \mathbb{R}^n$ が 1 次独立であり，$\boldsymbol{v} \in \mathbb{R}^n$ が $\boldsymbol{v}_1, \cdots, \boldsymbol{v}_r$ の 1 次結合として書けるとき，その表し方は 1 通りしかない。

**証明** いま $\boldsymbol{v} \in \mathbb{R}^n$ が $\boldsymbol{v}_1, \cdots, \boldsymbol{v}_r$ の 1 次結合として

$$\boldsymbol{v} = k_1\boldsymbol{v}_1 + \cdots + k_r\boldsymbol{v}_r = k_1'\boldsymbol{v}_1 + \cdots + k_r'\boldsymbol{v}_r$$

のように 2 通りに書けるとする。このとき

$$(k_1 - k_1')\boldsymbol{v}_1 + \cdots + (k_r - k_r')\boldsymbol{v}_r = \boldsymbol{0}_n$$

であるから，$\boldsymbol{v}_1, \cdots, \boldsymbol{v}_r$ が 1 次独立であるとの仮定より

$$k_1 - k_1' = \cdots = k_r - k_r' = 0, \qquad \text{すなわち} \qquad k_1 = k_1', \cdots, k_r = k_r'$$

でなければならない。よって，1 次結合の表し方は 1 通りしかない。 □

## 3.2 部分空間と次元

この節では，数ベクトル空間 $\mathbb{R}^n$ の部分空間をまず定義する。

---

**定義 3.7** (部分空間)　$U \subset \mathbb{R}^n$ が次の (1), (2) をみたすとき，$U$ を $\mathbb{R}^n$ の部分空間 (subspace) という。

(1)　任意の $\boldsymbol{x}, \boldsymbol{y} \in U$ に対して，$\boldsymbol{x} + \boldsymbol{y} \in U$ が成り立つ。

(2)　任意の $\boldsymbol{x} \in U$ と任意の $c \in \mathbb{R}$ に対して，$c\boldsymbol{x} \in U$ が成り立つ。

---

**注意 3.4**　定義 3.7 の (1), (2) は,「任意の $\boldsymbol{x}, \boldsymbol{y} \in U$ と任意の $c$, $d \in \mathbb{R}$ に対して，$c\boldsymbol{x} + d\boldsymbol{y} \in U$ が成り立つ」と同値である。

**注意 3.5**　定義 3.7(2) で $c = 0$ とおくと，$U$ が $\mathbb{R}^n$ の部分空間であるとすれば $\boldsymbol{0}_n \in U$ でなければならないことがわかる。

---

**例題 3.2**　$\boldsymbol{v}_1, \cdots, \boldsymbol{v}_r \in \mathbb{R}^n$ の 1 次結合全体 $\langle \boldsymbol{v}_1, \cdots, \boldsymbol{v}_r \rangle_{\mathbb{R}}$ は $\mathbb{R}^n$ の部分空間であることを証明せよ。

---

**証明**　注意 3.4 より，任意の $\boldsymbol{x}, \boldsymbol{y} \in \langle \boldsymbol{v}_1, \cdots, \boldsymbol{v}_r \rangle_{\mathbb{R}}$ と任意の $c$, $d \in \mathbb{R}$ に対して，$c\boldsymbol{x} + d\boldsymbol{y} \in \langle \boldsymbol{v}_1, \cdots, \boldsymbol{v}_r \rangle_{\mathbb{R}}$ であることを示せばよい。

仮定により，適当な実数 $x_1, \cdots, x_r, y_1, \cdots, y_r$ を用いて

$$\boldsymbol{x} = x_1\boldsymbol{v}_1 + \cdots + x_r\boldsymbol{v}_r, \qquad \boldsymbol{y} = y_1\boldsymbol{v}_1 + \cdots + y_r\boldsymbol{v}_r$$

と書ける。よって

$$\begin{aligned} c\boldsymbol{x} + d\boldsymbol{y} &= c(x_1\boldsymbol{v}_1 + \cdots + x_r\boldsymbol{v}_r) + d(y_1\boldsymbol{v}_1 + \cdots + y_r\boldsymbol{v}_r) \\ &= (cx_1 + dy_1)\boldsymbol{v}_1 + \cdots + (cx_r + dy_r)\boldsymbol{v}_r \end{aligned}$$

より，$c\boldsymbol{x} + d\boldsymbol{y} \in \langle \boldsymbol{v}_1, \cdots, \boldsymbol{v}_r \rangle_{\mathbb{R}}$ が成り立つ。よって，題意は示された。　□

**注意 3.6**　$\langle \boldsymbol{v}_1, \cdots, \boldsymbol{v}_r \rangle_{\mathbb{R}}$ を $\boldsymbol{v}_1, \cdots, \boldsymbol{v}_r$ で生成される $\mathbb{R}^n$ の部分空間という。

**練習 3.2** 次の $\mathbb{R}^3$ の部分集合が $\mathbb{R}^3$ の部分空間であるか，判定せよ。

(1) $x+y+z=0$ をみたす $\mathbb{R}^3$ のベクトル $\begin{bmatrix} x \\ y \\ z \end{bmatrix}$ の全体 $U_1$

(2) $x+y+z=1$ をみたす $\mathbb{R}^3$ のベクトル $\begin{bmatrix} x \\ y \\ z \end{bmatrix}$ の全体 $U_2$

(3) $\dfrac{x}{2}=\dfrac{y}{3}=\dfrac{z}{4}$ をみたす $\mathbb{R}^3$ のベクトル $\begin{bmatrix} x \\ y \\ z \end{bmatrix}$ の全体 $U_3$

---

**定義 3.8** **(部分空間の基底と次元)** $U$ を $\mathbb{R}^n$ の部分空間とする。

$\boldsymbol{v}_1, \cdots, \boldsymbol{v}_r \in U$ が

(1) $\boldsymbol{v}_1, \cdots, \boldsymbol{v}_r$ は 1 次独立である。

(2) $U = \langle \boldsymbol{v}_1, \cdots, \boldsymbol{v}_r \rangle_{\mathbb{R}}$ が成り立つ。

をみたすとき，$\{\boldsymbol{v}_1, \cdots, \boldsymbol{v}_r\}$ を $U$ の**基底**（basis）という。また，基底ベクトルの本数 $r$ を $U$ の**次元**（dimension）といい，$\dim U = r$ と記す。

$U = \{\boldsymbol{0}_n\}$ のとき，$\dim U = 0$, $U$ の基底は存在しないと定める。

---

**注意 3.7** 付録で証明される定理 A.3 によれば，部分空間 $U$ の次元は，基底のとり方によらず一定である。

---

**例題 3.3** 定義 3.8 に基づき，$n$ 次元数ベクトル空間 $U = \mathbb{R}^n$ の次元が $n$ に等しいことを示せ。

---

**証明** $\mathbb{R}^n$ の $n$ 個の基本ベクトルの集合 $\{\boldsymbol{e}_j | 1 \leqq j \leqq n\}$ は定義 3.8 の (1), (2) をみたすから，$\mathbb{R}^n$ の基底の一つであり，$\dim \mathbb{R}^n = n$ である。 □

**練習 3.3** $\boldsymbol{v}_1 = \begin{bmatrix} 1 \\ 1 \\ 1 \end{bmatrix}$, $\boldsymbol{v}_2 = \begin{bmatrix} 0 \\ 1 \\ 1 \end{bmatrix}$, $\boldsymbol{v}_3 = \begin{bmatrix} 0 \\ 0 \\ 1 \end{bmatrix}$ は $\mathbb{R}^3$ の基底ベクトルになるかどうか，判定せよ。

## 3.3 行列の導入

この節では，一般のサイズの行列について述べる。

---

**定義 3.9** (行列) $nm$ 個の実数 $a_{ij}$ $(1 \leqq i \leqq n, 1 \leqq j \leqq m)$ を

$$A = \begin{bmatrix} a_{11} & a_{12} & \cdots & a_{1m} \\ a_{21} & a_{22} & \cdots & a_{2m} \\ \vdots & \vdots & \ddots & \vdots \\ a_{n1} & a_{n2} & \cdots & a_{nm} \end{bmatrix} \tag{3.11}$$

のように**矩形**[†]状に並べたものを，$(n, m)$ 型の**行列** (matrix) といい，並べられた数のことを成分という。行列の型のことを**行列のサイズ**ともいう。

行列の成分の横の並びを**行** (row)，縦の並びを**列** (column) という。式 (3.11) で $a_{ij}$ は第 $i$ 行第 $j$ 列の成分なので，行列 $A$ の $(i, j)$ 成分という。

$(n, m)$ 型の行列の全体を $M_{n,m}(\mathbb{R})$ と記し，式 (3.11) を単に

$$A = [a_{ij}]_{1 \leqq i \leqq n, 1 \leqq j \leqq m} \in M_{n,m}(\mathbb{R}) \tag{3.12}$$

のように記すこともある。

---

**注意 3.8** 定義 3.9 で $m = 1$ のとき，$(n, 1)$ 型の行列は $n$ 項縦ベクトルとみなせる。また $n = 1$ のとき，$(1, m)$ 型の行列は $m$ 項横ベクトルとみなせる。以下しばしば，縦ベクトルを**列ベクトル**，横ベクトルを**行ベクトル**と記す。

式 (3.11) において，行列 $A$ の第 $j$ 列を

$$\boldsymbol{a}_j := \begin{bmatrix} a_{1j} \\ a_{2j} \\ \vdots \\ a_{nj} \end{bmatrix} \in \mathbb{R}^n \tag{3.13}$$

とおくと，行列 $A$ は，$m$ 本の列ベクトル $\boldsymbol{a}_1, \cdots, \boldsymbol{a}_m$ を

† 矩形（くけい）とは長方形のことである。

$$A = [\boldsymbol{a}_1, \cdots, \boldsymbol{a}_m] \tag{3.14}$$

のように，横に並べたものとみなすことができる。式 (3.14) のような表示法を，行列 $A$ の**列ベクトル表示**という。

$n$ 項列ベクトルの全体の集合を $\mathbb{R}^n$ と書いたが，$n$ 項行ベクトルの全体の集合をそれと区別するため ${}^t(\mathbb{R}^n)$ と記す。式 (3.11) において，行列 $A$ の第 $i$ 行を

$$\boldsymbol{a}^i := [a_{i1}, a_{i2}, \cdots, a_{im}] \in {}^t(\mathbb{R}^m) \tag{3.15}$$

とおくと，行列 $A$ は，$n$ 本の行ベクトル $\boldsymbol{a}^1, \cdots, \boldsymbol{a}^n$ を

$$A = \begin{bmatrix} \boldsymbol{a}^1 \\ \vdots \\ \boldsymbol{a}^n \end{bmatrix} \tag{3.16}$$

のように，縦に並べたものとみなすことができる。式 (3.16) のような表示法を，行列 $A$ の**行ベクトル表示**という。

---

**定義 3.10** （行列の相等）　二つの行列 $A = [a_{ij}] \in M_{n,m}(\mathbb{R})$, $B = [b_{ij}] \in M_{n',m'}(\mathbb{R})$ が $A = B$ であるとは，行列のサイズが等しく，かつ，各成分がそれぞれ等しいことをいう。

$$A = B \Longleftrightarrow n = n',\ m = m',\ a_{ij} = b_{ij} \quad (1 \leqq i \leqq n,\ 1 \leqq j \leqq m)$$

---

以後の記述の便を図るために，行列の転置についてここで定義しておこう。

---

**定義 3.11** （転置行列）　$A = [a_{ij}] \in M_{n,m}(\mathbb{R})$ に対して，$a_{ji}$ を $(i,j)$ 成分とする $(m,n)$ 型の行列を行列 $A$ の**転置行列**（transposed matrix）といい，${}^tA = [a_{ji}]$ で表す。

---

**注意 3.9** 例えば，$A=\begin{bmatrix}1 & 2 & 3\\ 4 & 5 & 6\end{bmatrix}$ に対して，${}^tA=\begin{bmatrix}1 & 4\\ 2 & 5\\ 3 & 6\end{bmatrix}$ である。この記法を用いれば，式 (3.1) の列ベクトル $\boldsymbol{a}$ を $\boldsymbol{a}={}^t[a_1,\cdots,a_n]$ のように，行ベクトルの転置の形で書ける†。

### 3.3.1 行列の和と実数倍

サイズが等しい行列同士については和が定義できる。

---

**定義 3.12** (行列の加法) $A=[a_{ij}]\in M_{n,m}(\mathbb{R})$ と $B=[b_{ij}]\in M_{n,m}(\mathbb{R})$ の和 $A+B$ を

$$A+B=[a_{ij}+b_{ij}]\in M_{n,m}(\mathbb{R}) \tag{3.17}$$

により定義する。すなわち，行列の和は成分ごとの和で与えられる。

---

定義 3.12 により，行列の加法に関する交換法則や結合法則が成り立つ。

**命題 3.5** $A,\ B,\ C\in M_{n,m}(\mathbb{R})$ に対して次が成り立つ。

$$A+B=B+A$$

$$(A+B)+C=A+(B+C)$$

**証明** 式 (3.17) より明らかである。 □

---

**定義 3.13** (零行列) すべての成分が 0 に等しい $(n,m)$ 型行列を零行列といい，$O_{n,m}$ と記す。$m=n$ のときは，単に $O_n$ とも記す。前後の文脈から行列のサイズが明らかなときは，$O$ と記すこともある。列ベクトル

† 省スペースのため，この記法をしばしば使う。なお，3.1 節まで，$n$ 項縦ベクトル $\boldsymbol{a}$ に対応する $n$ 項横ベクトルを $\boldsymbol{a}^T$ と記したが，これ以後はベクトルも行列の特別な場合とみなし，${}^t\boldsymbol{a}$ など，行列の転置の記号で統一することにする。

の場合（$m=1$ のとき），零行列を**零ベクトル**といい，$\mathbf{0}_n$ と記す。行ベクトルの場合（$n=1$ のとき）も，零行列を**零ベクトル**といい，${}^t\mathbf{0}_m$ と記す。

零行列は行列の加法の単位元である。

**命題 3.6**　$A=[a_{ij}]\in M_{n,m}(\mathbb{R})$ に対して，次が成り立つ。

$$A+O_{n,m}=A=O_{n,m}+A$$

証明　定義 3.12，定義 3.13 より明らかである。□

**定義 3.14**（行列のスカラー倍）　行列 $A=[a_{ij}]\in M_{n,m}(\mathbb{R})$ の $c(\in\mathbb{R})$ 倍 $cA$ を，式 (3.18) で定める。

$$cA=[ca_{ij}] \tag{3.18}$$

**命題 3.7**　$A,\ B\in M_{n,m}(\mathbb{R})$，$c,\ d\in\mathbb{R}$ に対して，次が成り立つ。

$$c(A+B)=cA+cB$$

$$(c+d)A=cA+dA$$

$$c(dA)=(cd)A$$

証明　式 (3.18) より明らかである。□

**命題 3.8**　転置行列の和と実数倍に関して，次が成り立つ。

$${}^t(A+B)={}^tA+{}^tB$$

$${}^t(cA)=c\,{}^tA$$

**証明**　定義 3.11 と式 (3.17)，式 (3.18) より明らかである。 □

**注意 3.10**　$A = [a_{ij}] \in M_{n,m}(\mathbb{R})$ に対して，$(-1)A = -A$ と記すと，$-A = [-a_{ij}]$ である。よって $A + (-A) = O_{n,m} = (-A) + A$ が成り立つ。すなわち，$-A$ は $A$ の加法に関する逆元であり $A - B = A + (-B)$ により，加法の逆演算である減法を定める。

---

**例題 3.4**　$A = \begin{bmatrix} 3 & -5 & 2 \\ -4 & 1 & -2 \end{bmatrix}$, $B = \begin{bmatrix} -4 & 1 & 2 \\ 0 & 5 & -1 \end{bmatrix}$ のとき，$5A - 2B$ を計算せよ。

---

**解答例**　定義 3.12，定義 3.14 に従い計算すると以下を得る。

$$
\begin{aligned}
5A - 2B &= 5\begin{bmatrix} 3 & -5 & 2 \\ -4 & 1 & -2 \end{bmatrix} - 2\begin{bmatrix} -4 & 1 & 2 \\ 0 & 5 & -1 \end{bmatrix} \\
&= \begin{bmatrix} 15 & -25 & 10 \\ -20 & 5 & -10 \end{bmatrix} - \begin{bmatrix} -8 & 2 & 4 \\ 0 & 10 & -2 \end{bmatrix} \\
&= \begin{bmatrix} 23 & -27 & 6 \\ -20 & -5 & -8 \end{bmatrix}
\end{aligned}
$$

◆

**練習 3.4**　行列 $A$, $B$ が例題 3.4 で与えられているとき，$2A + 3X = B$ をみたす行列 $X$ を求めよ。

### 3.3.2 行　列　の　積

行列の積について定義するために，まず行ベクトルと列ベクトルの積の定義から始めよう。行ベクトル $\boldsymbol{a} = [a_1, \cdots, a_n] \in {}^t(\mathbb{R}^n)$ と列ベクトル $\boldsymbol{b} = {}^t[b_1, \cdots, b_n] \in \mathbb{R}^n$ の積 $\boldsymbol{a}\,\boldsymbol{b}$ を，内積 ${}^t\boldsymbol{a} \cdot \boldsymbol{b}$

$$
\boldsymbol{a}\,\boldsymbol{b} = {}^t\boldsymbol{a} \cdot \boldsymbol{b} = \sum_{i=1}^{n} a_i b_i = a_1 b_1 + \cdots + a_n b_n \tag{3.19}
$$

により定める。式 (3.19) により，次がただちに従う。

$$\boldsymbol{a}\,\boldsymbol{b} = {}^t\boldsymbol{b}\,{}^t\boldsymbol{a} \tag{3.20 a}$$

$$\boldsymbol{a}\,(\boldsymbol{b}+\boldsymbol{c}) = \boldsymbol{a}\,\boldsymbol{b}+\boldsymbol{a}\,\boldsymbol{c} \tag{3.20 b}$$

$$(\boldsymbol{a}+\boldsymbol{b})\,\boldsymbol{c} = \boldsymbol{a}\,\boldsymbol{c}+\boldsymbol{b}\,\boldsymbol{c} \tag{3.20 c}$$

$$(c\boldsymbol{a})\,\boldsymbol{b} = c(\boldsymbol{a}\boldsymbol{b}) = \boldsymbol{a}\,(c\boldsymbol{b}) \tag{3.20 d}$$

行列 $A$ と $B$ は，行列 $A$ の列数と行列 $B$ の行数が一致しているときのみ，積 $AB$ を定義することができる。$A \in M_{n,m}(\mathbb{R})$，$B \in M_{m,l}(\mathbb{R})$ がそれぞれ

$$A = \begin{bmatrix} \boldsymbol{a}^1 \\ \vdots \\ \boldsymbol{a}^n \end{bmatrix}, \quad B = [\boldsymbol{b}_1, \cdots, \boldsymbol{b}_l]$$

と書けるとき，$\boldsymbol{a}^i \in {}^t(\mathbb{R}^m)$, $\boldsymbol{b}_j \in \mathbb{R}^m$ である。その積 $AB$ を

$$AB = \begin{bmatrix} \boldsymbol{a}^1\,\boldsymbol{b}_1 & \cdots & \boldsymbol{a}^1\,\boldsymbol{b}_l \\ \vdots & \ddots & \vdots \\ \boldsymbol{a}^n\,\boldsymbol{b}_1 & \cdots & \boldsymbol{a}^n\,\boldsymbol{b}_l \end{bmatrix} \tag{3.21}$$

により定義する。ここで，$AB \in M_{n,l}(\mathbb{R})$ である。$AB$ と $A$ の行数は等しく，また，$AB$ と $B$ の列数は等しい。

式 (3.21) からもわかるように，$AB$ の $(i,j)$ 成分は，$A$ の第 $i$ 行 $\boldsymbol{a}^i$ と $B$ の第 $j$ 列 $\boldsymbol{b}_j$ との積 $\boldsymbol{a}^i\,\boldsymbol{b}_j$ に等しい。よって，$AB = [\boldsymbol{a}^i\,\boldsymbol{b}_j]_{1\leqq i\leqq n, 1\leqq j\leqq l}$ と書くことができる。

行列 $A$ と各 $\boldsymbol{b}_j$ $(1 \leqq j \leqq l)$ は，$A$ の列数と $\boldsymbol{b}_j$ の行数が一致しているので，やはり積がとれて

$$A\boldsymbol{b}_j = \begin{bmatrix} \boldsymbol{a}^1\,\boldsymbol{b}_j \\ \vdots \\ \boldsymbol{a}^n\,\boldsymbol{b}_j \end{bmatrix}$$

である。また，同様に，行ベクトル $\boldsymbol{a}^i$ $(1 \leqq i \leqq n)$ と行列 $B$ の積も定義できて

$$\boldsymbol{a}^i B = [\boldsymbol{a}^i\,\boldsymbol{b}_1, \cdots, \boldsymbol{a}^i\,\boldsymbol{b}_l]$$

である。よって式 (3.22) が成り立つ。

$$AB = [A\boldsymbol{b}_1, \cdots, A\boldsymbol{b}_l] = \begin{bmatrix} \boldsymbol{a}^1 B \\ \vdots \\ \boldsymbol{a}^n B \end{bmatrix} \tag{3.22}$$

---

**例 3.2**　$A = \left[\begin{array}{ccc} 2 & -1 & 0 \\ \hline 0 & 3 & 1 \end{array}\right]$, $B = \left[\begin{array}{c|c|c|c} 0 & -1 & -1 & 2 \\ 1 & 0 & -1 & 1 \\ 1 & 2 & 2 & 0 \end{array}\right]$ のとき，

$AB = \begin{bmatrix} -1 & -2 & -1 & 3 \\ 4 & 2 & -1 & 3 \end{bmatrix}$ となる。例えば，$AB$ の $(1,1)$ 成分は，$A$ の第1行 $[2,-1,0]$ と $B$ の第1列 ${}^t[0,1,1]$ との積から，$2\cdot 0+(-1)\cdot 1+0\cdot 1 = -1$ と求められる。ほかの成分も同様に計算できる。

---

**注意 3.11**　例 3.2 では，積 $BA$ は定義できない。行列 $B$ の列数と行列 $A$ の行数が一致しないからである。$AB$ と $BA$ の両方が定義できるためには，$A \in M_{n,m}(\mathbb{R})$, $B \in M_{m,n}(\mathbb{R})$ のように，${}^tA$ と $B$ のサイズが一致していることが必要十分である。しかしこの場合でも，$m \neq n$ のときは，$AB \in M_n(\mathbb{R})$, $BA \in M_m(\mathbb{R})$ となるから，$AB$ と $BA$ のサイズは一致しない。$m = n$ のときに限って，$AB$ と $BA$ のサイズは一致するが，等しいとは限らない。というより，よほどの事情がない限り，$AB \neq BA$ と考えていたほうがよい[†]。例えば，注意 1.4 を見よ。

---

**例題 3.5**　$A = \begin{bmatrix} 1 & -2 & 3 \\ -4 & 5 & -6 \end{bmatrix}$, $B = \begin{bmatrix} 2 & 0 \\ -1 & 1 \\ 1 & -2 \end{bmatrix}$ のとき，$AB$, $BA$ を求めよ。

---

**解答例**　式 (3.21) により

$$AB = \begin{bmatrix} 7 & -8 \\ -19 & 17 \end{bmatrix}, \quad BA = \begin{bmatrix} 2 & -4 & 6 \\ -5 & 7 & -9 \\ 9 & -12 & 15 \end{bmatrix}$$

† 「よほどの事情」について説明するのは本書の程度を超えるが，$B$ が $A$ の「多項式」などで表されることを意味している。

である。例えば $AB$ の $(1,2)$ 成分は，$A$ の第 1 行 $[1,-2,3]$ と $B$ の第 2 列 ${}^t[0,1,-2]$ との積から，$1\cdot 0+(-2)\cdot 1+3\cdot(-2)=-8$ と求められる。ほかの成分も同様に計算できる。 ◆

**練習 3.5** 次の行列の積を計算せよ。

(1) $\begin{bmatrix} 2 & 4 & -1 \\ 0 & 3 & -2 \end{bmatrix} \begin{bmatrix} 1 & -5 & 0 \\ 2 & -2 & 4 \\ 0 & 3 & 1 \end{bmatrix}$ (2) $\begin{bmatrix} 5 & 0 \\ -10 & 2 \\ 3 & -1 \end{bmatrix} \begin{bmatrix} 1 & 2 & 3 \\ 4 & 5 & 6 \end{bmatrix}$

**命題 3.9** 行列の積に関し，次の (1)〜(4) が成り立つ。

(1) $A(B+C)=AB+AC \quad (A\in M_{n,m}(\mathbb{R}), B,C\in M_{m,l}(\mathbb{R}))$

(2) $(A+B)C=AC+BC \quad (A,B\in M_{n,m}(\mathbb{R}), C\in M_{m,l}(\mathbb{R}))$

(3) $(AB)C=A(BC) \quad (A\in M_{n,m}(\mathbb{R}), B\in M_{m,l}(\mathbb{R}), C\in M_{l,k}(\mathbb{R}))$

(4) ${}^t(AB)={}^tB\,{}^tA \quad (A\in M_{n,m}(\mathbb{R}), B\in M_{m,l}(\mathbb{R}))$

証明 (1) $A=\begin{bmatrix} \boldsymbol{a}^1 \\ \vdots \\ \boldsymbol{a}^n \end{bmatrix}, B=[\boldsymbol{b}_1,\cdots,\boldsymbol{b}_l], C=[\boldsymbol{c}_1,\cdots,\boldsymbol{c}_l]$ とおくと，$B+C=[\boldsymbol{b}_1+\boldsymbol{c}_1,\cdots,\boldsymbol{b}_l+\boldsymbol{c}_l]$ である。よって，式 (3.20 b) を用いて

$$\begin{aligned} A(B+C) &= [\boldsymbol{a}^i(\boldsymbol{b}_j+\boldsymbol{c}_j)] = [\boldsymbol{a}^i\boldsymbol{b}_j+\boldsymbol{a}^i\boldsymbol{c}_j] \\ &= [\boldsymbol{a}^i\boldsymbol{b}_j]+[\boldsymbol{a}^i\boldsymbol{c}_j] = AB+AC \end{aligned}$$

となって，(1) が従う。(2) も同様である。

(3) $A=\begin{bmatrix} \boldsymbol{a}^1 \\ \vdots \\ \boldsymbol{a}^n \end{bmatrix}, C=[\boldsymbol{c}_1,\cdots,\boldsymbol{c}_k]$ とおくと，式 (3.22) により $AB=\begin{bmatrix} \boldsymbol{a}^1B \\ \vdots \\ \boldsymbol{a}^nB \end{bmatrix}$

であるから，再び式 (3.22) により

$$(AB)C=[\boldsymbol{a}^iB\boldsymbol{c}_j]_{1\leqq i\leqq n,1\leqq j\leqq k} \tag{3.23}$$

である。一方，$BC=[B\boldsymbol{c}_1,\cdots,B\boldsymbol{c}_k]$ であるから，同様にして

$$A(BC)=[\boldsymbol{a}^iB\boldsymbol{c}_j]_{1\leqq i\leqq n,1\leqq j\leqq k} \tag{3.24}$$

となる。式 (3.23)，式 (3.24) により，(3) が従う。

(4)　$A = \begin{bmatrix} \boldsymbol{a}^1 \\ \vdots \\ \boldsymbol{a}^n \end{bmatrix}$, $B = [\boldsymbol{b}_1, \cdots, \boldsymbol{b}_l]$ とおくと, $AB = [\boldsymbol{a}^i \, \boldsymbol{b}_j]_{1 \leqq i \leqq n, 1 \leqq j \leqq l}$ となって, ${}^t(AB) = [\boldsymbol{a}^j \, \boldsymbol{b}_i]_{1 \leqq i \leqq l, 1 \leqq j \leqq n}$ である。一方, ${}^tB = \begin{bmatrix} {}^t\boldsymbol{b}_1 \\ \vdots \\ {}^t\boldsymbol{b}_l \end{bmatrix}$, ${}^tA = [{}^t\boldsymbol{a}^1, \cdots, {}^t\boldsymbol{a}^n]$ であるから，${}^tB\,{}^tA = [{}^t\boldsymbol{b}_i \, {}^t\boldsymbol{a}^j]_{1 \leqq i \leqq l, 1 \leqq j \leqq n}$ である。式 (3.20 a) により，(4) が従う。　□

### 3.3.3　線形写像と行列

3.3.2 項で行列の積を定義したが，なぜ式 (3.21) のような複雑な定義をするのか,「その心」を掴むために線形写像を考察する。

---

**定義 3.15**　(**線形写像，1 次変換**)　$\mathbb{R}^m$ から $\mathbb{R}^n$ への写像 $F : \mathbb{R}^m \longrightarrow \mathbb{R}^n$ が次の (1), (2) をみたすとき，$F$ を $\mathbb{R}^m$ から $\mathbb{R}^n$ への**線形写像**という。

(1)　$F(\boldsymbol{v}_1 + \boldsymbol{v}_2) = F(\boldsymbol{v}_1) + F(\boldsymbol{v}_2)$　$(\boldsymbol{v}_1, \boldsymbol{v}_2 \in \mathbb{R}^m)$　　(3.25 a)

(2)　$F(k\boldsymbol{v}) = kF(\boldsymbol{v})$　$(\boldsymbol{v} \in \mathbb{R}^m, k \in \mathbb{R})$　　(3.25 b)

特に $m = n$ のとき，$F$ を $\mathbb{R}^n$ 上の **1 次変換**という。また，式 (3.25) の二つの性質を**線形性**という。

---

**定義 3.16**　(**行列の定める線形写像**)　$(n, m)$ 型の行列 $A$ に対し，$\boldsymbol{v} \in \mathbb{R}^m$ を $A\boldsymbol{v} \in \mathbb{R}^n$ に移す写像

$$T_A(\boldsymbol{v}) = A\boldsymbol{v} \tag{3.26}$$

を，行列 $A$ の定める（$\mathbb{R}^m$ から $\mathbb{R}^n$ への）**線形写像**という。特に $m = n$ のとき，$T_A$ を行列 $A$ の定める $\mathbb{R}^n$ 上の **1 次変換**という。

---

**定理 3.10** 行列 $A=[a_{ij}]\in M_{n,m}(\mathbb{R})$ の定める線形写像 $T_A$ は式 (3.25) の二つの性質をみたす。

証明 性質 (1) は，$A(\boldsymbol{v}_1+\boldsymbol{v}_2)=A\boldsymbol{v}_1+A\boldsymbol{v}_2$ と同値であるが，これは命題 3.9(1) の特別な場合である。

性質 (2) は，$A(k\boldsymbol{v})=k(A\boldsymbol{v})$ により従う。 □

**注意 3.12** $\mathbb{R}^m$ から $\mathbb{R}^n$ への線形写像 $F$ に対し，式 (3.25 b) で $k=0$ とおくことにより，$F(\boldsymbol{0}_m)=\boldsymbol{0}_n$ でなければならないことがわかる。

**定理 3.11** $\mathbb{R}^m$ から $\mathbb{R}^n$ への線形写像 $F$ は，ある適当な $(n,m)$ 型行列の定める線形写像である。

証明 $\mathbb{R}^m$ の基本ベクトル $\boldsymbol{e}_1,\boldsymbol{e}_2,\cdots,\boldsymbol{e}_m$ が線形写像 $F$ により，それぞれ $\boldsymbol{a}_1$, $\boldsymbol{a}_2,\cdots,\boldsymbol{a}_m\in\mathbb{R}^n$ に移るとする。このとき式 (3.21) より，$\boldsymbol{v}={}^t[x_1,\cdots,x_m]\in\mathbb{R}^m$ は

$$\begin{aligned}F(\boldsymbol{v})&=F(x_1\boldsymbol{e}_1+x_2\boldsymbol{e}_2+\cdots+x_m\boldsymbol{e}_m)\\&=x_1F(\boldsymbol{e}_1)+x_2F(\boldsymbol{e}_2)+\cdots+x_mF(\boldsymbol{e}_m)\\&=x_1\boldsymbol{a}_1+x_2\boldsymbol{a}_2+\cdots+x_m\boldsymbol{a}_m\end{aligned}\tag{3.27}$$

に移る。ここで，各 $\boldsymbol{a}_j$ を式 (3.13) のようにおき，$A=[\boldsymbol{a}_1,\boldsymbol{a}_2,\cdots,\boldsymbol{a}_m]$, $F(\boldsymbol{v})={}^t[y_1,\cdots,y_n]\in\mathbb{R}^n$ とおくと，式 (3.27) は

$$\begin{aligned}\begin{bmatrix}y_1\\y_2\\\vdots\\y_n\end{bmatrix}&=x_1\begin{bmatrix}a_{11}\\a_{21}\\\vdots\\a_{n1}\end{bmatrix}+x_2\begin{bmatrix}a_{12}\\a_{22}\\\vdots\\a_{n2}\end{bmatrix}+\cdots+x_m\begin{bmatrix}a_{1m}\\a_{2m}\\\vdots\\a_{nm}\end{bmatrix}\\&=\begin{bmatrix}a_{11}x_1+a_{12}x_2+\cdots+a_{1m}x_m\\a_{21}x_1+a_{22}x_2+\cdots+a_{2m}x_m\\\vdots\\a_{n1}x_1+a_{n2}x_2+\cdots+a_{nm}x_m\end{bmatrix}\end{aligned}\tag{3.28}$$

より $F(\boldsymbol{v})=A\boldsymbol{v}$ を意味する。よって $F$ は $(n,m)$ 型行列 $A$ の定める線形写像で

ある。 □

この 3.3.3 項の内容をまとめると次のようになる。定理 3.11 により，$\mathbb{R}^m$ から $\mathbb{R}^n$ への任意の線形写像は，すべてある適当な $(n,m)$ 型の行列を左から掛けたものである。逆にいうと，そうなるように行列の積を式 (3.21) により定義したともいえる。

また，$\mathbb{R}^l$ から $\mathbb{R}^m$ への線形写像 $F_1$ に対応する $(m,l)$ 型の行列を $A_1 \in M_{m,l}(\mathbb{R})$，$\mathbb{R}^m$ から $\mathbb{R}^n$ への線形写像 $F_2$ に対応する $(n,m)$ 型の行列を $A_2 \in M_{n,m}(\mathbb{R})$ とするとき，二つの線形写像の合成

$$F_2 \circ F_1 : \mathbb{R}^l \xrightarrow{F_1} \mathbb{R}^m \xrightarrow{F_2} \mathbb{R}^n$$

は行列の積 $A_2A_1$ の定める線形写像となる。すなわち

$$A_2(A_1\boldsymbol{v}) = (A_2A_1)\boldsymbol{v}$$

が成り立つが，これは命題 3.9(3) の特別な場合である。逆にいうと，そうなるように行列と行列の積を式 (3.21) により定義したともいえるのである。

### 3.3.4 正則行列と逆行列

この項では，一般の $n$ 次正方行列に対し，正則行列と逆行列を定義する。

---

**定義 3.17** (正方行列) $(n,n)$ 型の行列のことを特に $n$ 次**正方行列**という。$n$ 次正方行列 $A$ の第 $(i,i)$ 成分 $a_{ii}$ を，$A$ の**対角成分**という。また，それ以外の成分 $a_{ij}$ $(i \neq j)$ を $A$ の**非対角成分**という。非対角成分がすべて 0 に等しい正方行列を，**対角行列**という。

---

$i, j = 1, 2, \cdots$ に対して

$$\delta_{ij} = \begin{cases} 1 & (i = j) \\ 0 & (i \neq j) \end{cases}$$

により定義される $\delta_{ij}$ を**クロネッカーの** $\delta$ という。$\delta_{ij}$ を $(i,j)$ 成分とする $n$ 次正方行列を $n$ 次**単位行列**といい，$I_n$ で表す。行列のサイズが明らかなときは，単に $I$ と記すことがある。単位行列 $I$ は，対角成分がすべて 1 に等しく，非対角成分がすべて 0 に等しい対角行列であり，行列の乗法の単位元である。

$$AI_n = A = I_nA \quad (A \in M_n(\mathbb{R}))$$

---

**定義 3.18**　(**正則行列**)　$n$ 次正方行列 $A$ に対して

$$AX = XA = I_n \tag{3.29}$$

をみたす $X \in M_n(\mathbb{R})$ が存在するとき，$A$ は**正則**（nonsingular）である，または，**正則行列**であるという。

---

**注意 3.13**　正則でない $n$ 次正方行列も存在する。例えば，明らかに $n$ 次零行列 $O_n$ は正則ではない。実際，どんな $X \in M_n(\mathbb{R})$ に対しても

$$O_nX = XO_n = O_n \neq I_n$$

であるからである。

**命題 3.12**　式 (3.29) をみたす行列 $X$ は存在すれば一意である。

**証明**　$X_1$，$X_2$ が式 (3.29) をみたすならば

$$X_1 = X_1I_n = X_1(AX_2) = (X_1A)X_2 = I_nX_2 = X_2$$

となって，$X_1 = X_2$ が得られる。　□

---

**定義 3.19**　(**逆行列**)　行列 $A \in M_n(\mathbb{R})$ が正則であるとき，命題 3.12 により一意に定まる式 (3.29) をみたす行列 $X \in M_n(\mathbb{R})$ を，$A$ の**逆行列**（inverse matrix）といい，$A^{-1}$ と記す。

---

**注意 3.14** 定義 3.18，定義 3.19 を合わせると，$A \in M_n(\mathbb{R})$ が正則であるとき

$$AA^{-1} = A^{-1}A = I_n$$

が成り立つから，$A$ の逆行列 $A^{-1}$ も正則で，$(A^{-1})^{-1} = A$ である。

---

**例 3.3** $A$，$B$ をそれぞれ，$n$ 次の対角行列とする。

$$A = \begin{bmatrix} a_1 & 0 & \cdots & 0 \\ 0 & a_2 & \ddots & \vdots \\ \vdots & \ddots & \ddots & 0 \\ 0 & \cdots & 0 & a_n \end{bmatrix}, \quad B = \begin{bmatrix} b_1 & 0 & \cdots & 0 \\ 0 & b_2 & \ddots & \vdots \\ \vdots & \ddots & \ddots & 0 \\ 0 & \cdots & 0 & b_n \end{bmatrix}$$

このとき

$$AB = BA = \begin{bmatrix} a_1b_1 & 0 & \cdots & 0 \\ 0 & a_2b_2 & \ddots & \vdots \\ \vdots & \ddots & \ddots & 0 \\ 0 & \cdots & 0 & a_nb_n \end{bmatrix}$$

であるから，対角行列 $A$ が正則であるための必要十分条件は，対角成分がすべて 0 に等しくないこと $(a_i \neq 0\ (1 \leqq i \leqq n))$ であり，次が成り立つ。

$$A^{-1} = \begin{bmatrix} a_1^{-1} & 0 & \cdots & 0 \\ 0 & a_2^{-1} & \ddots & \vdots \\ \vdots & \ddots & \ddots & 0 \\ 0 & \cdots & 0 & a_n^{-1} \end{bmatrix}$$

---

**命題 3.13** $A, B \in M_n(\mathbb{R})$ がともに正則であるとき，積 $AB$ も正則で，$(AB)^{-1} = B^{-1}A^{-1}$ が成り立つ。

**証明** $A$, $B$ が正則であるから，$A^{-1}$, $B^{-1}$ が存在する。簡単な計算により

$$(AB)B^{-1}A^{-1} = A(BB^{-1})A^{-1} = AI_nA^{-1} = AA^{-1} = I_n$$

また, 同様に, $B^{-1}A^{-1}(AB) = I_n$ となる。よって, 積 $AB$ は正則で, $(AB)^{-1} = B^{-1}A^{-1}$ である。 □

**命題 3.14** $A \in M_n(\mathbb{R})$ が正則であるとき, $A$ の転置 ${}^tA$ も正則で, $({}^tA)^{-1} = {}^t(A^{-1})$ が成り立つ。

証明 $A$ が正則のとき

$$AA^{-1} = A^{-1}A = I_n$$

の転置をとると，命題 3.9(4) より

$${}^t(A^{-1}){}^tA = {}^tA{}^t(A^{-1}) = I_n$$

となる。よって，${}^tA$ は正則で

$$({}^tA)^{-1} = {}^t(A^{-1})$$

が成り立つ。 □

## 3.4 連立 1 次方程式と基本変形

行列の積 (3.21) を用いれば，一般の $m$ 元 $n$ 立 1 次方程式

$$\begin{cases} a_{11}x_1 + a_{12}x_2 + \cdots + a_{1m}x_m = b_1 \\ a_{21}x_1 + a_{22}x_2 + \cdots + a_{2m}x_m = b_2 \\ \qquad\qquad\vdots \\ a_{n1}x_1 + a_{n2}x_2 + \cdots + a_{nm}x_m = b_n \end{cases} \tag{3.30}$$

は，次のように書ける。

$$A\boldsymbol{x} = \boldsymbol{b}, \quad A = \begin{bmatrix} a_{11} & a_{12} & \cdots & a_{1m} \\ a_{21} & a_{22} & \cdots & a_{2m} \\ \vdots & \vdots & \ddots & \vdots \\ a_{n1} & a_{n2} & \cdots & a_{nm} \end{bmatrix}, \quad \boldsymbol{b} = \begin{bmatrix} b_1 \\ b_2 \\ \vdots \\ b_n \end{bmatrix} \tag{3.31}$$

連立 1 次方程式 (3.31) で，$A$，$\boldsymbol{b}$ をそれぞれ**係数行列**，**定数ベクトル**という。$[A, \boldsymbol{b}]$ の形の行列を，連立 1 次方程式 (3.31) の**拡大係数行列**という。

連立 1 次方程式の理論は，行列の理論と密接に関係している。このことは，3.8 節で考察しよう。まずは，連立 1 次方程式の**掃き出し法**による解法を復習しよう。

**例題 3.6**　次の連立 1 次方程式を解け。

$$\begin{cases} 2x_1 & +7x_2 & +5x_3 & =3 & (1) \\ x_1 & +3x_2 & +2x_3 & =1 & (2) \\ 3x_1 & +4x_2 & +3x_3 & =8 & (3) \end{cases} \tag{3.32}$$

**解答例**　連立 1 次方程式を解くとは，各方程式を何倍かしたり，方程式同士を足したり引いたりしながら，方程式を最も簡単な形にすることである。したがって，最終的には，1 行目の式を $x_1$ のみにし，2 行目，3 行目の式を $x_2$，$x_3$ だけの式にするのが目標である。これを言い換えると，2 行目，3 行目の式から $x_1$ を消去し，1 行目，3 行目の式から $x_2$ を消去し，1 行目，2 行目の式から $x_3$ を消去するのである。

そこでまず，後々の計算が楽になるように 1 行目と 2 行目の式を入れ換える。

$$\begin{cases} x_1 & +3x_2 & +2x_3 & =1 & (2) \\ 2x_1 & +7x_2 & +5x_3 & =3 & (1) \\ 3x_1 & +4x_2 & +3x_3 & =8 & (3) \end{cases}$$

次に，2 行目から 1 行目の 2 倍を差し引き，3 行目から 1 行目の 3 倍を差し引くと

$$\begin{cases} x_1 & +3x_2 & +2x_3 & =1 & (2) \\ & +x_2 & +x_3 & =1 & (1') \\ & -5x_2 & -3x_3 & =5 & (3') \end{cases}$$

これで，2 行目，3 行目の式から $x_1$ を消去できた。さらに，1 行目から 2 行目の 3 倍を差し引き，3 行目に 2 行目の 5 倍を加えて

$$\begin{cases} x_1 & & -x_3 & =-2 & (2') \\ & x_2 & +x_3 & =1 & (1') \\ & & 2x_3 & =10 & (3'') \end{cases}$$

3 行目を 2 で割って

$$\begin{cases} x_1 & & -x_3 & =-2 & (2') \\ & x_2 & +x_3 & =1 & (1') \\ & & x_3 & =5 & (3''') \end{cases}$$

$(2')$, $(1')$ に $x_3 = 5$ を代入する（あるいは $(2') + (3''')$, $(1') - (3''')$ を計算する）ことにより以下を得る。

$$\begin{cases} x_1 & & & = 3 & (2'') \\ & x_2 & & = -4 & (1'') \\ & & x_3 & = 5 & (3''') \end{cases}$$

◆

**注意 3.15** 連立1次方程式 (3.32) は，変数が $x_1, x_2, x_3$ であるか，$x, y, z$ であるかによらず，結果は同じである。そこで例題 3.6 でした計算を，$x_1, x_2, x_3$ の係数および右辺の定数だけを抜き出して，行列の形にまとめておくと次のようになる。

$$\left[\begin{array}{ccc|c} 2 & 7 & 5 & 3 \\ 1 & 3 & 2 & 1 \\ 3 & 4 & 3 & 8 \end{array}\right] \xrightarrow{\text{(第1行) と (第2行) の入れ換え}} \left[\begin{array}{ccc|c} 1 & 3 & 2 & 1 \\ 2 & 7 & 5 & 3 \\ 3 & 4 & 3 & 8 \end{array}\right]$$

$$\xrightarrow[\text{(第3行)} - \text{(第1行)} \times 3]{\text{(第2行)} - \text{(第1行)} \times 2} \left[\begin{array}{ccc|c} 1 & 3 & 2 & 1 \\ 0 & 1 & 1 & 1 \\ 0 & -5 & -3 & 5 \end{array}\right]$$

$$\xrightarrow[\text{(第3行)} + \text{(第2行)} \times 5]{\text{(第1行)} - \text{(第2行)} \times 3} \left[\begin{array}{ccc|c} 1 & 0 & -1 & -2 \\ 0 & 1 & 1 & 1 \\ 0 & 0 & 2 & 10 \end{array}\right]$$

$$\xrightarrow{\text{(第3行)} \times 1/2} \left[\begin{array}{ccc|c} 1 & 0 & -1 & -2 \\ 0 & 1 & 1 & 1 \\ 0 & 0 & 1 & 5 \end{array}\right]$$

$$\xrightarrow[\text{(第2行)} - \text{(第3行)} \times 1]{\text{(第1行)} + \text{(第3行)} \times 1} \left[\begin{array}{ccc|c} 1 & 0 & 0 & 3 \\ 0 & 1 & 0 & -4 \\ 0 & 0 & 1 & 5 \end{array}\right]$$

このように，係数と右辺の定数にのみ着目すると，連立1次方程式 (3.31) を解くとは，拡大係数行列 $[A, \boldsymbol{b}]$ の係数部分 $A$ を一定の操作により簡単な形に変形していくことである。この際許されている操作を拡大係数行列の言葉で焼き直せば

(a) 第 $i$ 行と第 $j(\neq i)$ 行を入れ換える。

(b) 第 $i$ 行を $c(\neq 0)$ 倍する。

(c) 第 $i$ 行に第 $j(\neq i)$ 行の $c$ 倍を加える。

の三つである。言い換えれば，この三つの操作を施しても式 (3.31) と同値である（方程式の内容は変わらない）。これら三つの操作を行列の**行基本変形**という。

連立1次方程式 (3.31) に対し，(a), (b), (c) の三つの操作を施すことは，それぞれ次の行列を左から掛けることと等価である。

$$
\text{(a)}\quad P_n(i,j)=
\begin{array}{@{}c@{}l}
\begin{array}{cccccccc} \phantom{1} & \phantom{1} & \overset{i}{\smile} & \phantom{1} & \phantom{1} & \overset{j}{\smile} & \phantom{1} & \phantom{1} \end{array} & \\
\left[\begin{array}{cccccccc}
1 & & \vdots & & & \vdots & & \\
 & \ddots & & & & & & \\
 & 1 & \vdots & & & \vdots & & \\
\cdots & \cdots & 0 & \cdots & \cdots & 1 & \cdots & \cdots \\
 & & \vdots & 1 & & \vdots & & \\
 & & & & \ddots & & & \\
 & & \vdots & & 1 & \vdots & & \\
\cdots & \cdots & 1 & \cdots & \cdots & 0 & \cdots & \cdots \\
 & & \vdots & & & \vdots & 1 & \\
 & & & & & & & \ddots \\
 & & \vdots & & & \vdots & & 1
\end{array}\right]
&
\begin{array}{l}
\\ \\ \\ (i \\ \\ \\ \\ (j \\ \\ \\ \\
\end{array}
\end{array}
\qquad (i \neq j)
$$

$$
\text{(b)}\quad Q_n(i;c)=
\begin{array}{@{}c@{}l}
\begin{array}{ccccc} \phantom{1} & \phantom{1} & \overset{i}{\smile} & \phantom{1} & \phantom{1} \end{array} & \\
\left[\begin{array}{ccccc}
1 & & \vdots & & \\
 & \ddots & & & \\
 & 1 & \vdots & & \\
\cdots & \cdots & c & \cdots & \cdots \\
 & & \vdots & 1 & \\
 & & & & \ddots \\
 & & \vdots & & 1
\end{array}\right]
&
\begin{array}{l}
\\ \\ \\ (i \\ \\ \\ \\
\end{array}
\end{array}
\qquad (c \neq 0)
$$

$$
\text{(c)}\quad R_n(i,j;c)=
\begin{array}{@{}c@{}l}
\begin{array}{ccccc} \phantom{1} & \phantom{1} & \overset{j}{\smile} & \phantom{1} & \phantom{1} \end{array} & \\
\left[\begin{array}{ccccc}
1 & & \vdots & & \\
 & \ddots & \vdots & & \\
 & 1 \cdots & c & \cdots & \cdots \\
 & & \ddots\vdots & & \\
 & & 1 & & \\
 & & & \ddots & \\
 & & & & 1
\end{array}\right]
&
\begin{array}{l}
\\ \\ (i \\ \\ \\ \\ \\
\end{array}
\end{array}
\qquad (i \neq j)
$$

ここで，空白は対応する成分が 0 であることを表す。上に現れた 3 種類の行列 $P_n(i,j)$ $(i \neq j)$, $Q_n(i;c)$ $(c \neq 0)$, $R_n(i,j;c)$ $(i \neq j)$ を（$n$ 次の）**基本行列**という。

さて，第 $i$ 行と第 $j$ 行の入れ換えを 2 度繰り返すと元に戻ることから

$$
P_n(i,j)^2 = P_n(i,j)P_n(i,j) = I_n
$$

が成り立つ。同様に，基本変形 (b), (c) の意味を考えれば

$$
\begin{aligned}
&Q_n(i;c)Q_n(i;c^{-1}) = Q_n(i;c^{-1})Q_n(i;c) = I_n\\
&R_n(i,j;c)R_n(i,j;-c) = R_n(i,j;-c)R_n(i,j;c) = I_n
\end{aligned}
$$

が成り立つ。よって，基本行列 $P_n(i,j)$, $Q_n(i;c)$, $R_n(i,j;c)$ は正則であり，逆行列はそれぞれ $P_n(i,j)$, $Q_n(i;c^{-1})$, $R_n(i,j;-c)$ となり，再び基本行列である。

なお，命題3.13により，基本行列の積は正則行列であることを注意する。

**練習 3.6** 次の連立1次方程式を解け。

$$\begin{cases} x_1 & +2x_2 & +3x_3 & =2 \\ 3x_1 & +x_2 & +5x_3 & =4 \\ 5x_1 & +4x_2 & +10x_3 & =1 \end{cases}$$

**注意 3.16** 連立方程式の解法においては行基本変形が重要であるが，行列の理論を構築するうえでは，**列基本変形**をも同時に考えることが必要になる。列基本変形には次の3種類がある。

(a') 第 $i$ 列と第 $j(\neq i)$ 列を入れ換える。
(b') 第 $i$ 列を $c(\neq 0)$ 倍する。
(c') 第 $j$ 列に第 $i(\neq j)$ 列の $c$ 倍を加える。

これらの列基本変形を施すことは，行列 $A \in M_{n,m}(\mathbb{R})$ に，（$m$ 次の[†]）基本行列 $P_m(i,j)$, $Q_m(i;c)$, $R_m(i,j;c)$ を右から掛けることと等価である。

なお，行基本変形と列基本変形を合わせて，**基本変形**という。

---

**例題 3.7** $A = \begin{bmatrix} 1 & 1 & 4 \\ 2 & 3 & 3 \\ 3 & 5 & 2 \end{bmatrix}$, $\boldsymbol{b}_1 = \begin{bmatrix} 3 \\ 4 \\ 5 \end{bmatrix}$, $\boldsymbol{b}_2 = \begin{bmatrix} 3 \\ -4 \\ 5 \end{bmatrix}$ のとき，連立1次方程式 $A\boldsymbol{x} = \boldsymbol{b}_1$ を解け。また，$A\boldsymbol{x} = \boldsymbol{b}_2$ ならどうか。

---

**解答例** $[A, \boldsymbol{b}_1, \boldsymbol{b}_2]$ を行基本変形して

$$\begin{bmatrix} 1 & 1 & 4 & 3 & 3 \\ 2 & 3 & 3 & 4 & -4 \\ 3 & 5 & 2 & 5 & 5 \end{bmatrix} \xrightarrow[\text{(第3行)}-\text{(第1行)}\times 3]{\text{(第2行)}-\text{(第1行)}\times 2} \begin{bmatrix} 1 & 1 & 4 & 3 & 3 \\ 0 & 1 & -5 & -2 & -10 \\ 0 & 2 & -10 & -4 & -4 \end{bmatrix}$$

$$\xrightarrow[\text{(第3行)}-\text{(第2行)}\times 2]{\text{(第1行)}-\text{(第2行)}\times 1} \begin{bmatrix} 1 & 0 & 9 & 5 & 13 \\ 0 & 1 & -5 & -2 & -10 \\ 0 & 0 & 0 & 0 & 16 \end{bmatrix}$$

となる。よって，連立1次方程式 $A\boldsymbol{x} = \boldsymbol{b}_1$ は

---

† $(n, m)$ 型の行列に右からの掛け算が成立するには，基本行列が今度は $m$ 次正方行列であることが必要である。$A \in M_{n,m}(\mathbb{R})$ の列数が $m$ であることからも明らかであろう。

$$\begin{cases} x_1 \quad\quad +9x_3 = 5 \\ \quad\quad x_2 \ -5x_3 = -2 \\ \quad\quad\quad\quad 0 = 0 \end{cases}$$

となる。$x_3 = t$ とおくと，$x_1 = 5 - 9t$, $x_2 = -2 + 5t$ である。よって

$$\begin{bmatrix} x_1 \\ x_2 \\ x_3 \end{bmatrix} = \begin{bmatrix} 5 \\ -2 \\ 0 \end{bmatrix} + t \begin{bmatrix} -9 \\ 5 \\ 1 \end{bmatrix}$$

が求める解である。

次に，連立1次方程式 $A\boldsymbol{x} = \boldsymbol{b}_2$ は

$$\begin{cases} x_1 \quad\quad +9x_3 = 13 \\ \quad\quad x_2 \ -5x_3 = -10 \\ \quad\quad\quad\quad 0 = 16 \end{cases}$$

となる。第3式 : $0 = 16$ は矛盾なので，この連立方程式は解なしである。◆

**練習 3.7**　次の連立1次方程式を解け。

(1) $\begin{cases} x_1 + x_2 + x_3 = 1 \\ x_1 + 2x_2 + 3x_3 = 2 \\ 2x_1 + 3x_2 + 4x_3 = 3 \end{cases}$　　(2) $\begin{cases} x_1 + x_2 + x_3 = 1 \\ x_1 + 2x_2 + 3x_3 = 2 \\ 2x_1 + 3x_2 + 4x_3 = 4 \end{cases}$

## 3.5　行列の基本変形と階数

この節では，行列の階数という重要な概念を導入しよう。

**補題 3.15**　$A \in M_{n,m}(\mathbb{R})$ が $A \neq O_{n,m}$ のとき

(1)　$A$ に基本変形を施すことにより，$\begin{bmatrix} 1 & {}^t\mathbf{0}_{m-1} \\ \mathbf{0}_{n-1} & A_1 \end{bmatrix}$ の形に変形できる。

(2)　適当な正則行列 $P \in M_n(\mathbb{R})$, $Q \in M_m(\mathbb{R})$ を用いて，$PAQ = \begin{bmatrix} 1 & {}^t\mathbf{0}_{m-1} \\ \mathbf{0}_{n-1} & A_1 \end{bmatrix}$ とできる。

ただし，$A_1 \in M_{n-1,m-1}(\mathbb{R})$ である。

証明 (1) $A \neq O_{n,m}$ であるから，$A$ は 0 でない成分をもつ。よって，必要ならば行または列の入れ換えを行うことにより，$a_{11} \neq 0$ にできる。さらに，第 1 行を $a_{11}^{-1}$ 倍して得られる行列を $A' = [a'_{ij}]$ とすると，$a'_{11} = 1$ である。そこで，$2 \leqq i \leqq n$ に対して，第 $i$ 行に第 1 行の $(-a'_{i1})$ 倍を加え，$2 \leqq j \leqq m$ に対して，第 $j$ 列に第 1 列の $(-a'_{1j})$ 倍を加えることにより，題意の形に変形できる。

(2) 注意 3.15 により，基本行列の積は正則であることから，(2) は (1) を言い換えたものに過ぎない。 □

補題 3.15 で，$A_1 \neq O_{n-1,m-1}$ ならば，さらに $A_1$ に関して基本変形することにより

$$\begin{bmatrix} 1 & {}^t\mathbf{0}_{m-2} \\ \mathbf{0}_{n-2} & A_2 \end{bmatrix}$$

とできる。

ここで，$A_2 \neq O_{m-2,n-2}$ ならばさらに同様の操作を繰り返すことができる。この一連の操作は，（$r$ 回繰り返したとして）$A_r = O_{n-r,m-r}$ となればそこで終わる。この事実は次の補題にまとめられる。

**補題 3.16** 任意の $A \in M_{n,m}(\mathbb{R})$ を基本変形することにより

$$\begin{bmatrix} I_r & O_{r,m-r} \\ O_{n-r,r} & O_{n-r,m-r} \end{bmatrix} \tag{3.33}$$

とできる。

証明 $A$ の行数 $n$ に関する数学的帰納法による。

$n = 1$ のときは明らかである。$n \geqq 2$ のとき，$A = O_{n,m}$ ならば，明らかに $r = 0$ で題意をみたすから，$A \neq O_{n,m}$ を仮定する。すると，補題 3.15 により

$$A \xrightarrow{\text{基本変形}} \begin{bmatrix} 1 & {}^t\mathbf{0}_{m-1} \\ \mathbf{0}_{n-1} & A_1 \end{bmatrix}$$

とできる。帰納法の仮定により

$$A_1 \xrightarrow{\text{基本変形}} \begin{bmatrix} I_s & O_{s,m-1-s} \\ O_{n-1-s,s} & O_{n-1-s,m-1-s} \end{bmatrix}$$

となる。明らかに，2 行目 2 列目以降の基本変形は第 1 行，第 1 列を変えないから，$r = s + 1$ として

$$A \xrightarrow{\text{基本変形}} \begin{bmatrix} I_r & O_{r,m-r} \\ O_{n-r,r} & O_{n-r,m-r} \end{bmatrix}$$

とできる。 □

**系 3.17**　任意の $A \in M_{n,m}(\mathbb{R})$ に対し，適当な正則行列 $P \in M_n(\mathbb{R})$，$Q \in M_m(\mathbb{R})$ を用いて

$$PAQ = \begin{bmatrix} I_r & O_{r,m-r} \\ O_{n-r,r} & O_{n-r,m-r} \end{bmatrix} \tag{3.34}$$

とできる。

証明　注意 3.15 により，基本行列の積は正則であることから，系 3.17 は補題 3.16 を言い換えたものに過ぎない。 □

実は，このようにして得られる $r$ の値は，基本変形の仕方によらないことが定理 A.1 で示される。

**定義 3.20**　**(行列の階数)**　定理 A.1 で示されるように，行列 $A \in M_{n,m}(\mathbb{R})$ に対して，基本変形の仕方によらず定まる式 (3.34) の定数 $r$ を行列 $A$ の**階数**（rank）といい，$\mathrm{r}(A)$ で表す。

**定理 3.18**　転置をとっても階数は変わらない。すなわち

$$\mathrm{r}\,({}^t\!A) = \mathrm{r}\,(A) \tag{3.35}$$

が成り立つ。

証明　式 (3.34) の転置をとって

$$
{}^tQ{}^tA{}^tP = \begin{bmatrix} I_r & O_{r,n-r} \\ O_{m-r,r} & O_{m-r,n-r} \end{bmatrix}
$$

となる。ここで命題 3.9(4) を用いた。また命題 3.14 より ${}^tP$, ${}^tQ$ は正則であるから，式 (3.35) が成り立つ。 □

---

**例題 3.8** $A = \begin{bmatrix} 1 & 1 & 4 \\ 2 & 3 & 3 \\ 3 & 5 & 2 \end{bmatrix}$ の階数 $\mathrm{r}(A)$ を求めよ。

---

**解答例** 行列 $A$ は例題 3.7 に登場した $A$ と同じである。例題 3.7 の結果より

$$
A = \begin{bmatrix} 1 & 1 & 4 \\ 2 & 3 & 3 \\ 3 & 5 & 2 \end{bmatrix} \xrightarrow{\text{行基本変形}} \begin{bmatrix} 1 & 0 & 9 \\ 0 & 1 & -5 \\ 0 & 0 & 0 \end{bmatrix} \tag{3.36}
$$

と行基本変形できる。さらに第 3 列から第 1 列の 9 倍を引き，第 3 列に第 2 列の 5 倍を加える列基本変形を施すと

$$
A = \begin{bmatrix} 1 & 1 & 4 \\ 2 & 3 & 3 \\ 3 & 5 & 2 \end{bmatrix} \xrightarrow{\text{基本変形}} \begin{bmatrix} 1 & 0 & 0 \\ 0 & 1 & 0 \\ 0 & 0 & 0 \end{bmatrix} \tag{3.37}
$$

とできる。よって，$\mathrm{r}(A) = 2$ である。 ◆

**練習 3.8** 行列 $A = \begin{bmatrix} 2 & 1 & -1 \\ 4 & 3 & 5 \\ -4 & 1 & 23 \end{bmatrix}$ の階数 $\mathrm{r}(A)$ を求めよ。

## 3.6 行列の正則性と階数

定義 3.18 により，正方行列 $A$ が正則であるとは，$AX = I$ かつ $XA = I$ をみたす同じサイズの行列 $X$ が存在することをいう。しかし実は，$AX = I$ と $XA = I$ が同値であること，したがって，$A$ が正則であるには，$AX = I$ または $XA = I$ をみたす $X$ が存在することが必要十分であることを本節で示し，合わせて逆行列の求め方について述べる。

**定理 3.19**　$A \in M_n(\mathbb{R})$ に対して，$AX = I_n$ をみたす $X \in M_n(\mathbb{R})$ が存在すれば，$A$ は正則であり，$X = A^{-1}$ である。また，$XA = I_n$ をみたす $X \in M_n(\mathbb{R})$ が存在すれば，$A$ は正則であり，$X = A^{-1}$ である。

**証明**　いま $AX = I_n$ を仮定する。このとき系 3.17 より，適当な正則行列 $P, Q$ を用いて

$$B := PAQ = \begin{bmatrix} I_r & O_{r,n-r} \\ O_{n-r,r} & O_{n-r,n-r} \end{bmatrix}$$

と書ける。$P, Q$ が正則なので，$Y := Q^{-1}XP^{-1}$ が定義でき

$$BY = (PAQ)(Q^{-1}XP^{-1}) = PAXP^{-1} = PP^{-1} = I_n \tag{3.38}$$

が成り立つ。式 (3.38) は

$$\begin{bmatrix} I_r & O_{r,n-r} \\ O_{n-r,r} & O_{n-r,n-r} \end{bmatrix} Y = I_n \tag{3.39}$$

と等価であるが，もし $r < n$ なら式 (3.39) の左辺の $(r+1)$ 行目から下はすべて 0 になり，$I_n$ に等しいことに矛盾する。よって，$r = n$ である。

すると $B = I_n$ であり，$PAQ = I_n$ の両辺に左から $P^{-1}$，右から $Q^{-1}$ を掛けることにより，$A = P^{-1}Q^{-1}$ を得る。注意 3.14 より $P^{-1}, Q^{-1}$ は正則行列であり，命題 3.13 より正則行列の積は正則行列である。よって，$A$ は正則である。

一方, $B = I_n$ と式 (3.38) より $I_nY = I_n$ だから, $Y = I_n$ である。$Q^{-1}XP^{-1} = I_n$ の両辺の左から $Q$，右から $P$ を掛けることにより，$X = QP$ を得る。よって，

$$XA = QPP^{-1}Q^{-1} = QQ^{-1} = I_n$$

より，$X = A^{-1}$ が成り立つ。

$XA = I_n$ の場合も同様に証明できる。　□

---

**例題 3.9**　行列 $A = \begin{bmatrix} 2 & 7 & 5 \\ 1 & 3 & 2 \\ 3 & 4 & 3 \end{bmatrix}$ が正則であることを示し，その逆行列を求めよ。

---

**解答例** 定理 3.19 を用いると，$n$ 次正方行列 $A$ が正則かどうかを判別するには，$AX = I$ をみたす $X$ が存在するかどうかを調べればよいことがわかる。$X = [\boldsymbol{x}_1, \cdots, \boldsymbol{x}_n]$（各 $\boldsymbol{x}_j \in \mathbb{R}^n$），$I = [\boldsymbol{e}_1, \cdots, \boldsymbol{e}_n]$（各 $\boldsymbol{e}_j$ は $\mathbb{R}^n$ の基本ベクトル）とおくと，$AX = A[\boldsymbol{x}_1, \cdots, \boldsymbol{x}_n] = [A\boldsymbol{x}_1, \cdots, A\boldsymbol{x}_n]$ より，$AX = I$ は

$$A\boldsymbol{x}_j = \boldsymbol{e}_j \quad (1 \leqq j \leqq n) \tag{3.40}$$

に帰着する。式 (3.40) をそれぞれ別個に解いてもよいが，これを一度に解くには

$$[A|\boldsymbol{e}_1, \cdots, \boldsymbol{e}_n] = [A|I]$$

に行基本変形を施せばよい。もし，$A$ の部分を単位行列 $I$ まで変形できたとすると $A$ は正則であり，この変形により，単位行列 $I$ の部分が変形して得られる行列こそが逆行列ということになる。一方，どのように行基本変形を施しても $A$ を単位行列 $I$ まで変形できないなら $A$ は正則ではない。

さて，与えられた行列 $A$ は，例題 3.6 の係数行列と同じであることに注意する。$[A, I]$ に対し，例題 3.6 の別解と同じ行基本変形を施すと

$$[A, I] = \begin{bmatrix} 2 & 7 & 5 & 1 & 0 & 0 \\ 1 & 3 & 2 & 0 & 1 & 0 \\ 3 & 4 & 3 & 0 & 0 & 1 \end{bmatrix} \xrightarrow{(\text{第 1 行}) \text{ と } (\text{第 2 行}) \text{ の入れ換え}}$$

$$\begin{bmatrix} 1 & 3 & 2 & 0 & 1 & 0 \\ 2 & 7 & 5 & 1 & 0 & 0 \\ 3 & 4 & 3 & 0 & 0 & 1 \end{bmatrix} \xrightarrow[(\text{第 3 行}) - (\text{第 1 行}) \times 3]{(\text{第 2 行}) - (\text{第 1 行}) \times 2}$$

$$\begin{bmatrix} 1 & 3 & 2 & 0 & 1 & 0 \\ 0 & 1 & 1 & 1 & -2 & 0 \\ 0 & -5 & -3 & 0 & -3 & 1 \end{bmatrix} \xrightarrow[(\text{第 3 行}) + (\text{第 2 行}) \times 5]{(\text{第 1 行}) - (\text{第 2 行}) \times 3}$$

$$\begin{bmatrix} 1 & 0 & -1 & -3 & 7 & 0 \\ 0 & 1 & 1 & 1 & -2 & 0 \\ 0 & 0 & 2 & 5 & -13 & 1 \end{bmatrix} \xrightarrow{(\text{第 3 行}) \times 1/2}$$

$$\begin{bmatrix} 1 & 0 & -1 & -3 & 7 & 0 \\ 0 & 1 & 1 & 1 & -2 & 0 \\ 0 & 0 & 1 & \frac{5}{2} & -\frac{13}{2} & \frac{1}{2} \end{bmatrix} \xrightarrow[(\text{第 2 行}) - (\text{第 3 行}) \times 1]{(\text{第 1 行}) + (\text{第 3 行}) \times 1}$$

$$\begin{bmatrix} 1 & 0 & 0 & -\frac{1}{2} & \frac{1}{2} & \frac{1}{2} \\ 0 & 1 & 0 & -\frac{3}{2} & \frac{9}{2} & -\frac{1}{2} \\ 0 & 0 & 1 & \frac{5}{2} & -\frac{13}{2} & \frac{1}{2} \end{bmatrix}$$

より $A$ は正則で，$A^{-1} = \dfrac{1}{2}\begin{bmatrix} -1 & 1 & 1 \\ -3 & 9 & -1 \\ 5 & -13 & 1 \end{bmatrix}$ である。◆

**注意 3.17**　ここでは掃き出し法を用いたが，例題 2.5 で同じ行列の逆行列を余因子行列を利用して求めた。例題 2.5 の方法は行列のサイズ $n$ が大きくなると，サイズ $n-1$ の行列の行列式を $n^2$ 回計算しなければならず，一般に計算量が大きい。

**練習 3.9**　行列 $A = \begin{bmatrix} 1 & 2 & 3 \\ 3 & 1 & 5 \\ 5 & 4 & 10 \end{bmatrix}$, $B = \begin{bmatrix} 1 & 2 & 3 \\ 4 & 5 & 6 \\ 7 & 8 & 9 \end{bmatrix}$ が正則であるかどうか調べ，正則ならばその逆行列を求めよ。

例題 3.9 や練習 3.9 の解答例における正則行列であるかどうかの判定法を理論化したのが，次の定理 3.20 である。

**定理 3.20**　$n$ 次正方行列が正則行列であるための必要十分条件は，$\mathrm{r}\,(A) = n$ が成り立つことである。

証明　適当な正則行列 $P, Q$ を用いて

$$PAQ = \begin{bmatrix} I_r & O_{r,n-r} \\ O_{n-r,r} & O_{n-r} \end{bmatrix} \tag{3.41}$$

とできる。もし $A$ が正則行列なら，定義 3.18 より $AX = I_n$ をみたす $X \in M_n(\mathbb{R})$ が存在する。すると，定理 3.19 の証明を繰り返すことにより，$PAQ = I_n$ を得る。よって，$\mathrm{r}\,(A) = n$ である。

逆に $\mathrm{r}\,(A) = n$ を仮定すると，式 (3.41) より $PAQ = I_n$ である。この式の両辺に左から $P^{-1}$，右から $Q^{-1}$ を掛けることにより，$A = P^{-1}Q^{-1}$ を得る。よって，注意 3.14 と命題 3.13 より，$A$ は正則である。□

## 3.7　階段行列と階数

この節では，行基本変形だけで到達できる階段行列を導入する。

**定義 3.21** (階段行列)　$n \times m$ 行列 $A = [a_{ij}]$ に対し，$0 \leqq r \leqq n$, $1 \leqq k_1 < k_2 < \cdots < k_r \leqq m$ として，次の条件が成り立つとき，$A$ を階段行列という。

(1) $a_{ik_i} = 1$ かつ $p < i$ のとき $a_{pk_i} = 0$ $(1 \leqq i \leqq r)$

(2) $j < k_i$ のとき，$a_{ij} = 0$

(3) $i > r$ のとき，$a_{ij} = 0$

**注意 3.18**　定義 3.21 をみたす行列は

$$A = \left[\begin{array}{cc|cc|cc|c} 0\cdots0 & \overset{k_1}{\overbrace{1}} & *\cdots* & \overset{k_2}{\overbrace{0}} & *\cdots* & \overset{k_3}{\overbrace{0}} & \overset{\cdots}{*\cdots*} \\ & & 0\cdots0 & 1 & *\cdots* & 0 & *\cdots* \\ & & & & 0\cdots0 & 1 & *\cdots* \\ & & & & & & \ddots \end{array}\right] \tag{3.42}$$

の形をしている。ここで，空白の成分は 0, $*$ には任意の実数が入るものとする。

**補題 3.21**　$A \in M_{n,m}(\mathbb{R})$ が $A \neq O_{n,m}$ のとき，$A$ に行基本変形を施すことにより

$$A \xrightarrow{\text{行基本変形}} \left[\begin{array}{c|c} I_{n,k_1} & A_1 \end{array}\right] \tag{3.43}$$

の形に変形できる。ただし，$I_{n,k_1} \in M_{n,k_1}(\mathbb{R})$ は一番右上の成分（$(1, k_1)$ 成分）のみ 1 で，ほかの成分はすべて 0 の行列であり，$A_1 \in M_{n,m-k_1}(\mathbb{R})$ である。

**証明**　$A \neq O_{n,m}$ であるから，$A$ は 0 でない成分をもつ。$A$ の左側の列から 0 でない成分を探していくとき，最初に 0 でない成分が現れるのが第 $k_1$ 列であるとする。このとき，必要ならば行の入れ換えを行うことにより，$a_{1k_1} \neq 0$ にできる。さらに，第 1 行を $a_{11}^{-1}$ 倍して得られる行列を $A' = [a'_{ij}]$ とすると，$a'_{1k_1} = 1$ である。そこで，$2 \leqq i \leqq n$ に対して，第 $i$ 行に第 1 行の $(-a'_{ik_1})$ 倍を加えることにより，題意の形に変形できる。　□

**補題 3.22** 任意の $A \in M_{n,m}(\mathbb{R})$ を行基本変形することにより，階段行列 (3.42) にまで変形できる。

証明 正しくは $A$ の行数 $n$ に関する数学的帰納法によるが，補題 3.21 の操作を繰り返せばよい。

$A = O_{n,m}$ ならば，明らかに $r = 0$ で題意をみたすから，$A \neq O_{n,m}$ を仮定する。すると，補題 3.21 により，式 (3.43) の形に変形できる。もし $A_1$ の 2 行目以下が $O_{n-1,m-k_1}$ に等しいならば $r = 1$ として変形終わりである。そうでないとすると，再び $A$ の 2 行目以下について，式 (3.43) のような変形ができる。また，$A$ の $(1, k_2)$ 成分について，$a_{2k_2} = 1$ だから，第 1 行に第 2 行の $(-a_{1k_2})$ 倍を掛けて加えることにより，$a_{1k_2} = 0$ とできる。

以下この操作を繰り返すと，有限回で階段行列 (3.42) の形まで変形できる。

□

**定理 3.23** 行列 $A \in M_{n,m}(\mathbb{R})$ を行基本変形することにより，階段行列 (3.42) にまで変形できたとする。このとき，定義 3.21 の (1)〜(3) をみたす $r$ の値は，行列 $A$ の階数 $\mathrm{r}(A)$ に等しい。

証明 行基本変形により階段行列 (3.42) にまで変形できるということは，ある正則行列 $P \in M_n(\mathbb{R})$ を用いて

$$PA = \left[\begin{array}{cc|cc|cc|c} 0\cdots 0 & \overset{k_1}{1} & *\cdots* & \overset{k_2}{0} & *\cdots* & \overset{k_3}{0} & *\cdots* \\ & & 0\cdots 0 & 1 & *\cdots* & 0 & *\cdots* \\ & & & & 0\cdots 0 & 1 & *\cdots* \\ & & & & & & \ddots \end{array}\right]$$

と書けることを意味する。ここで $PA$ の第 $j$ 列を $\boldsymbol{v}_j$ とおくと

$$\boldsymbol{v}_{k_i} = \boldsymbol{e}_i \quad (1 \leqq i \leqq r)$$

であり，$k_i < j < k_{i+1}$ $(0 \leqq i \leqq r)$ では

$$\boldsymbol{v}_j = v_{1j}\boldsymbol{e}_1 + v_{2j}\boldsymbol{e}_2 + \cdots + v_{ij}\boldsymbol{e}_i$$

と書ける。

ここで，$1 \leqq k_1 < \cdots < k_r \leqq m$ は定義 3.21 の記号を用い，さらに式を統一的に書くため，$k_0 = 0,\ k_{r+1} = n + 1$ とおいた。

すると，列の入れ換えをすることにより

$$PA \xrightarrow{\text{列基本変形}} \begin{bmatrix} I_r & B \\ O_{n-r,r} & O_{n-r,m-r} \end{bmatrix}$$

と変形できる。ここで，$B \in M_{r,m-r}(\mathbb{R})$ である。$B = [b_{ij}]_{1 \leqq i \leqq r, 1 \leqq j \leqq m-r}$ とすると，$B$ の第 $j$ 列に $A$ の第 $i$ 列 $(1 \leqq i \leqq r)$ の $(-b_{ij})$ 倍を加えることにより，$B$ の部分を消去できる。これはある正則行列 $Q \in M_m(\mathbb{R})$ を用いて

$$PAQ = \begin{bmatrix} I_r & O_{r,m-r} \\ O_{n-r,r} & O_{n-r,m-r} \end{bmatrix} \tag{3.44}$$

と書けることを意味する。階数は基本変形の仕方によらず決まる $A$ 固有の量であるから，式 (3.44) は $r = \mathrm{r}\,(A)$ を意味する。 □

次に，ある行列に行基本変形を施しても，その行列を構成する列ベクトル間に成り立つ 1 次関係式が不変であることを示そう。

**補題 3.24** $A = [\boldsymbol{a}_1, \boldsymbol{a}_2, \cdots, \boldsymbol{a}_m] \in M_{n,m}(\mathbb{R})$ を行基本変形によって $A' = [\boldsymbol{a}'_1, \boldsymbol{a}'_2, \cdots, \boldsymbol{a}'_m]$ と変形したとする。このとき，$\boldsymbol{a}_1, \boldsymbol{a}_2, \cdots, \boldsymbol{a}_m$ の間のいくつかのベクトルの間に 1 次関係式

$$k_1 \boldsymbol{a}_{j_1} + k_2 \boldsymbol{a}_{j_2} + \cdots + k_p \boldsymbol{a}_{j_p} = \boldsymbol{0}_n \tag{3.45}$$

が成り立つことと，行基本変形を施した後の対応する列ベクトル間に

$$k_1 \boldsymbol{a}'_{j_1} + k_2 \boldsymbol{a}'_{j_2} + \cdots + k_p \boldsymbol{a}'_{j_p} = \boldsymbol{0}_n \tag{3.46}$$

が成り立つことは同値である。

**証明** 行基本変形を施すことは，左からある正則行列 $P \in M_n(\mathbb{R})$ を掛けることと同じである。すなわち

$$A' = [\boldsymbol{a}'_1, \boldsymbol{a}'_2, \cdots, \boldsymbol{a}'_m] = P[\boldsymbol{a}_1, \boldsymbol{a}_2, \cdots, \boldsymbol{a}_m]$$

より，$\boldsymbol{a}'_j = P\boldsymbol{a}_j$ が成り立つ。

いま，式 (3.45) を仮定する。このとき，式 (3.45) の左から $P$ を掛けることにより

$$\begin{aligned} P(k_1\boldsymbol{a}_{j_1} + k_2\boldsymbol{a}_{j_2} + \cdots + k_p\boldsymbol{a}_{j_p}) &= P\boldsymbol{0}_n \\ k_1\boldsymbol{a}'_{j_1} + k_2\boldsymbol{a}'_{j_2} + \cdots + k_p\boldsymbol{a}'_{j_p} &= \boldsymbol{0}_n \end{aligned}$$

より，式 (3.46) が成り立つ。

逆に，式 (3.46) を仮定する。$P$ は正則だから $P^{-1}$ が存在するが，式 (3.46) の左から $P^{-1}$ を掛けることにより

$$\begin{aligned} P^{-1}(k_1\boldsymbol{a}'_{j_1} + k_2\boldsymbol{a}'_{j_2} + \cdots + k_p\boldsymbol{a}'_{j_p}) &= P^{-1}\boldsymbol{0}_n \\ k_1\boldsymbol{a}_{j_1} + k_2\boldsymbol{a}_{j_2} + \cdots + k_p\boldsymbol{a}_{j_p} &= \boldsymbol{0}_n \end{aligned}$$

より，式 (3.45) が成り立つ。ここで，$P^{-1}\boldsymbol{a}'_j = \boldsymbol{a}_j$ を用いた。 □

いま示した補題 3.24 と合わせ，定理 3.23 の証明からわかることは，階段行列 (3.42) における $r$（定理 3.23 により，$\mathrm{r}(A)$ に等しい）は，行列 $A$ を構成する $m$ 本の列ベクトルのうち，1 次独立なベクトルの最大本数に等しい。これを定理の形で述べると次のようになる。

**定理 3.25**　行列 $A \in M_{nm}(\mathbb{R})$ を $A = [\boldsymbol{a}_1, \cdots, \boldsymbol{a}_m]$ のように列ベクトル表示したとき，$m$ 本の $\mathbb{R}^n$ ベクトル $\boldsymbol{a}_1, \cdots, \boldsymbol{a}_m$ のうち，1 次独立な列ベクトルの最大の本数は，行列 $A$ の階数 $\mathrm{r}(A)$ に等しい。

**証明**　行基本変形により，$A$ が階段行列 (3.42) にまで変形できたとする。このとき，定理 3.23 より $\mathrm{r}(A) = r$ である。階段行列 (3.42) の列ベクトル表示を $[\boldsymbol{v}_1, \cdots, \boldsymbol{v}_m]$ とするとき，明らかに $\boldsymbol{v}_{k_1}, \cdots, \boldsymbol{v}_{k_r}$ は 1 次独立であり，この $r$ 本のベクトルにほかのどのベクトルを加えても 1 次従属となる。行基本変形の前後で，列ベクトル間に成り立つ 1 次関係式は変わらないから，これは，行列 $A$ を構成する列ベクトルのうち，1 次独立な列ベクトルの最大の本数は $r$ に等しいことを意味する。

逆に，行列 $A$ を構成する列ベクトル $\boldsymbol{a}_1, \cdots, \boldsymbol{a}_m$ のうち，1 次独立な列ベクトルの最大の本数は $r$ に等しいと仮定する。このとき，1 次独立な $r$ 本の列ベクトルを次のように選ぶ。まず，$\boldsymbol{a}_j \neq \boldsymbol{0}_n$ をみたす最小の $j$ の値を $k_1$ とおく。次に，

$\boldsymbol{a}_{k_1}, \boldsymbol{a}_j$ が 1 次独立となる最小の $j$ の値を $k_2$ とする。以下一般に $k_1, k_2, \cdots k_i$ まで決まったとき，$\boldsymbol{a}_{k_1}, \boldsymbol{a}_{k_2}, \cdots, \boldsymbol{a}_{k_i}, \boldsymbol{a}_j$ が 1 次独立となる最小の $j$ の値を $k_{i+1}$ とする。このようにして 1 次独立な $r$ 本の列ベクトル $\boldsymbol{a}_{k_1}, \boldsymbol{a}_{k_2}, \cdots, \boldsymbol{a}_{k_r}$ を定める。

この決め方により，$A$ の第 $k_1$ 列より左側の列はすべて $\boldsymbol{0}_n$ である。また，$\boldsymbol{a}_{k_1} \neq \boldsymbol{0}_n$ より，必要なら行の入れ換えをすることにより $a_{1k_1} \neq 0$ とできる。さらに第 1 行を $a_{1k_1}^{-1}$ 倍したものを $A' = [a'_{ij}]$ とすると，$a'_{1k_1} = 1$ である。また，第 $k_1$ 列の 2 行目から下は，行基本変形によりすべて 0 にできる。ここまでの変形でできた行列を改めて $A'$ とおく。

仮定により，$k_1 < j < k_2$ のとき，$\boldsymbol{a}_{k_1}$, $\boldsymbol{a}_j$ は 1 次従属だから，行基本変形後の $\boldsymbol{a}'_{k_1}$, $\boldsymbol{a}'_j$ も 1 次従属である。よって $k_1 < j < k_2$ のとき，$\boldsymbol{a}'_j$ の 2 行目以降はすべて 0 に等しい。

次に $\boldsymbol{a}_{k_1}, \boldsymbol{a}_{k_2}$ は 1 次独立だから，行基本変形後の $\boldsymbol{a}'_{k_1}$, $\boldsymbol{a}'_{k_2}$ も 1 次独立である。これは，$\boldsymbol{a}'_{k_2}$ の 2 行目以下の少なくとも一つの成分は 0 でないことを意味するから，必要なら行の入れ換えをすることにより，$a'_{2k_2} \neq 0$ とできる。さらに第 2 行を ${a'_{2k_2}}^{-1}$ 倍したものを $A'' = [a''_{ij}]$ とすると，$a''_{2k_2} = 1$ である。また，第 $k_2$ 列の 2 行目以外は，行基本変形によりすべて 0 にできる。

以下この変形を繰り返すと，仮定により行基本変形で $A$ を階段行列 (3.42) にまで変形できる。これと定理 3.23 を合わせて，$r = \mathrm{r}(A)$ が成り立つ。よって，題意は証明された。 □

---

**例題 3.10** 定理 3.25 を利用して，$A = \begin{bmatrix} 1 & 1 & 4 \\ 2 & 3 & 3 \\ 3 & 5 & 2 \end{bmatrix}$ の階数 $\mathrm{r}(A)$ を求めよ。

---

解答例 $\boldsymbol{v}_1$, $\boldsymbol{v}_2$, $\boldsymbol{v}_3$ を，練習 3.1 で与えられたベクトルとすると，$A = [\boldsymbol{v}_1, \boldsymbol{v}_2, \boldsymbol{v}_3]$ と列ベクトル表示できる。練習 3.1 の結果より

$$-9\boldsymbol{v}_1 + 5\boldsymbol{v}_2 + \boldsymbol{v}_3 = \boldsymbol{0}_3 \tag{3.47}$$

である。行列 $A$ は $\boldsymbol{v}_1$, $\boldsymbol{v}_2$, $\boldsymbol{v}_3$ の 3 本の列ベクトルからなり，これらは 1 次独立ではない（1 次従属である）から，$\mathrm{r}(A) \neq 3$ である。

次に，$\boldsymbol{v}_1$, $\boldsymbol{v}_2$, $\boldsymbol{v}_3$ のうち 2 本が 1 次独立であるかどうか考えてみよう。例題 3.1 より $\boldsymbol{v}_1$, $\boldsymbol{v}_2$ は 1 次独立であり，定理 3.25 により，$\mathrm{r}(A) = 2$ である。 ◆

**注意 3.19** この問題は例題 3.8 と同じである。例題 3.8 の解答の中ですでに

$$A = \begin{bmatrix} 1 & 1 & 4 \\ 2 & 3 & 3 \\ 3 & 5 & 2 \end{bmatrix} \xrightarrow{\text{行基本変形}} \begin{bmatrix} 1 & 0 & 9 \\ 0 & 1 & -5 \\ 0 & 0 & 0 \end{bmatrix} = [\boldsymbol{v}_1', \boldsymbol{v}_2', \boldsymbol{v}_3'] \tag{3.48}$$

と基本変形できることを示した。明らかに，$\boldsymbol{v}_3' = 9\boldsymbol{v}_1' - 5\boldsymbol{v}_2'$ より

$$-9\boldsymbol{v}_1' + 5\boldsymbol{v}_2 + \boldsymbol{v}_3' = \boldsymbol{0}_3 \tag{3.49}$$

が成り立つ。式 (3.49) からプライム記号 $'$ を取り除いた式 (3.47) が成り立っているのは偶然ではない。行基本変形により，列ベクトル間に成り立つ 1 次関係式は変わらないからである（補題 3.24）。

**練習 3.10**　行列 $A = \begin{bmatrix} 1 & 2 & 3 \\ 4 & 5 & 6 \\ 7 & 8 & 9 \end{bmatrix}$ の階数 $\mathrm{r}(A)$ を求めよ。

以上述べてきたことは，行列の列ベクトル表示を行ベクトル表示に，行基本変形を列基本変形に置き換えても成り立つ。

**系 3.26**　行列 $A \in M_{nm}(\mathbb{R})$ を $A = \begin{bmatrix} \boldsymbol{a}^1 \\ \vdots \\ \boldsymbol{a}^n \end{bmatrix}$ のように行ベクトル表示したとき，$n$ 本の ${}^t(\mathbb{R}^m)$ ベクトル $\boldsymbol{a}^1, \cdots, \boldsymbol{a}^n$ のうち，1 次独立な行ベクトルの最大の本数 $r$ は，行列 $A$ の階数 $\mathrm{r}(A)$ に等しい。

**証明**　定理 3.18 により，$A$ の階数を考える代わりに

$${}^tA = [{}^t\boldsymbol{a}^1, \cdots, {}^t\boldsymbol{a}^n]$$

の階数を考えればよい。すると定理 3.25 より，${}^tA$ を構成する列ベクトルのうち，1 次独立な列ベクトルの最大の本数 $r$ と行列 $A$ の階数 $\mathrm{r}(A)$ に等しい。よって，これを転置してもとの行ベクトルの言葉で述べると，行列 $A$ の階数 $\mathrm{r}(A)$ は，$\boldsymbol{a}^1, \cdots, \boldsymbol{a}^n$ のうち，1 次独立な行ベクトルの最大の本数 $r$ に等しい。　□

## 3.8　行列の階数と連立 1 次方程式

この節の目標は，連立 1 次方程式の解空間（解の集合）の構造が，係数行列や拡大係数行列の階数とどのような関係があるかを明らかにすることである。

係数行列 $A=[\boldsymbol{a}_1,\cdots,\boldsymbol{a}_m]\in M_{n,m}(\mathbb{R})$ と，定数ベクトル $\boldsymbol{b}\in\mathbb{R}^n$ が与えられているとき，連立 1 次方程式

$$A\boldsymbol{x}=\boldsymbol{b} \tag{3.50}$$

の解の全体: $\{\boldsymbol{x}\in\mathbb{R}^m|A\boldsymbol{x}=\boldsymbol{b}\}$ を，連立 1 次方程式 (3.50) の**解空間**という。

連立 1 次方程式 (3.50) を詳しく書くと，式 (3.30) となる。さらに式 (3.30) を

$$x_1\begin{bmatrix}a_{11}\\ \vdots\\ a_{n1}\end{bmatrix}+x_2\begin{bmatrix}a_{12}\\ \vdots\\ a_{n2}\end{bmatrix}+\cdots+x_m\begin{bmatrix}a_{1m}\\ \vdots\\ a_{nm}\end{bmatrix}=\begin{bmatrix}b_1\\ \vdots\\ b_n\end{bmatrix}$$

すなわち

$$x_1\boldsymbol{a}_1+x_2\boldsymbol{a}_2+\cdots+x_m\boldsymbol{a}_m=\boldsymbol{b} \tag{3.51}$$

と書き直すことができる。式 (3.51) を連立 1 次方程式 (3.50) の**列ベクトル表示**という。

例題 3.7 で，連立 1 次方程式 $A\boldsymbol{x}=\boldsymbol{b}_1$ が解をもつのは，右辺の定数ベクトル $\boldsymbol{b}_1$ が式 (3.51) のように，$A$ を構成する 3 本の列ベクトルの 1 次結合で書けるからである。一方，例題 3.7 で，連立 1 次方程式 $A\boldsymbol{x}=\boldsymbol{b}_2$ が解をもたないのは，右辺の定数ベクトル $\boldsymbol{b}_2$ が式 (3.51) のように，$A$ を構成する 3 本の列ベクトルの 1 次結合で書けないからである。これを言い換えると次の定理を得る。

**定理 3.27**　連立 1 次方程式 (3.50) が解をもつための必要十分条件は，$\boldsymbol{b}\in\langle\boldsymbol{a}_1,\cdots\boldsymbol{a}_m\rangle_{\mathbb{R}}$ が成り立つことである。

**証明**　連立1次方程式 (3.50) が式 (3.51) と等価であることから成り立つ。 □

**定理 3.28**　連立1次方程式 (3.50) が解をもつための必要十分条件は，$\mathrm{r}(A) = \mathrm{r}(A, \boldsymbol{b})$ が成り立つことである。

**証明**　定理 3.25 より

$$\mathrm{r}(A, \boldsymbol{b}) = \begin{cases} \mathrm{r}(A) & (\boldsymbol{b} \in \langle \boldsymbol{a}_1, \cdots \boldsymbol{a}_m \rangle_{\mathbb{R}} \text{ のとき}) \\ \mathrm{r}(A) + 1 & (\boldsymbol{b} \notin \langle \boldsymbol{a}_1, \cdots \boldsymbol{a}_m \rangle_{\mathbb{R}} \text{ のとき}) \end{cases} \tag{3.52}$$

である。実際，$\mathrm{r}(A) = r$ とすると，$A$ を構成する $m$ 本の列ベクトルのうち，1次独立なベクトルの最大本数が $r$ である。ここに新たに1本のベクトル $\boldsymbol{b}$ を付け加えるとき，$\boldsymbol{b}$ が式 (3.51) のように，$\boldsymbol{a}_1, \boldsymbol{a}_2, \cdots, \boldsymbol{a}_m$ の1次結合で書けるとき，$\boldsymbol{b}$ を加えても1次独立なベクトルの最大本数は増えない。一方，$\boldsymbol{b}$ が式 (3.51) のようには，$\boldsymbol{a}_1, \boldsymbol{a}_2, \cdots, \boldsymbol{a}_m$ の1次結合で書けないとき，$\boldsymbol{b}$ を加えたことにより1次独立なベクトルの最大本数は1本増える。このことから，定理 3.27 と合わせて，連立1次方程式 (3.50) が解をもつための必要十分条件は，$\mathrm{r}(A) = \mathrm{r}(A, \boldsymbol{b})$ が成り立つことである。 □

---

**定義 3.22**　(斉次方程式と非斉次方程式)　連立1次方程式 (3.50) は，特に $\boldsymbol{b} = \boldsymbol{0}_n$ であるとき，すなわち

$$A\boldsymbol{x} = \boldsymbol{0}_n \tag{3.53}$$

という形をしているとき，**斉次連立1次方程式**という。この場合，式 (3.53) は，$\boldsymbol{x} = \boldsymbol{0}_m$ を必ず解にもつ。これを，斉次連立1次方程式 (3.53) の**自明な解**という。式 (3.53) が $\boldsymbol{x} \neq \boldsymbol{0}_m$ なる解をもつとき，これを斉次連立1次方程式 (3.53) の**非自明な解**という。

一方，$\boldsymbol{b} \neq \boldsymbol{0}_n$ という一般の場合は，連立1次方程式 (3.50) を**非斉次連立1次方程式**という。

---

**例題 3.11**　非斉次連立 1 次方程式 (3.50) の一般解は，式 (3.50) のある一つの解と斉次連立 1 次方程式 (3.53) の一般解の和で表すことができることを示せ。ただし，$\mathrm{r}(A) = \mathrm{r}(A, \boldsymbol{b})$ が成り立っているとする。

証明　定理 3.28 より，非斉次連立 1 次方程式 (3.50) は解をもつ。解のうちの一つを $\boldsymbol{x}_0 \in \mathbb{R}^m$ であるとする。このとき，$A\boldsymbol{x}_0 = \boldsymbol{b}$ が成り立つ。これと，$A\boldsymbol{x} = \boldsymbol{b}$ を連立させて

$$A(\boldsymbol{x} - \boldsymbol{x}_0) = \boldsymbol{0}_n$$

が成り立つ。これにより，$\boldsymbol{x} - \boldsymbol{x}_0$ は斉次連立 1 次方程式 (3.53) の解である。よって，式 (3.53) の一般解を $\boldsymbol{y}$ とおくと，式 (3.50) の一般解は

$$\boldsymbol{x} = \boldsymbol{x}_0 + \boldsymbol{y}$$

すなわち，式 (3.50) の一般解は式 (3.50) の一つの解と式 (3.53) の一般解の和の形に書けることが示された。 □

**練習 3.11**　次の連立 1 次方程式 $\begin{cases} 2x_1 + x_2 - x_3 = 1 \\ 4x_1 + 3x_2 + 5x_3 = 5 \\ -4x_1 + x_2 + 23x_3 = 7 \end{cases}$ の一般解を求めよ。

## 3.9　階数に関するまとめ

ここまで学んだ行列の階数，部分空間の次元，ベクトルの 1 次独立などの重要な概念の相互の関係についてまとめよう。

**定理 3.29**　行列 $A \in M_{n,m}(\mathbb{R})$ が定める $\mathbb{R}^m$ から $\mathbb{R}^n$ への線形写像

$$T_A(\boldsymbol{x}) = A\boldsymbol{x}$$

に対し

$$\operatorname{Im} T_A := \{A\boldsymbol{x} | \boldsymbol{x} \in \mathbb{R}^m\}$$

は $\mathbb{R}^n$ の部分空間であり，その次元は $A$ の階数 $\mathrm{r}(A)$ に等しい。

**証明** $A = [\boldsymbol{a}_1, \cdots, \boldsymbol{a}_m]$, $\boldsymbol{x} = {}^t[x_1, \cdots, x_m]$ のとき

$$A\boldsymbol{x} = x_1\boldsymbol{a}_1 + \cdots + x_m\boldsymbol{a}_m$$

であるから，$\operatorname{Im} T_A = \langle \boldsymbol{a}_1, \cdots, \boldsymbol{a}_m \rangle_{\mathbb{R}}$ より，$\operatorname{Im} T_A$ は $\mathbb{R}^n$ の部分空間である（例題 3.2）。

さて，$\boldsymbol{a}_1, \cdots, \boldsymbol{a}_m$ のうち 1 次独立なベクトルの最大本数を $r$ とすると

$$\mathrm{r}(A) = r$$

である。いま例えば，$\boldsymbol{a}_{k_1}, \cdots, \boldsymbol{a}_{k_r}$ が 1 次独立であり，ほかのベクトルは $\boldsymbol{a}_{k_1}, \cdots, \boldsymbol{a}_{k_r}$ の 1 次結合で書けるとすると

$$\langle \boldsymbol{a}_1, \cdots, \boldsymbol{a}_m \rangle_{\mathbb{R}} = \langle \boldsymbol{a}_{k_1}, \cdots, \boldsymbol{a}_{k_r} \rangle_{\mathbb{R}}$$

となる。よって

$$\dim(\operatorname{Im} T_A) = \mathrm{r}(A)$$

が成り立つ。 □

**注意 3.20** 線形写像 $F : \mathbb{R}^m \to \mathbb{R}^n$ に対し，$\mathbb{R}^n$ の部分空間 $\operatorname{Im} F = \{F(\boldsymbol{x}) | \boldsymbol{x} \in \mathbb{R}^m\}$ を $F$ の像空間という。

**定理 3.30** 行列 $A \in M_{n,m}(\mathbb{R})$ が定める $\mathbb{R}^m$ から $\mathbb{R}^n$ への線形写像

$$T_A(\boldsymbol{x}) = A\boldsymbol{x}$$

に対し，斉次連立 1 次方程式 $A\boldsymbol{x} = \boldsymbol{0}_n$ の解空間

$$\operatorname{Ker} T_A := \{\boldsymbol{x} \in \mathbb{R}^m | A\boldsymbol{x} = \boldsymbol{0}_n\}$$

は $\mathbb{R}^m$ の部分空間であり，その次元は $m - \mathrm{r}(A)$ に等しい。

**証明** $\mathrm{r}(A) = r$ とすると，適当な正則行列 $P \in M_n(\mathbb{R})$, $Q \in M_m(\mathbb{R})$ を用いて

$$PAQ = \begin{bmatrix} I_r & O_{r,m-r} \\ O_{n-r,r} & O_{n-r,m-r} \end{bmatrix} \tag{3.54}$$

をみたすようにできる。$A\boldsymbol{x} = \boldsymbol{0}_n$ なら $PA\boldsymbol{x} = \boldsymbol{0}_n$ であり，逆に $PA\boldsymbol{x} = \boldsymbol{0}_n$ なら $P^{-1}$ を両辺の左から掛けることにより，$A\boldsymbol{x} = \boldsymbol{0}_n$ である。よって，斉次連立 1 次方程式 $A\boldsymbol{x} = \boldsymbol{0}_n$ の解と，斉次連立 1 次方程式

$$PAQ\boldsymbol{y} = \boldsymbol{0}_n, \quad \boldsymbol{y} \in \mathbb{R}^m \tag{3.55}$$

の解とは

$$\boldsymbol{x} = Q\boldsymbol{y} \quad \text{すなわち} \quad \boldsymbol{y} = Q^{-1}\boldsymbol{x}$$

の対応によって 1 対 1 に対応する。

式 (3.54) より，斉次連立 1 次方程式 (3.55) の一般解は

$$\boldsymbol{y} = k_{r+1}\boldsymbol{e}_{r+1} + \cdots + k_m\boldsymbol{e}_m$$

である。$Q\boldsymbol{e}_j = \boldsymbol{x}_j$ $(r+1 \leqq j \leqq m)$ とおけば

$$\boldsymbol{x} = Q\boldsymbol{y} = k_{r+1}\boldsymbol{x}_{r+1} + \cdots + k_m\boldsymbol{x}_m \tag{3.56}$$

より

$$\operatorname{Ker} T_A = \langle \boldsymbol{x}_{r+1}, \cdots, \boldsymbol{x}_m \rangle_{\mathbb{R}}$$

を得る。よって，$\operatorname{Ker} T_A$ は $\mathbb{R}^m$ の部分空間である。

また，定理 A.2 より $Q$ は基本行列の積で表され，行基本変形の前後で列ベクトル間の 1 次関係式が不変であることから，$\boldsymbol{x}_{r+1}, \cdots, \boldsymbol{x}_m$ は 1 次独立である。よって

$$\dim(\operatorname{Ker} T_A) = m - \mathrm{r}(A)$$

が成り立つ。 □

**注意 3.21** 線形写像 $F : \mathbb{R}^m \to \mathbb{R}^n$ に対し，$\mathbb{R}^m$ の部分空間 $\operatorname{Ker} F = \{\boldsymbol{x} \in \mathbb{R}^m | F(\boldsymbol{x}) = \boldsymbol{0}_n\}$ を $F$ の核空間という。

これまで述べてきたことをまとめると，次のようになる。

**定理 3.31** $A = [\boldsymbol{a}_1, \cdots, \boldsymbol{a}_m] = \begin{bmatrix} \boldsymbol{a}^1 \\ \vdots \\ \boldsymbol{a}^n \end{bmatrix} \in M_{n,m}(\mathbb{R})$ に対し，次の (1) から

(7) は同値である。

(1) $\mathrm{r}(A) = r$ である。

(2) $\boldsymbol{a}_1, \cdots, \boldsymbol{a}_m$ のうち，1 次独立な列ベクトルの最大数は $r$ である。

(3) $\dim \langle \boldsymbol{a}_1, \cdots, \boldsymbol{a}_m \rangle_{\mathbb{R}} = r$ である。

(4) $\boldsymbol{a}^1, \cdots, \boldsymbol{a}^n$ のうち，1 次独立な行ベクトルの最大数は $r$ である。

(5) $\dim \langle \boldsymbol{a}^1, \cdots, \boldsymbol{a}^n \rangle_{\mathbb{R}} = r$ である。

(6) $\dim (\mathrm{Im}\, T_A) = r$ である。

(7) $\dim (\mathrm{Ker}\, T_A) = m - r$ である。

**証明** 定理 3.25 と系 3.26，および定理 3.29 と定理 3.30 より成り立つ。 □

---

**例題 3.12** $A \in M_{n,m}(\mathbb{R})$, $B \in M_{m,l}(\mathbb{R})$ について次の問に答えよ。

(1) $\mathrm{r}(A) \leqq m$, $\mathrm{r}(A) \leqq n$ が成り立つことを示せ。

(2) $\mathrm{r}(AB) \leqq \mathrm{r}(A)$, $\mathrm{r}(AB) \leqq \mathrm{r}(B)$ が成り立つことを示せ。

---

**証明** (1) 定理 3.25 より，$r = \mathrm{r}(A)$ は $A$ を構成する $m$ 本の列ベクトルのうち，1 次独立なベクトルの最大数であるから，$r \leqq m$ である。また，系 3.26 より，$r = \mathrm{r}(A)$ は $A$ を構成する $n$ 本の行ベクトルのうち，1 次独立なベクトルの最大数であるから，$r \leqq n$ である。

(2) $B = [\boldsymbol{b}_1, \cdots, \boldsymbol{b}_l]$ とおくと，$AB = [A\boldsymbol{b}_1, \cdots, A\boldsymbol{b}_l]$ である。定理 3.31 と

$$\langle A\boldsymbol{b}_1, \cdots, A\boldsymbol{b}_l \rangle_{\mathbb{R}} \subset \mathrm{Im} T_A$$

より

$$\mathrm{r}(AB) = \dim \langle A\boldsymbol{b}_1, \cdots, A\boldsymbol{b}_l \rangle_{\mathbb{R}} \leqq \dim \mathrm{Im}(T_A) = \mathrm{r}(A) \tag{3.57}$$

となる。さらに，式 (3.57) に定理 3.18 を適用すると

$$\mathrm{r}(AB) = \mathrm{r}({}^t B {}^t A) \leqq \mathrm{r}({}^t B) = \mathrm{r}(B)$$

を得る。 □

**練習 3.12** $A, B \in M_{n,m}(\mathbb{R})$ に対し，$\mathrm{r}(A+B) \leqq \mathrm{r}(A) + \mathrm{r}(B)$ が成り立つことを示せ。

## 章　末　問　題

【1】 次の 3 次正方行列 $A = \begin{bmatrix} 1 & 2 & 3 \\ 3 & 5 & 7 \\ 2 & 3 & 4 \end{bmatrix}$, $B = \begin{bmatrix} 1 & 3 & 5 \\ 2 & 5 & 7 \\ 3 & 7 & 8 \end{bmatrix}$ が正則かどうか調べ，もし正則ならば，逆行列を求めよ。

【2】 $\boldsymbol{a}_1, \cdots, \boldsymbol{a}_r \in \mathbb{R}^n$ が 1 次独立ならば，斉次連立 1 次方程式

$$A\boldsymbol{x} = \boldsymbol{0}_n, \quad A = [\boldsymbol{a}_1, \cdots, \boldsymbol{a}_r] \in M_{n,r}(\mathbb{R}), \quad \boldsymbol{x} \in \mathbb{R}^r \tag{3.58}$$

が自明な解しかもたないことを示せ。一方，$\boldsymbol{a}_1, \cdots, \boldsymbol{a}_r \in \mathbb{R}^n$ が 1 次従属ならば，斉次連立 1 次方程式 (3.58) が非自明な解をもつことを示せ。

【3】 次の $\mathbb{R}^3$ から $\mathbb{R}^4$ への写像

$$F : \begin{bmatrix} x_1 \\ x_2 \\ x_3 \end{bmatrix} \mapsto \begin{bmatrix} 2x_1 - x_2 \\ x_1 + x_3 \\ x_1 + 2x_2 + 3x_3 \\ 3x_2 - 2x_3 \end{bmatrix}$$

が線形写像であることを示せ。また，$F$ はどんな行列の定める線形写像であるか求めよ。

【4】 $A = \begin{bmatrix} 1 & -1 & 7 & 4 \\ 3 & 1 & 1 & 0 \\ 5 & 2 & 0 & -1 \end{bmatrix}$ として，$\mathbb{R}^4$ から $\mathbb{R}^3$ への写像 $F : \mathbb{R}^4 \longrightarrow \mathbb{R}^3$ を $F(\boldsymbol{x}) = A\boldsymbol{x}$ により定める。このとき，次の問に答えよ。

(1) $\mathrm{Im}\, F = \{A\boldsymbol{x} | \boldsymbol{x} \in \mathbb{R}^4\}$ が $\mathbb{R}^3$ の部分空間であることを示し，その基底と次元を求めよ。

(2) 斉次連立 1 次方程式 $A\boldsymbol{x} = \boldsymbol{0}_3$ の解空間 $\mathrm{Ker}\, F = \{\boldsymbol{x} \in \mathbb{R}^4 | A\boldsymbol{x} = \boldsymbol{0}_3\}$ が $\mathbb{R}^4$ の部分空間であることを示し，その基底と次元を求めよ。

コーヒーブレイク

## 線形代数の定義いろいろ

本書では，行列の基本変形という操作を通して行列の階数を定義した。この定義のもとで，「行列を構成する列ベクトルのうち１次独立なベクトルの最大本数は，その行列の階数に等しい」というのは証明されるべき定理である。

一方で，行列の階数を行列を構成する列ベクトルのうち１次独立なベクトルの最大本数で定義する方法もある。実際，著者は講義でこの定義を採用したこともある。こちらの定義を採用すれば，行列の基本変形により行列の階数を導出できることは，証明されるべき定理となる。

定理 3.31 でまとめたように，線形代数には等価な命題がたくさん存在する。これらの定義，定理や命題をどのような順序で並べるかで教科書の個性が出るといっても過言ではない。言い換えると，これらをどのような順序で配列するかに著者の構想力が問われているといってよい。

ということで，本章を書くにあたっては著者として細心の注意を払ったつもりである。定義・命題・定理等は論理的な順序†に従って，重複や遺漏のないように並べなければならない。

しかし，論理的順序と効率性を重視した教科書は得てして，初学者には取っつきにくく読みにくいものである。理論と実践を行き来しながら，スパイラル状に内容を積み上げていくのが理想であると著者は考えた。

本書ではまず行列の演算や逆行列を定義し，その後，連立１次方程式の解法を説明する中で基本変形を導入した。次に基本変形の操作を通して行列の階数を定義した。その結果，この段階でようやく行列が正則かどうか，正則なら逆行列をどう求めるかが説明できるようになった。次に行基本変形だけで到達できる階段行列を導入し，行列を構成する列ベクトルのうち１次独立なベクトルの最大本数が，その行列の階数に等しいことを示した。最後に連立１次方程式が解をもつための必要十分条件を，階数を用いて書き表した。

こうして振り返ってみると，本書はかなり非効率に話があちこち飛んでいる。しかし，途中寄り道したことによってむしろ読者の理解が深まると信じている。

---

† ここで注意したように，何を定義に採用するかで論理的な順序は変わる。

# 4 行列式とその応用

正方行列に対して，その成分の多項式関数として行列式は定義される。行列式の理論は連立 1 次方程式の解を簡単な形で書くために構築された。この章では，行列式とその行列の正則性や階数との関係など，これまで学んできた事項との関連も含めて記述する。

## 4.1 置　換

行列式を定義するために，まず，**置換群**を定義しよう。置換群とは**置換**（permutation）の積のなす群である。置換とは順列[†]を写像とみなしたものである。

いま，$p_1, \cdots, p_n$ を，自然数 $1, \cdots, n$ のある順列とする。この順列 $p$ に対し，$S_n = \{1, \cdots, n\}$ 上の 1 : 1 写像

$$\sigma : S_n \longrightarrow S_n, \quad \sigma(i) = p_i \, (i \in S_n)$$

を $S_n$ 上の置換という。有限集合上の 1 : 1 写像は全単射であるから

$$i \neq j \Longrightarrow \sigma(i) \neq \sigma(j) \tag{4.1 a}$$

$$\sigma(S_n) := \{\sigma(1), \cdots, \sigma(n)\} = S_n \tag{4.1 b}$$

が成り立つ。式 (4.1 a) または式 (4.1 b) が成立すれば，$\sigma : S_n \longrightarrow S_n$ は置換となる。

[†] 英語では同じ permutation である。$n$ 個から $r$ 個をとる順列の総数を ${}_n\mathrm{P}_r$ で表すが，P は permutation の頭文字である。

$S_n$ 上の置換全体 $\{\sigma : S_n \longrightarrow S_n \,|\, i \neq j \Longrightarrow \sigma(i) \neq \sigma(j)\}$ を $n$ 次置換群といい，$\mathfrak{S}_n$ と記す。

---

**例 4.1**　$\sigma(i) = p_i$ のとき，$\sigma \in \mathfrak{S}_n$ を

$$\sigma = \begin{pmatrix} 1 & \cdots & n \\ p_1 & \cdots & p_n \end{pmatrix}$$

と書くことにすると，$n = 2$ のとき

$$\mathfrak{S}_2 \ni \begin{pmatrix} 1 & 2 \\ 1 & 2 \end{pmatrix}, \begin{pmatrix} 1 & 2 \\ 2 & 1 \end{pmatrix}$$

$n = 3$ のとき

$$\begin{aligned} \mathfrak{S}_3 \ni & \begin{pmatrix} 1 & 2 & 3 \\ 1 & 2 & 3 \end{pmatrix}, \begin{pmatrix} 1 & 2 & 3 \\ 2 & 3 & 1 \end{pmatrix}, \begin{pmatrix} 1 & 2 & 3 \\ 3 & 1 & 2 \end{pmatrix}, \\ & \begin{pmatrix} 1 & 2 & 3 \\ 1 & 3 & 2 \end{pmatrix}, \begin{pmatrix} 1 & 2 & 3 \\ 2 & 1 & 3 \end{pmatrix}, \begin{pmatrix} 1 & 2 & 3 \\ 3 & 2 & 1 \end{pmatrix} \end{aligned} \tag{4.2}$$

である。一般に，$\mathfrak{S}_n$ は $n!$ 個の置換からなる。

---

$\mathfrak{S}_n$ を置換群とよぶのは，$\mathfrak{S}_n$ が群の公理をみたすからである。

---

**定義 4.1**　**(群の公理)**　集合 $G$ が群をなすとは，$G$ 上に積が定義され（任意の $\sigma, \tau \in G$ に対して $\sigma\tau \in G$），次の (1)，(2)，(3) をみたすことをいう。

(1)　任意の $\sigma, \tau, \rho \in G$ に対して，結合法則 $(\sigma\tau)\rho = \sigma(\tau\rho)$ が成り立つ。

(2)　単位元 $\iota \in G$ が存在して，任意の $\sigma \in G$ に対して，$\sigma\iota = \iota\sigma = \sigma$ が成り立つ。

(3)　任意の $\sigma \in G$ に対して，逆元 $\sigma^{-1} \in G$ が存在して，$\sigma\sigma^{-1} = \sigma^{-1}\sigma = \iota$ が成り立つ。

---

**定理 4.1** $\mathfrak{S}_n$ は，合成演算 $\circ$ を積として，上の群の公理をすべてみたす。

**証明** まず, $\sigma, \tau \in \mathfrak{S}_n$ として, $\sigma(S_n) = \tau(S_n) = S_n$ であるから, $(\sigma \circ \tau)(S_n) = \sigma(\tau(S_n)) = \sigma(S_n)$ となって，$\sigma \circ \tau \in \mathfrak{S}_n$ である。また，結合法則が成り立つのは写像の合成だから当然であり，$\mathfrak{S}_n$ の単位元は恒等置換 $\iota(i) = i \ (i \in S_n)$ である。$\sigma \in \mathfrak{S}_n$ の逆元は，$\sigma(S_n) = S_n$ であるから，逆置換 $\sigma^{-1}$ は $\sigma(i) = p_i$ のとき，$\sigma^{-1}(p_i) = i \ (i \in S_n)$ となる。 □

**定義 4.2** (**互換**)　$S_n$ の二つの元 $i, j \ (i \neq j)$ を入れ換えて，ほかの元を動かさないような置換を**互換**といい，$(i; j)$ で表す。

**例 4.2** 例 4.1 で列挙した $\mathfrak{S}_3$ の元のうち，$\left(\begin{smallmatrix}1&2&3\\1&3&2\end{smallmatrix}\right)$，$\left(\begin{smallmatrix}1&2&3\\2&1&3\end{smallmatrix}\right)$，$\left(\begin{smallmatrix}1&2&3\\3&2&1\end{smallmatrix}\right)$ はそれぞれ，$(2; 3)$，$(1; 2)$，$(1; 3)$ と書ける。

**注意 4.1** 一般に，$(i; j)^2 = \iota$ が成り立つから，$(i; j)^{-1} = (i; j)$ である。

**命題 4.2** $n \geqq 2$ のとき，任意の $\sigma \in \mathfrak{S}_n$ は互換の積で書ける。

**証明** $n$ に関する帰納法による。

$n = 2$ のときは明らかである。$n - 1$ でも命題の主張が成り立つとする。もし，$\sigma(n) = n$ ならば，$\sigma$ は $S_{n-1}$ での置換とみなせるから，互換の積で書ける。$\sigma(n) = k \neq n$ とすると，$\pi = (k; n)$ とおけば

$$(\pi \circ \sigma)(n) = \pi(\sigma(n)) = \pi(k) = n$$

となって，$\pi \circ \sigma \in \mathfrak{S}_{n-1}$ とみなせる。よって，帰納法の仮定より

$$\pi \circ \sigma = \pi_1 \circ \cdots \circ \pi_s \ (\pi_j \ (1 \leqq j \leqq s) \text{ は } \mathfrak{S}_{n-1} \text{ における互換})$$

と書ける。よって

$$\sigma = \pi \circ \pi_1 \circ \cdots \circ \pi_s$$

となって，互換の積で書ける。ここで，注意 4.1 を用いた。 □

**注意 4.2**　読者は平行な縦線の間に適宜横線を渡してつくる「あみだくじ」をご存知であろう。あみだくじでは，入口にあたる縦線の上側で違う線を選べば，出口にあたる縦線の下側ではすべて結果が異なる。すなわち，上側で左から $j$ 番目の線を選べば下側で左から $\sigma(j)$ 番目に出るとすると，$i \neq j$ のとき必ず $\sigma(i) \neq \sigma(j)$ となるということである。これはあみだくじが置換 $\sigma$ に対応していることを意味する。

その観点から命題 4.2 を解釈すると，あみだくじの横線は互換であり，横線を適当に引くことにより任意のあみだくじ $\sigma$ をつくることができることを意味する。

---

**例 4.3**　任意の置換は互換の積で書けるが，その表し方は一意ではない。例えば $\sigma = \left(\begin{smallmatrix}1&2&3&4\\3&1&4&2\end{smallmatrix}\right) \in \mathfrak{S}_4$ に対して，$\sigma = (2;4) \circ (2;3) \circ (1;2) = (1;3) \circ (2;3) \circ (3;4) = (3;4) \circ (1;3) \circ (2;4) \circ (1;2) \circ (2;3)$ などの表し方がある[†1]。しかし，どのように工夫しても，$\sigma$ を偶数個の互換の積で書くことはできない。

---

**定義 4.3**　**(置換の転倒数，符号)**　$\sigma \in \mathfrak{S}_n$ に対して，$1 \leqq i < j \leqq n$ かつ $\sigma(i) > \sigma(j)$ をみたす，$(i, j)$ の組の数を，置換 $\sigma$ の**転倒数**といい，$\nu(\sigma)$ と記す。また

$$\varepsilon(\sigma) = \prod_{i<j} \frac{\sigma(j) - \sigma(i)}{j - i} \tag{4.3}$$

で定義される値を置換 $\sigma$ の**符号** (signature) という。式 (4.3) で $\prod_{i<j}$ は $1 \leqq i < j \leqq n$ をみたす ${}_nC_2 = \dfrac{n(n-1)}{2}$ 個の自然数の組 $(i, j)$ に関する積を表す[†2]。

---

[†1] 注意 4.2 との関連でいえば，同じあみだくじの結果をもたらす複数の横線の引き方が存在するということである。

[†2] $\Pi$ はギリシャ文字 $\pi$ の大文字である。ギリシャ文字の $\pi$ はラテン文字（ローマ字）の p に相当する文字であり，積のことを英語で product ということから，$\Pi$ で積記号を表す。なお，ギリシャ文字の $\Sigma$ は $\sigma$ の大文字であり，$\sigma$ はラテン文字の s に対応している。和のことを英語で sum ということから，$\Sigma$ で和記号を表すのである。

**注意 4.3**　転倒数の定義で，$i < j$ かつ $\sigma(i) > \sigma(j)$ をみたす自然数の組 $(i, j)$ は，置換 $\sigma$ によって，大小関係が逆転した自然数の組を表す。したがって，転倒数とは，順列 $(\sigma(1), \cdots \sigma(n))$ で，大小関係が逆転した自然数の組の総数にほかならない。よって，恒等置換 $\iota \in \mathfrak{S}_n$ に対しては，$n$ の値によらず，$\nu(\iota) = 0$ が成り立つ。また，互換 $(i; j)$ に関しては，$i < k < j$ の各 $k$ に対し，$(i, k)$，$(k, j)$ が転倒しているほか，$(i, j)$ も大小関係が転倒しているから，$\nu((i; j)) = 2(j - i) - 1$ である。

---

**例 4.4**　例 4.3 の置換 $\sigma$ に対して，$1 \leqq i < j \leqq 4$ をみたす $(i, j)$ の組は，$(1, 2), (1, 3), (1, 4), (2, 3), (2, 4), (3, 4)$ の 6 組である。

よって

$$\begin{aligned}\varepsilon(\sigma) &= \frac{\sigma(2) - \sigma(1)}{2 - 1}\frac{\sigma(3) - \sigma(1)}{3 - 1}\frac{\sigma(4) - \sigma(1)}{4 - 1} \\ &\quad \times \frac{\sigma(3) - \sigma(2)}{3 - 2}\frac{\sigma(4) - \sigma(2)}{4 - 2}\frac{\sigma(4) - \sigma(3)}{4 - 3} \\ &= \frac{1 - 3}{2 - 1}\frac{4 - 3}{3 - 1}\frac{2 - 3}{4 - 1}\frac{4 - 1}{3 - 2}\frac{2 - 1}{4 - 2}\frac{2 - 4}{4 - 3} \\ &= -1\end{aligned}$$

を得る。

この式を眺めると，$\sigma$ によって，1 から 4 の数字が並べ替えられるだけなので，右辺の分子と分母は絶対値は等しい。よって $\varepsilon(\sigma)$ の値は $+1$ か $-1$ かのいずれかになる。$\varepsilon(\sigma)$ を「符号」とよぶ所以である。

---

**命題 4.3**　任意の $\sigma \in \mathfrak{S}_n$ に対して，次が成り立つ。

$$\varepsilon(\sigma) = (-1)^{\nu(\sigma)}$$

**証明**　いま，$n$ 個の変数の差積

$$\Delta(x_1, \cdots, x_n) = \prod_{i<j}(x_j - x_i) \tag{4.4}$$

の記号を導入すると

$$\varepsilon(\sigma) = \frac{\prod_{i<j} (\sigma(j) - \sigma(i))}{\prod_{i<j} (j-i)} = \frac{\Delta(\sigma(1), \cdots, \sigma(n))}{\Delta(1, \cdots, n)}$$

が成り立つ。いま, $\sigma(S_n) = S_n$ であるから $\left|\Delta(\sigma(1), \cdots, \sigma(n))\right| = \Delta(1, \cdots, n) = 2^{n-2}3^{n-3} \cdots (n-2)^2(n-1)$ となって, $\varepsilon(\sigma) = \pm 1$ である。$1 \leqq i < j \leqq n$ かつ $\sigma(i) > \sigma(j)$ をみたす $(i, j)$ の組ごとに負号が一つ出るから, $\varepsilon(\sigma) = (-1)^{\nu(\sigma)}$ を得る。 □

**定理 4.4** 任意の $\sigma \in \mathfrak{S}_n$ を $\sigma = \pi_1 \circ \cdots \circ \pi_s$ のように互換 $\pi_1, \cdots, \pi_s$ の積に書くとき, 互換の数 $s$ の偶奇は一定である。

証明 まず, $\varepsilon(\sigma \circ \tau) = \varepsilon(\sigma)\varepsilon(\tau)$ を示そう。式 (4.3) により

$$\varepsilon(\sigma \circ \tau) = \prod_{i<j} \frac{\sigma(\tau(j)) - \sigma(\tau(i))}{j-i} = \prod_{i<j} \frac{\sigma(\tau(j)) - \sigma(\tau(i))}{\tau(j) - \tau(i)} \prod_{i<j} \frac{\tau(j) - \tau(i)}{j-i}$$

である。$\tau(j) - \tau(i)$ の符号にかかわらず

$$\prod_{i<j} \frac{\sigma(\tau(j)) - \sigma(\tau(i))}{\tau(j) - \tau(i)} = \prod_{\tau(i)<\tau(j)} \frac{\sigma(\tau(j)) - \sigma(\tau(i))}{\tau(j) - \tau(i)}$$

が成り立つから, 次の式 (4.5) が従う。

$$\varepsilon(\sigma \circ \tau) = \varepsilon(\sigma)\varepsilon(\tau) \tag{4.5}$$

いま, 明らかに恒等置換 $\iota$ に関して, $\varepsilon(\iota) = 1$ である。また, 注意 4.3 と命題 4.3 により, 互換 $\pi$ に対して $\varepsilon(\pi) = -1$ である。よって, 式 (4.5) より $\sigma = \pi_1 \circ \cdots \circ \pi_s$ のとき $\varepsilon(\sigma) = \varepsilon(\pi_1) \cdots \varepsilon(\pi_s) = (-1)^s$ を得る。これと命題 4.3 とを比較して, $(-1)^s = (-1)^{\nu(\sigma)}$ となるから, $s$ の偶奇は $\sigma$ の転倒数の偶奇に等しく一定である。 □

**定義 4.4** **(偶置換, 奇置換)** 任意の $\sigma \in \mathfrak{S}_n$ に対して, $\sigma$ が偶数個の互換の積に書けるとき, $\sigma$ を**偶置換**という。また, 奇数個の互換の積に書けるときは, **奇置換**という。

**注意 4.4**　命題 4.3 と定理 4.4 により，$\varepsilon(\sigma) = 1$ のとき $\sigma$ は偶置換，$\varepsilon(\sigma) = -1$ のとき $\sigma$ は奇置換である。

また，任意の $\sigma \in \mathfrak{S}_n$ に対して

$$\varepsilon(\sigma)\varepsilon(\sigma^{-1}) = \varepsilon(\sigma \circ \sigma^{-1}) = \varepsilon(\iota) = 1$$

が成り立つ。$\varepsilon(\sigma) = \pm 1$ とを合わせて，式 (4.6) を得る。

$$\varepsilon(\sigma^{-1}) = \varepsilon(\sigma) \tag{4.6}$$

---

**例題 4.1**　置換 $\sigma = \left(\begin{smallmatrix} 1 & 2 & 3 & 4 & 5 & 6 & 7 \\ 3 & 6 & 7 & 5 & 2 & 4 & 1 \end{smallmatrix}\right)$ について，次の問に答えよ。

(1)　$\sigma$ を互換の積で表せ。

(2)　$\sigma^n = \iota$ をみたす最小の正の整数 $n$ の値を求めよ。

(3)　$\sigma$ の転倒数を求めよ。

---

**解答例**　(1)　$\sigma$ は，$(1, 3, 7)$ の長さ 3 の巡回置換と $(2, 6, 4, 5)$ の長さ 4 の巡回置換とからなる。いま一般に

$$\tau = (a; b) \circ (b; c)$$

とおくと

$$\tau(a) = b, \quad \sigma(b) = c, \quad \tau(c) = a$$

である。つまり，$(a; b) \circ (b; c)$ は $(a, b, c)$ の巡回置換を表す。同様に，$(a; b) \circ (b; c) \circ (c; d)$ は $(a, b, c, d)$ の巡回置換を表す。よって，一例として

$$\sigma = (1; 3) \circ (3; 7) \circ (2; 6) \circ (4; 6) \circ (4; 5)$$

のような表し方がある（ほかにも表し方がある。各自工夫せよ）。

(2)　(1) での結果から，$(1, 3, 7)$ に限ると $\sigma^3$ で元に戻り，$(2, 6, 4, 5)$ に限ると $\sigma^4$ で元に戻る。全体として，3 と 4 の最小公倍数である 12 乗で元に戻る（$\sigma^{12} = \iota$）。よって，求める最小の正の整数 $n = 12$ である。

(3)　$i < j$ かつ，$\sigma(i) > \sigma(j)$ をみたす $(i, j)$ の組は

$$(i, j) = (1, 5), (1, 7), (2, 4), (2, 5), (2, 6), (2, 7), (3, 4), (3, 5), (3, 6), (3, 7),$$
$$(4, 5), (4, 6), (4, 7), (5, 7), (6, 7)$$

の 15 組ある。よって，転倒数は 15 である。　◆

**練習 4.1**　(**15 ゲーム**)　$4\times4$ の大きさの正方形の枠内に，それぞれ 1 から 15 の番号の書かれた，$1\times1$ の大きさの正方形のマスが 1 枚ずつ，たがいに重ならないように配置されている。ただし，右下隅は空欄である（**図 4.1**）。空欄と隣り合うマスを空欄の位置に移動させることにより，番号の配置を変える操作 $F$ を考える。このとき，図 (a) の配置から始めて，操作 $F$ を繰り返すだけでは，図 (b) の配置には並べ替えられないことを示せ。

| | | | |
|---|---|---|---|
| 1 | 2 | 3 | 4 |
| 5 | 6 | 7 | 8 |
| 9 | 10 | 11 | 12 |
| 13 | 14 | 15 | |

(a)　ある配置

| | | | |
|---|---|---|---|
| 15 | 14 | 13 | 12 |
| 11 | 10 | 9 | 8 |
| 7 | 6 | 5 | 4 |
| 3 | 2 | 1 | |

(b)　別の配置

**図 4.1**　15 ゲームの二つの配置

## 4.2　行列式とその性質

この節では，一般の $n$ 次正方行列の行列式を導入し，その性質について述べる。

---

**定義 4.5**　(**行列式**)　$n$ 次正方行列 $A=[a_{ij}]_{1\leqq i,j\leqq n}$ に対して

$$\sum_{\sigma\in\mathfrak{S}_n}\varepsilon(\sigma)\prod_{j=1}^{n}a_{\sigma(j)j}=\sum_{\sigma\in\mathfrak{S}_n}\varepsilon(\sigma)a_{\sigma(1)1}\cdots a_{\sigma(n)n} \tag{4.7}$$

で定義される，$A$ の成分 $a_{ij}$ $(1\leqq i,j\leqq n)$ たちの $n$ 次斉次多項式を，行列 $A$ の**行列式**（determinant）といい

$$\det A,\quad または\quad |A|=\begin{vmatrix} a_{11} & \cdots & a_{1n} \\ \vdots & \ddots & \vdots \\ a_{n1} & \cdots & a_{nn}\end{vmatrix}$$

と記す。式 (4.7) で，$\displaystyle\sum_{\sigma\in\mathfrak{S}_n}$ は，$n$ 次置換群の元 $\sigma$ に関する $n!$ 個の和を表す。また，$a_{\sigma(j)j}$ とは，行列 $A$ の $(\sigma(j),j)$ 成分である。

---

**注意 4.5** すでに $n=2,3$ の行列式は，それぞれ第 1 章，第 2 章で定義した。第 1, 2 章における定義と，定義 4.5 の $n=2,3$ の場合が一致することを確認しておこう。

$n=2$ のとき，$\mathfrak{S}_2 \ni \iota, \tau=(1;2)$ のみである。ここで，$\iota$ は $\mathfrak{S}_2$ の恒等置換で $\varepsilon(\iota)=+1$ であり，$\tau$ は $(1,2)$ の互換だから $\varepsilon(\tau)=-1$ である。よって

$$\begin{vmatrix} a_{11} & a_{12} \\ a_{21} & a_{22} \end{vmatrix} = +a_{\iota(1)1}a_{\iota(2)2} - a_{\tau(1)1}a_{\tau(2)2} = a_{11}a_{22} - a_{21}a_{12}$$

となって，定義 1.5 と一致する。

$n=3$ のとき，例 4.1 の $\mathfrak{S}_3$ の元で，式 (4.2) の上段の元は偶置換，下段の元は奇置換だから

$$\begin{vmatrix} a_{11} & a_{12} & a_{13} \\ a_{21} & a_{22} & a_{23} \\ a_{31} & a_{32} & a_{33} \end{vmatrix} = a_{11}a_{22}a_{33} + a_{21}a_{32}a_{13} + a_{31}a_{12}a_{23} \\ - a_{11}a_{32}a_{23} - a_{21}a_{12}a_{33} - a_{31}a_{22}a_{13}$$

となって，定義 2.3 と一致する。

また $n=2,3$ のとき，行列式は図 1.14 や図 2.5 のように，タスキ掛けの規則により計算できる。しかしこれは，$n \leqq 3$ で $n! \leqq 2n$ が成り立つためで，$n \geqq 4$ の場合は同様の簡便な規則はない。

**定理 4.5** 任意の $A \in M_n(\mathbb{R})$ に対して，行列式は転置をとっても不変である。すなわち

$$\det {}^t\!A = \det A$$

が成り立つ。

**証明** まず，$\{\sigma^{-1} | \sigma \in \mathfrak{S}_n\} = \mathfrak{S}_n$ が成り立つことを注意する。実際，$\sigma \neq \sigma'$ とすれば，$\sigma^{-1} \neq (\sigma')^{-1}$ であるからである。

次に，式 (4.7) により

$$\det {}^t\!A = \sum_{\sigma \in \mathfrak{S}_n} \varepsilon(\sigma) \prod_{j=1}^{n} a_{j\sigma(j)}$$

であるが，$\sigma(S_n) = S_n$ であるから，積の順序を入れ換えて

$$\prod_{j=1}^{n} a_{j\sigma(j)} = \prod_{j=1}^{n} a_{p_j j}$$

とおくと, $p_j = \sigma^{-1}(j)$ である。$\tau = \sigma^{-1}$ とおけば, 最初の注意, および $\varepsilon(\tau) = \varepsilon(\sigma)$（注意 4.4）により以下が従う。

$$\det {}^t A = \sum_{\sigma \in \mathfrak{S}_n} \varepsilon(\sigma) \prod_{j=1}^{n} a_{\sigma^{-1}(j) j} = \sum_{\tau \in \mathfrak{S}_n} \varepsilon(\tau) \prod_{j=1}^{n} a_{\tau(j) j} = \det A \qquad \square$$

---

**例 4.5**　$A \in M_n(\mathbb{R})$ が，$A_1 \in M_{n-1}(\mathbb{R})$ を用いて

$$A = \begin{bmatrix} A_1 & \mathbf{0}_{n-1} \\ * & a_{nn} \end{bmatrix}$$

と書けるとき，$\det A = a_{nn} \det A_1$ が成り立つ。これは実際

$$\det A = \sum_{\sigma \in \mathfrak{S}_n} \varepsilon(\sigma) \prod_{j=1}^{n} a_{\sigma(j) j} = \sum_{\sigma \in \mathfrak{S}_n} \varepsilon(\sigma) \left( \prod_{j=1}^{n-1} a_{\sigma(j) j} \right) a_{\sigma(n) n}$$

で，$\sigma(n) \neq n$ なる $\sigma$ は $a_{\sigma(n)n} = 0$ より和に利かないから，$\sigma \in \mathfrak{S}_{n-1}$ とみなせる。よって

$$\det A = a_{nn} \sum_{\sigma \in \mathfrak{S}_{n-1}} \varepsilon(\sigma) \left( \prod_{j=1}^{n-1} a_{\sigma(j) j} \right) = a_{nn} \det A_1 \tag{4.8}$$

となるからである。同様にして

$$A = \begin{bmatrix} A_1 & * \\ {}^t\mathbf{0}_{n-1} & a_{nn} \end{bmatrix}$$

のときも，$\det A = a_{nn} \det A_1$ である。実際，定理 4.5 と式 (4.8) により

$$\det A = \det \begin{bmatrix} {}^t A_1 & \mathbf{0}_{n-1} \\ * & a_{nn} \end{bmatrix} = a_{nn} \det {}^t A_1 = a_{nn} \det A_1$$

となるからである。

---

**例 4.6** $\begin{bmatrix} a_{11} & \dots & a_{1n} \\ & \ddots & \vdots \\ & & a_{nn} \end{bmatrix}$ $\begin{bmatrix} a_{11} & & \\ \vdots & \ddots & \\ a_{n1} & \cdots & a_{nn} \end{bmatrix}$ の形の行列を，それぞれ，上三角行列，下三角行列という。ただし，空白は対応する成分が 0 であることを表す。上三角行列および下三角行列を合わせて三角行列という。

三角行列の行列式は，対角成分の積に等しい。これは，例 4.5 を繰り返し使えば証明できる。

---

次に，第 2 章で説明した基本変形のもとで，行列式がどのような変換を受けるかを調べよう。そのために，次の記号を導入しよう。

$$A = [\boldsymbol{a}_1, \cdots, \boldsymbol{a}_n] = \begin{bmatrix} \boldsymbol{a}^1 \\ \vdots \\ \boldsymbol{a}^n \end{bmatrix}$$

に対して，第 $j$ 列を $\boldsymbol{b} \in \mathbb{R}^n$ で置き換えたものを $A_j(\boldsymbol{b})$，第 $i$ 行を $\boldsymbol{c} \in {}^t(\mathbb{R}^n)$ で置き換えたものを $A^i(\boldsymbol{c})$ と記すことにする。また，任意の $\sigma \in \mathfrak{S}_n$ に対して

$$A_\sigma = \left[\boldsymbol{a}_{\sigma(1)}, \cdots, \boldsymbol{a}_{\sigma(n)}\right], \qquad A^\sigma = \begin{bmatrix} \boldsymbol{a}^{\sigma(1)} \\ \vdots \\ \boldsymbol{a}^{\sigma(n)} \end{bmatrix}$$

と記すことにしよう。

**定理 4.6** (行列式の $\boldsymbol{n}$ 重線形性) 行列式は次の $\boldsymbol{n}$ 重線形性をもつ。

(1) $\det A_j(\boldsymbol{x}+\boldsymbol{y}) = \det A_j(\boldsymbol{x}) + \det A_j(\boldsymbol{y}) \quad (\boldsymbol{x}, \boldsymbol{y} \in \mathbb{R}^n)$ (4.9 a)

(2) $\det A_j(c\boldsymbol{x}) = c \det A_j(\boldsymbol{x}) \quad (\boldsymbol{x} \in \mathbb{R}^n, c \in \mathbb{R})$ (4.9 b)

(1′) $\det A^i(\boldsymbol{x}+\boldsymbol{y}) = \det A^i(\boldsymbol{x}) + \det A^i(\boldsymbol{y}) \quad (\boldsymbol{x}, \boldsymbol{y} \in {}^t(\mathbb{R}^n))$ (4.9 c)

(2′) $\det A^i(c\boldsymbol{x}) = c \det A^i(\boldsymbol{x}) \quad (\boldsymbol{x} \in {}^t(\mathbb{R}^n), c \in \mathbb{R})$ (4.9 d)

**証明**　式 (4.9) の (1), (2) は次の (3) と同値である。

(3)　$\det A_j(c\boldsymbol{x}+d\boldsymbol{y}) = c\det A_j(\boldsymbol{x}) + d\det A_j(\boldsymbol{y})$

また，式 (4.9) の (1′), (2′) は次の (3′) と同値である。

(3′)　$\det A^i(c\boldsymbol{x}+d\boldsymbol{y}) = c\det A^i(\boldsymbol{x}) + d\det A^i(\boldsymbol{y})$

よって，(1)，(2) を示す代わりに (3) を，(1′)，(2′) の代わりに (3′) を示せばよい。$\boldsymbol{x} = {}^t[x_1, \cdots, x_n]$，$\boldsymbol{y} = {}^t[y_1, \cdots, y_n]$ とおくと，行列式の定義により

$$
\begin{aligned}
&\det A_j(c\boldsymbol{x}+d\boldsymbol{y}) \\
&= \sum_{\sigma\in\mathfrak{S}_n} \varepsilon(\sigma) \prod_{\substack{k=1\\k\neq j}}^{n} a_{\sigma(k)k}(cx_{\sigma(j)} + dy_{\sigma(j)}) \\
&= c\sum_{\sigma\in\mathfrak{S}_n} \varepsilon(\sigma) \prod_{\substack{k=1\\k\neq j}}^{n} a_{\sigma(k)k}\cdot x_{\sigma(j)} + d\sum_{\sigma\in\mathfrak{S}_n} \varepsilon(\sigma) \prod_{\substack{k=1\\k\neq j}}^{n} a_{\sigma(k)k}\cdot y_{\sigma(j)} \\
&= c\det A_j(\boldsymbol{x}) + d\det A_j(\boldsymbol{y})
\end{aligned}
$$

を得る。(3′) に関しても同様である。　□

**定理 4.7　(行列式の交代性)**　行列式は次の交代性をもつ。

$$\det A_\sigma = \det A^\sigma = \varepsilon(\sigma)\det A \qquad (\sigma\in\mathfrak{S}_n) \tag{4.10}$$

**証明**　列ベクトル表示について証明する。$A_\sigma = [a_{i\sigma(j)}]_{1\leq i,j\leq n}$ であるから

$$
\begin{aligned}
\det A_\sigma &= \sum_{\tau\in\mathfrak{S}_n} \varepsilon(\tau) \prod_{k=1}^{n} a_{\tau(k)\sigma(k)} \\
&= \sum_{\tau\in\mathfrak{S}_n} \varepsilon(\tau) \prod_{j=1}^{n} a_{(\tau\circ\sigma^{-1})(j)j} \qquad (j=\sigma(k)) \\
&= \varepsilon(\sigma) \sum_{\rho\in\mathfrak{S}_n} \varepsilon(\rho) \prod_{j=1}^{n} a_{\rho(j)j} \qquad (\rho = \tau\circ\sigma^{-1}) \\
&= \varepsilon(\sigma)\det A
\end{aligned}
$$

となって題意を得る。最後から二つ目の等号で，式 (4.5) を用いた。

行ベクトル表示についても同様である。　□

**命題 4.8** $A = [\boldsymbol{a}_1, \cdots, \boldsymbol{a}_n] = \begin{bmatrix} \boldsymbol{a}^1 \\ \vdots \\ \boldsymbol{a}^n \end{bmatrix}$ に対して，次の (1)~(3) が成り立つ。

(1) $\det A_j(\boldsymbol{a}_k) = \det A^j(\boldsymbol{a}^k) = 0 \quad (j \neq k)$

(2) $\det A_j(\boldsymbol{a}_j + c\boldsymbol{a}_k) = \det A = \det A^j(\boldsymbol{a}^j + c\boldsymbol{a}^k) \quad (j \neq k)$

(3) $\{\boldsymbol{a}_1, \cdots, \boldsymbol{a}_n\}$ または $\{\boldsymbol{a}^1, \cdots, \boldsymbol{a}^n\}$ が 1 次従属のとき，$\det A = 0$

**証明** 以下，すべて列ベクトル表示に関して証明するが，行ベクトル表示に関しても同様である。

(1) $B = A_j(\boldsymbol{a}_k)$ とおく。このとき，互換 $\pi = (j; k)$ に対して，$B = B_\pi$ であるが，$\varepsilon(\pi) = -1$ と定理 4.7 により

$$\det B = \det B_\pi = -\det B$$

となる。よって，$\det B = 0$ である。

(2) (1) と定理 4.6 により

$$\begin{aligned} \det A_j(\boldsymbol{a}_j + c\boldsymbol{a}_k) &= \det A_j(\boldsymbol{a}_j) + c \det A_j(\boldsymbol{a}_k) \\ &= \det A \end{aligned}$$

を得る。ここで，$A_j(\boldsymbol{a}_j) = A$ を用いた。

(3) $\{\boldsymbol{a}_1, \cdots, \boldsymbol{a}_n\}$ が 1 次従属ならば，定理 3.3 より，ある列 $\boldsymbol{a}_j$ は

$$\boldsymbol{a}_j = \sum_{k \neq j} c_k \boldsymbol{a}_k$$

のようにほかの列の 1 次結合で書ける。よって，(1) と定理 4.6 により

$$\begin{aligned} \det A &= \det A_j \left( \sum_{k \neq j} c_k \boldsymbol{a}_k \right) \\ &= \sum_{k \neq j} c_k \det A_j(\boldsymbol{a}_k) \\ &= 0 \end{aligned}$$

が従う。 □

**注意 4.6**　以上のことから，3.4 節で導入した基本変形のもとでの行列式の変換性は次のとおりである。

(a, a')　ある行（列）と別の行（列）との入れ換え
$\Longrightarrow$ 行列式は $(-1)$ 倍される。（定理 4.7）

(b, b')　ある行（列）を $c$ 倍する
$\Longrightarrow$ 行列式は $c$ 倍される。（定理 4.6(2), $(2')$）

(c, c')　ある行（列）にと別の行（列）の $c$ 倍を加える
$\Longrightarrow$ 行列式は変わらない。（命題 4.8(2)）

---

**例 4.7**　$\begin{bmatrix} 1 & 2 & 3 & 4 \\ 4 & 1 & 2 & 3 \\ 3 & 4 & 1 & 2 \\ 2 & 3 & 4 & 1 \end{bmatrix}$ の行列式を，基本変形の要領で求めてみよう。

まず，列基本変形により，第 4 行を $(4, 4)$ 成分以外を 0 にする。

$$\begin{vmatrix} 1 & 2 & 3 & 4 \\ 4 & 1 & 2 & 3 \\ 3 & 4 & 1 & 2 \\ 2 & 3 & 4 & 1 \end{vmatrix} = \begin{vmatrix} -7 & -10 & -13 & 4 \\ -2 & -8 & -10 & 3 \\ -1 & -2 & -7 & 2 \\ 0 & 0 & 0 & 1 \end{vmatrix} = \begin{vmatrix} -7 & -10 & -13 \\ -2 & -8 & -10 \\ -1 & -2 & -7 \end{vmatrix}$$

最後の等式で，例 4.5 を用いた。定理 4.6(2) と定理 4.7 により

$$\begin{vmatrix} -7 & -10 & -13 \\ -2 & -8 & -10 \\ -1 & -2 & -7 \end{vmatrix} = \begin{vmatrix} 13 & 10 & 7 \\ 10 & 8 & 2 \\ 7 & 2 & 1 \end{vmatrix}$$

であるが，これにさらに列基本変形を施すと以下を得る。

$$\begin{vmatrix} 13 & 10 & 7 \\ 10 & 8 & 2 \\ 7 & 2 & 1 \end{vmatrix} = \begin{vmatrix} -36 & -4 & 7 \\ -4 & 4 & 2 \\ 0 & 0 & 1 \end{vmatrix} = \begin{vmatrix} -36 & -4 \\ -4 & 4 \end{vmatrix}$$
$$= -36 \cdot 4 - (-4)(-4) = -160$$

---

---

**例題 4.2** (ヴァン・デル・モンドの行列式) 次の恒等式

$$\begin{vmatrix} 1 & 1 & 1 & \cdots & 1 \\ x_1 & x_2 & x_3 & \cdots & x_n \\ x_1^2 & x_2^2 & x_3^2 & \cdots & x_n^2 \\ \vdots & \vdots & \vdots & \ddots & \vdots \\ x_1^{n-1} & x_2^{n-1} & x_3^{n-1} & \cdots & x_n^{n-1} \end{vmatrix} = \Delta(x_1, \cdots, x_n)$$

が成り立つことを示せ。ここで，$\Delta(x_1, \cdots, x_n)$ は式 (4.4) で定義される差積である。

---

**証明** 左辺を $f(x_1, \cdots, x_n)$ とおく。行列式の $n!$ 個の項は，各行から一つずつ成分を取り出して掛け合わせたものだから，その次数はすべて，$0+1+2+\cdots+(n-1) = \dfrac{n(n-1)}{2}$ である。また，${}_nC_2 = \dfrac{n(n-1)}{2}$ であるから，$x_1, \cdots, x_n$ の差積 $\Delta(x_1, \cdots, x_n)$ も同じく $\dfrac{n(n-1)}{2}$ 次斉次式である。

さて，$x_i = x_j$ $(i \neq j)$ とおくと，第 $i$ 列と第 $j$ 列が一致するため，命題 4.8(1) により，$f = 0$ である。よって，因数定理により $f$ は各 $x_j - x_i$ $(1 \leqq i < j \leqq n)$ で割り切れる。$f$ と $\Delta$ の次数は等しいので，適当な定数 $c$ を用いて

$$f(x_1, \cdots, x_n) = c\Delta(x_1, \cdots, x_n)$$

が成り立つ。両辺で，$x_2{x_3}^2 \cdots {x_n}^{n-1}$ の係数を比較して $c = 1$ を得る。 □

**練習 4.2** 130，312，923 は 13 の倍数であるが，行列式 $\begin{vmatrix} 1 & 3 & 0 \\ 3 & 1 & 2 \\ 9 & 2 & 3 \end{vmatrix} = 26$ もまた 13 の倍数となる。

いま，$x_i$ $(1 \leqq i \leqq 3)$ が 0 または 1 桁の自然数として

$$f(x_1,\ x_2,\ x_3) = 100x_1 + 10x_2 + x_3$$

とおく。$f(a_1,\ a_2,\ a_3)$, $f(b_1,\ b_2,\ b_3)$, $f(c_1,\ c_2,\ c_3)$ がいずれも 13 の倍数のとき，一般に，行列式 $\begin{vmatrix} a_1 & a_2 & a_3 \\ b_1 & b_2 & b_3 \\ c_1 & c_2 & c_3 \end{vmatrix}$ も 13 の倍数であることを示せ。

さて，次に行列式と行列の正則性の関係について述べる。そのためには，行列式の重要な性質「積の行列式は行列式の積」（定理 A.5）を証明しなければならないが，その証明は付録に譲ることとする。

**系 4.9**　**（定理 A.5 の系）**　$P \in M_n(\mathbb{R})$ が正則のとき，次の (1)，(2) が成り立つ。

(1)　$\det P \neq 0$ かつ $\det P^{-1} = \dfrac{1}{\det P}$

(2)　任意の $A \in M_n(\mathbb{R})$ に対して，$\det(P^{-1}AP) = \det A$

**証明**　(1)　定理 A.5 を用いて $PP^{-1} = I_n$ の両辺の行列式をとることにより

$$\det(PP^{-1}) = \det P \det P^{-1} = 1$$

であるから，$\det P \neq 0$ が成り立つ。また，この式より，$\det P^{-1} = 1/\det P$，すなわち，「逆行列の行列式は行列式の逆数」が従う。

(2)　(1) と定理 A.5 からただちに，以下が成り立つ。

$$\det(P^{-1}AP) = \det P^{-1} \det A \det P = \det A$$

□

## 4.3　行列式の余因子展開

この節では，一般の $n$ 次正方行列の余因子を導入し，行列式の余因子による展開公式を示す。

**定義 4.6**　（余因子）　行列 $A \in M_n(\mathbb{R})$ の第 $i$ 行と第 $j$ 行を除いてできる，サイズ $n-1$ の行列を $A_{ij}$ として

$$(-1)^{i+j} \det A_{ij}$$

で定義される実数を，行列 $A$ の $(i,j)$-**余因子**（cofactor）といい，$\tilde{a}_{ij}$ と記す。

**例 4.8** $A = \begin{bmatrix} 1 & 2 & 3 & 4 \\ 4 & 1 & 2 & 3 \\ 3 & 4 & 1 & 2 \\ 2 & 3 & 4 & 1 \end{bmatrix}$ のとき，$A_{11} = \begin{bmatrix} 1 & 2 & 3 \\ 4 & 1 & 2 \\ 3 & 4 & 1 \end{bmatrix}$ より

$$\begin{aligned} \tilde{a}_{11} &= (-1)^{1+1} \begin{vmatrix} 1 & 2 & 3 \\ 4 & 1 & 2 \\ 3 & 4 & 1 \end{vmatrix} \\ &= 1 \times 1 \times 1 + 4 \times 4 \times 3 + 3 \times 2 \times 2 \\ &\quad - 1 \times 4 \times 2 - 4 \times 2 \times 1 - 3 \times 1 \times 3 \\ &= 36 \end{aligned}$$

である。同様に，以下を得る。

$$\begin{aligned} \tilde{a}_{12} &= (-1)^{1+2} \begin{vmatrix} 4 & 2 & 3 \\ 3 & 1 & 2 \\ 2 & 4 & 1 \end{vmatrix} \\ &= -4 \times 1 \times 1 - 3 \times 4 \times 3 - 2 \times 2 \times 2 \\ &\quad + 4 \times 4 \times 2 + 3 \times 2 \times 1 + 2 \times 1 \times 3 \\ &= -4 \\ \tilde{a}_{13} &= (-1)^{1+3} \begin{vmatrix} 4 & 1 & 3 \\ 3 & 4 & 2 \\ 2 & 3 & 1 \end{vmatrix} \\ &= 4 \times 4 \times 1 + 3 \times 3 \times 3 + 2 \times 1 \times 2 \\ &\quad - 4 \times 3 \times 2 - 3 \times 1 \times 1 - 2 \times 4 \times 3 \\ &= -4 \\ \tilde{a}_{14} &= (-1)^{1+4} \begin{vmatrix} 4 & 1 & 2 \\ 3 & 4 & 1 \\ 2 & 3 & 4 \end{vmatrix} \\ &= -4 \times 4 \times 4 - 3 \times 3 \times 2 - 2 \times 1 \times 1 \\ &\quad + 4 \times 3 \times 1 + 3 \times 1 \times 4 + 2 \times 4 \times 2 \\ &= -44 \end{aligned}$$

**補題 4.10**　$\mathbb{R}^n$ 列ベクトル $\boldsymbol{b} = {}^t[b_1, \cdots, b_n]$ に対して

$$\det A_j(\boldsymbol{b}) = \sum_{k=1}^{n} b_k \tilde{a}_{kj} \tag{4.11}$$

が成り立つ。また，$\mathbb{R}^n$ 行ベクトル $\boldsymbol{c} = [c_1, \cdots, c_n]$ に対して

$$\det A^i(\boldsymbol{c}) = \sum_{k=1}^{n} c_k \tilde{a}_{ik} \tag{4.12}$$

が成り立つ。

**証明**　$A = [\boldsymbol{a}_1, \cdots, \boldsymbol{a}_n]$ とおき，各基本ベクトル $\boldsymbol{e}_k$ $(1 \leqq k \leqq j)$ に対して，$\det A_j(\boldsymbol{e}_k)$ を計算することから始めよう。第 $j$ 列を 1 列ずつ右に順送りすると，行列式の交代性から

$$\det A_j(\boldsymbol{e}_k) = \det[\boldsymbol{a}_1, \cdots, \underbrace{\boldsymbol{e}_k}_{j}, \cdots \boldsymbol{a}_n] = (-1)^{n-j} \det[\boldsymbol{a}_1, \overset{j}{\hat{\cdots}}, \boldsymbol{a}_n, \boldsymbol{e}_k]$$

である。さらに，第 $k$ 行を 1 行ずつ下に順送りすると，行列式の交代性から

$$\begin{aligned} \det A_j(\boldsymbol{e}_k) &= (-1)^{n-j} \det[\boldsymbol{a}_1, \overset{j}{\hat{\cdots}}, \boldsymbol{a}_n, \boldsymbol{e}_k] \\ &= (-1)^{n-j}(-1)^{n-k} \det \begin{bmatrix} A_{kj} & \boldsymbol{0}_{n-1} \\ * & 1 \end{bmatrix} = \tilde{a}_{kj} \end{aligned} \tag{4.13}$$

を得る。最後の等式で，例 4.5 と余因子の定義 4.6 を用いた。

さて，$\boldsymbol{b} = {}^t[b_1, \cdots, b_n]$ は，$\mathbb{R}^n$ の基本ベクトル $\boldsymbol{e}_k$ $(1 \leqq k \leqq n)$ を用いて，$\boldsymbol{b} = \sum_{k=1}^{n} b_k \boldsymbol{e}_k$ と書けるから，これと式 (4.13) および行列式の $n$ 重線形性（定理 4.6）を用いて，式 (4.11) を得る。

式 (4.12) についても同様である。　□

**定理 4.11**　**（行列式の余因子展開）**　$A = [a_{ij}] \in M_n(\mathbb{R})$ に対して次の (1)，(2) が成り立つ。

(1)　$\displaystyle\sum_{k=1}^{n} a_{ki}\tilde{a}_{kj} = \delta_{ij} \det A, \quad \sum_{k=1}^{n} a_{ik}\tilde{a}_{jk} = \delta_{ij} \det A$

$$\text{(2a)} \quad \det A = \sum_{k=1}^{n} a_{kj}\tilde{a}_{kj}$$

$$\text{(2b)} \quad \det A = \sum_{k=1}^{n} a_{ik}\tilde{a}_{ik}$$

**証明** $A = [\boldsymbol{a}_1, \cdots, \boldsymbol{a}_n]$ とおくと，命題 4.8(1) より

$$\det A_j(\boldsymbol{a}_i) = \delta_{ij} \det A$$

が成り立つが，一方，補題 4.10 により

$$\det A_j(\boldsymbol{a}_i) = \sum_{k=1}^{n} a_{ki}\tilde{a}_{kj}$$

であるから，(1) の前半を得る。後半も同様である。

(2$a$)，(2$b$) は (1) で $i = j$ とおけば従う。 □

(2$a$) を，行列式の**第 $\boldsymbol{j}$ 列に関する余因子展開**という。また，(2$b$) を，行列式の**第 $\boldsymbol{i}$ 行に関する余因子展開**という。

---

**例題 4.3** 例 4.8 の行列 $A$ の行列式を，余因子展開を用いて求めよ。

---

**解答例** 第 1 行に関する余因子展開を用いる。定理 4.11(2b) と例 4.8 より

$$\begin{aligned}|A| &= a_{11}\tilde{a}_{11} + a_{12}\tilde{a}_{12} + a_{13}\tilde{a}_{13} + a_{14}\tilde{a}_{14} \\ &= 1 \times 36 + 2 \times (-4) + 3 \times (-4) + 4 \times (-44) \\ &= -160\end{aligned}$$

となって，例 4.7 の結果と一致する。 ◆

**練習 4.3** 次の行列式を計算せよ。結果はもし可能なら因数分解して答えよ。

(1) $\begin{vmatrix} 0 & a & b & c \\ -a & 0 & d & -e \\ -b & -d & 0 & f \\ -c & e & -f & 0 \end{vmatrix}$ (2) $\begin{vmatrix} 0 & 1 & 1 & 1 \\ 1 & 0 & z^2 & y^2 \\ 1 & z^2 & 0 & x^2 \\ 1 & y^2 & x^2 & 0 \end{vmatrix}$

**定義 4.7** (余因子行列)　$A = [a_{ij}] \in M_n(\mathbb{R})$ に対し，$\tilde{a}_{ji}$ を $(i,j)$ 成分とする行列を $\tilde{A}$ と記し，$A$ の**余因子行列**という。

**系 4.12** (定理 4.11 の系)　$A \in M_n(\mathbb{R})$ に対し，$\det A \neq 0$ ならば $A$ は正則である。また，このとき，逆行列は

$$A^{-1} = \frac{1}{\det A}\tilde{A} \tag{4.14}$$

で表される。

**証明**　$A = [a_{ij}]$ と $\tilde{A} = [\tilde{a}_{ji}]$ の積を計算すると

$$(A\tilde{A})_{ij} = \left(\sum_{k=1}^{n} a_{ik}\tilde{a}_{jk}\right) = (\delta_{ij}\det A)$$

$$(\tilde{A}A)_{ij} = \left(\sum_{k=1}^{n} \tilde{a}_{ki}a_{kj}\right) = (\delta_{ij}\det A)$$

最後の等式で，それぞれ定理 4.11(1) の後半と前半を用いた。これは

$$A\tilde{A} = \tilde{A}A = (\det A)I_n$$

を意味するから，$\det A \neq 0$ なら $A$ は正則で，逆行列は式 (4.14) で与えられる。　□

**定理 4.13**　$A \in M_n(\mathbb{R})$ に対し，次の (1)〜(5) は同値である。

(1) $A = [\boldsymbol{a}_1, \cdots, \boldsymbol{a}_n]$ は正則である。

(2) $A$ は逆行列をもつ。

(3) $\mathrm{r}(A) = n$ である。

(4) $\{\boldsymbol{a}_1, \cdots, \boldsymbol{a}_n\}$ は 1 次独立である。

(5) $\det A \neq 0$ である。

**証明** 系 4.9(1) により，$A \in M_n(\mathbb{R})$ が正則なら $\det A \neq 0$ であり，系 4.12 から，$\det A \neq 0$ のとき $A$ は正則である。よって，$A$ が正則であることと，$\det A \neq 0$ であることは同値である。このことと，定義 3.18，定理 3.20，定理 3.31 により，定理 4.13 に示す (1)〜(5) は同値である。 □

**定理 4.14** （**クラメールの公式**） 非斉次連立 1 次方程式 $A\boldsymbol{x} = \boldsymbol{b}$ ($A \in M_n(\mathbb{R}), \boldsymbol{x}, \boldsymbol{b} \in \mathbb{R}^n$) は，$\det A \neq 0$ のとき，唯一の解

$$\boldsymbol{x} = \frac{1}{\det A}\begin{bmatrix} \det A_1(\boldsymbol{b}) \\ \vdots \\ \det A_n(\boldsymbol{b}) \end{bmatrix} \tag{4.15}$$

をもつ。式 (4.15) を**クラメールの公式**という。

**証明** $\det A \neq 0$ より，$A$ は正則であるから，$\boldsymbol{x}$ は唯一の解 $\boldsymbol{x} = A^{-1}\boldsymbol{b}$ をもつ。$A = [\boldsymbol{a}_1, \cdots, \boldsymbol{a}_n]$, $\boldsymbol{x} = {}^t[x_1, \cdots, x_n]$ とおくと，非斉次連立 1 次方程式 $A\boldsymbol{x} = \boldsymbol{b}$ は

$$x_1\boldsymbol{a}_1 + \cdots + x_n\boldsymbol{a}_n = \boldsymbol{b}$$

と同値である。よって

$$\begin{aligned} \det A_j(\boldsymbol{b}) &= \det A_j(x_1\boldsymbol{a}_1 + \cdots + x_n\boldsymbol{a}_n) \\ &= \det[\boldsymbol{a}_1, \cdots, \underbrace{x_1\boldsymbol{a}_1 + \cdots + x_n\boldsymbol{a}_n}_{j}, \cdots, \boldsymbol{a}_n] \\ &= x_j \det[\boldsymbol{a}_1, \cdots, \overset{j}{\check{\boldsymbol{a}}_j}, \cdots, \boldsymbol{a}_n] \\ &= x_j \det A \end{aligned} \tag{4.16}$$

が成り立つ。ここで，下から 2 行目の等号で定理 4.6 と命題 4.8 を用いた。式 (4.16) で $\det A \neq 0$ であるから

$$x_j = \frac{\det A_j(\boldsymbol{b})}{\det A}$$

を得る。これは式 (4.15) を意味する。 □

**例題 4.4**　次の連立 1 次方程式を，クラメールの公式を用いて解け。

$$\begin{cases} 2x_1 & +7x_2 & +5x_3 = 3 \\ x_1 & +3x_2 & +2x_3 = 1 \\ 3x_1 & +4x_2 & +3x_3 = 8 \end{cases}$$

**解答例**　例題 3.6 と同一の問題をクラメールの公式を用いて解く。

$$A = \begin{bmatrix} 2 & 7 & 5 \\ 1 & 3 & 2 \\ 3 & 4 & 3 \end{bmatrix}, \qquad \boldsymbol{b} = \begin{bmatrix} 3 \\ 1 \\ 8 \end{bmatrix}$$

とおくと, 問題の連立 1 次方程式は $A\boldsymbol{x} = \boldsymbol{b}$ である。例題 2.4 より, $\det A = -2 \neq 0$ であるから唯一の解をもつ。

$$\det A_1(\boldsymbol{b}) = \begin{vmatrix} 3 & 7 & 5 \\ 1 & 3 & 2 \\ 8 & 4 & 3 \end{vmatrix} = -6$$

$$\det A_2(\boldsymbol{b}) = \begin{vmatrix} 2 & 3 & 5 \\ 1 & 1 & 2 \\ 3 & 8 & 3 \end{vmatrix} = 8$$

$$\det A_3(\boldsymbol{b}) = \begin{vmatrix} 2 & 7 & 3 \\ 1 & 3 & 1 \\ 3 & 4 & 8 \end{vmatrix} = -10$$

よって

$$\begin{bmatrix} x_1 \\ x_2 \\ x_3 \end{bmatrix} = \frac{1}{-2} \begin{bmatrix} -6 \\ 8 \\ -10 \end{bmatrix} = \begin{bmatrix} 3 \\ -4 \\ 5 \end{bmatrix}$$

を得る。これは，掃き出し法で解いた例題 3.6 の結果に一致する。　◆

**練習 4.4**　次の連立 1 次方程式を，クラメールの公式を用いて解け。

$$\begin{cases} x_1 & +x_2 & +x_3 & = 1 \\ x_1 & +2x_2 & +3x_3 & = 4 \\ x_1 & +4x_2 & +9x_3 & = 16 \end{cases}$$

# 章 末 問 題

【1】 $n \geqq 2$ に対し，$n$ 次置換群のうち，偶置換の元と奇置換の元は同数あることを示せ。

【2】 $A = \begin{bmatrix} a & b & c & d \\ -b & a & -d & c \\ -c & d & a & -b \\ -d & -c & b & a \end{bmatrix}$ とするとき，次の問に答えよ。

(1) $A\,{}^tA$ を求めよ。

(2) (1) を利用して，$\det A$ を求めよ。

【3】 $A \in M_{n,m}(\mathbb{R}), B \in M_{m,n}(\mathbb{R})$ に対し，$n > m$ ならば $\det AB = 0$ であることを示せ。

【4】 $n$ 次正方行列 $A$ の $(i,j)$ 成分は $a_{ij} = 1/(x_i - y_j)$ で与えられている。ただし $x_i \neq y_j$ $(1 \leqq i, j \leqq n)$ である。このとき

$$\det A = \frac{\Delta(x_1, \cdots, x_n)\Delta(y_n, \cdots, y_1)}{\prod_{i,j=1}^{n}(x_i - y_j)} \tag{4.17}$$

が成り立つことを示せ（コーシーの行列式）。

コーヒーブレイク

## 行列式と行列の歴史

日本語では行列と行列式というが，英語では matrix と determinant であり，両者の語源に関連はない。日本語だと行列という概念が先にあって行列式という概念が後にできたような印象を受けるが，実際はその逆である[†1]。行列と行列式はいずれも後年の日本語訳である。

近代的な行列式論はドイツのライプニッツに始まる。1693 年のライプニッツからフランスのロピタルへの手紙の中で，連立 1 次方程式の解法から行列式の概念を発見したことが書かれている[†2]。しかしライプニッツの研究は知られないまま，1750 年，スイスのクラメールは現在彼の名で知られる公式を発表した。

フランスのラプラスは 1772 年，行列式の余因子展開公式を導出した[†3]。フランスのコーシーは今日の意味での行列式論の創始者であり，例えば行列式の積公式を 1812 年に証明した。行列式（determinant）とは「決定するもの」という意味で，ドイツのガウスにより 1801 年刊行の著書で最初に用いられた[†4]。

一方，行列が数学的対象となったのはガウス以降である。ガウスは 1 次変換を数を方形に配置した表，すなわち行列として表示した。また，1 次変換の合成が対応する行列の積で表されることも発見した。行列（matrix[†5]）という用語は 1850 年にイギリスのシルヴェスターが使い始めた。イギリスのケーリーは 1858 年，ケーリー・ハミルトンの定理[†6]を証明した。行列を $A$ のような一つの文字で最初に表記したものケーリーである。ドイツのワイエルシュトラスとフランスのジョルダンは独立に，正方行列がジョルダン標準形により分類されることを発見した。ジョルダン標準形は，本書第 5 章の最終目標である。

---

†1 漢の時代の中国で，連立 1 次方程式の係数を方形（矩形状）に並べて「方程」（日本語の方程式にあたる）と呼んでいたが，「方程」間の演算が定義されていないため，これを行列の起源とみなすのは無理があるであろう。

†2 ライプニッツの手紙に先立つこと 10 年前の 1683 年，日本の関孝和は高次の連立方程式の研究から終結式，さらには行列式にあたる概念に到達している。

†3 日本の久留島義太（1758 年没，ただし没年はグレゴリオ暦に変換したもの）は，ラプラスより少なくとも 25 年以上前に余因子展開を発見している。

†4 ガウスは 2 元 2 次形式の判別式（2 次方程式の判別式と同一のもの）のことを「決定するもの」と呼んだが，この量は 2 次正方行列の行列式と関連している。

†5 ラテン語の「子宮」が語源で，「何かほかのものがそこから生じる場所」を意味する。

†6 ハミルトンは四元数の研究に関連して，この定理をケーリーとは独立に証明している。ハミルトン自身はイギリス併合時代のアイルランド出身である。

# 5 行列の対角化・標準化

前章まですべて実数の範囲で物事を考えてきた。しかし，本章の主題である行列の対角化・標準化を矛盾なく行うためには，複素数の範囲までスカラーやベクトルの概念を広げて考えなければならない。第5章および付録A.3節の定義・定理等では，厳密には適宜，実数全体の集合 $\mathbb{R}$ を複素数全体の集合 $\mathbb{C}$ に読み換えなければならない。また，実例においてはなるべく実数の中で話が閉じるよう努力したが，一部で複素数の範囲に，はみ出さざるを得なかった。

## 5.1 固有値・固有ベクトル

まず，固有値・固有ベクトルの定義から始めよう。

**定義 5.1** (正方行列の固有値・固有ベクトル)　$n$ 次正方行列 $A \in M_n(\mathbb{R})$ に対して

$$A\boldsymbol{v} = \lambda \boldsymbol{v} \quad (\boldsymbol{v} \neq \boldsymbol{0}_n)$$

をみたす $\lambda \in \mathbb{R}$ と $\boldsymbol{v} \in \mathbb{R}^n$ が存在するとき，$\lambda$ を行列 $A$ の**固有値**（eigenvalue），$\boldsymbol{v}$ を $A$ の固有値 $\lambda$ に対する**固有ベクトル**（eigenvector）という。

**注意 5.1**　本章の冒頭で注意したように，実数でない固有値・固有ベクトルは存在しうる。本来なら，$A$ について複素数成分も許しておき，定義 5.1 の $\lambda$ を複素数，$\boldsymbol{v}$ を複素数成分のベクトルとしておけば理論的には問題ない（以下同）。

**例 5.1** $A = \begin{bmatrix} 1 & 1 \\ 4 & 1 \end{bmatrix}$ のとき，$\boldsymbol{p}_1 = {}^t[1, 2]$ とおくと

$$A\boldsymbol{p}_1 = \begin{bmatrix} 1 & 1 \\ 4 & 1 \end{bmatrix} \begin{bmatrix} 1 \\ 2 \end{bmatrix} = \begin{bmatrix} 3 \\ 6 \end{bmatrix} = 3\boldsymbol{p}_1$$

が成り立つ。よって，3 は $A$ の固有値（の一つ）であり，$\boldsymbol{p}_1$ は $A$ の固有値 3 に対する固有ベクトルである。

同様に，$\boldsymbol{p}_2 = {}^t[1, -2]$ とおくと

$$A\boldsymbol{p}_2 = \begin{bmatrix} 1 & 1 \\ 4 & 1 \end{bmatrix} \begin{bmatrix} 1 \\ -2 \end{bmatrix} = \begin{bmatrix} -1 \\ 2 \end{bmatrix} = -\boldsymbol{p}_2$$

が成り立つ。よって，$-1$ は $A$ の固有値（の一つ）であり，$\boldsymbol{p}_2$ は $A$ の固有値 $-1$ に対する固有ベクトルである。

勝手なベクトル，例えば $\boldsymbol{p} = {}^t[2, 1]$ に対して，$A\boldsymbol{p} = {}^t[3, 9]$ より，$A\boldsymbol{p} = \lambda\boldsymbol{p}$ をみたす実数 $\lambda$ は存在しない（図 **5.1**）。

実は，この行列 $A$ の固有値は 3 と $-1$ の二つしかない。固有値・固有ベクトルの求め方については例題 5.1 で後述する。

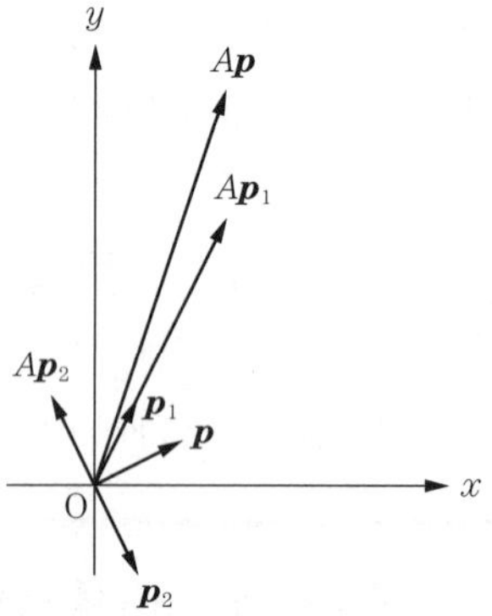


**図 5.1** 例 5.1 の行列 $A$ による $\boldsymbol{p}_1, \boldsymbol{p}_2, \boldsymbol{p}$ の像

**定義 5.2** **(固有空間)** $n$ 次正方行列 $A \in M_n(\mathbb{R})$ に対して，$\lambda$ を $A$ の固有値とするとき

$$W_\lambda := \mathrm{Ker}\,(A - \lambda I_n)$$

を行列 $A$ の固有値 $\lambda$ に対する**固有空間**（eigenspace）という。

**例 5.2** 例 5.1 の $A$ に対し，固有値 3 と $-1$ に対する固有空間を求めよう。

まず，固有値 $\lambda = 3$ のとき

$$A - 3I_2 = \begin{bmatrix} 1 & 1 \\ 4 & 1 \end{bmatrix} - 3\begin{bmatrix} 1 & 0 \\ 0 & 1 \end{bmatrix} = \begin{bmatrix} -2 & 1 \\ 4 & -2 \end{bmatrix}$$

である。注意 3.21 を参照すれば，$\boldsymbol{x} = {}^t[x_1, x_2] \in W_3$ となる条件は

$$(A - 3I_2)\boldsymbol{x} = \begin{bmatrix} -2 & 1 \\ 4 & -2 \end{bmatrix}\begin{bmatrix} x_1 \\ x_2 \end{bmatrix} = \begin{bmatrix} -2x_1 + x_2 \\ 4x_1 - 2x_2 \end{bmatrix} = \begin{bmatrix} 0 \\ 0 \end{bmatrix}$$

である。これは $-2x_1 + x_2 = 0$，すなわち，$x_1 = k$ とおけば $x_2 = 2k$ を意味する。よって

$$W_3 = \left\{ k^t[1, 2] \,|\, k \in \mathbb{R} \right\} = \langle \boldsymbol{p}_1 \rangle_{\mathbb{R}}$$

を得る。ただし，$\boldsymbol{p}_1$ は例 5.1 の記法をそのまま用いた（以下同じ）。

次に，固有値 $\lambda = -1$ のとき

$$A + I_2 = \begin{bmatrix} 1 & 1 \\ 4 & 1 \end{bmatrix} + \begin{bmatrix} 1 & 0 \\ 0 & 1 \end{bmatrix} = \begin{bmatrix} 2 & 1 \\ 4 & 2 \end{bmatrix}$$

である。さきほどと同様にして，$\boldsymbol{x} = {}^t[x_1, x_2] \in W_{-1}$ となる条件は

$$(A + I_2)\boldsymbol{x} = \begin{bmatrix} 2 & 1 \\ 4 & 2 \end{bmatrix}\begin{bmatrix} x_1 \\ x_2 \end{bmatrix} = \begin{bmatrix} 2x_1 + x_2 \\ 4x_1 + 2x_2 \end{bmatrix} = \begin{bmatrix} 0 \\ 0 \end{bmatrix}$$

である。これは $2x_1 + x_2 = 0$，すなわち，$x_1 = k$ とおけば $x_2 = -2k$ を意味する。よって

$$W_{-1} = \left\{ k^t[1, -2] \,|\, k \in \mathbb{R} \right\} = \langle \boldsymbol{p}_2 \rangle_{\mathbb{R}}$$

を得る。

---

**例題 5.1** 以下の手順で，例 5.1 における行列 $A$ の固有値，固有ベクトルを求めよ。

(1)　$\boldsymbol{v}$ が $A$ の固有値 $\lambda$ に対する固有ベクトルとなるためには

$$\det(A - \lambda I_2) = 0 \tag{5.1}$$

が成り立つことが必要であることを示せ。

(2)　式 (5.1) を解いて，$A$ の固有値，固有ベクトルを求めよ。

---

**解答例**　(1)　$A\boldsymbol{v} = \lambda\boldsymbol{v}$ において，$I_2\boldsymbol{v} = \boldsymbol{v}$ より $A\boldsymbol{v} = \lambda I_2\boldsymbol{v}$ である。よって

$$(A - \lambda I_2)\boldsymbol{v} = \boldsymbol{0}_2 \tag{5.2}$$

が成り立つ。いまもし $(A - \lambda I_2)$ が正則ならば，$(A - \lambda I_2)^{-1}$ を式 (5.2) の両辺に左から掛けることにより，$\boldsymbol{v} = \boldsymbol{0}_2$ となる。これは $\boldsymbol{v}$ が固有ベクトルであるという条件に反する。よって $(A - \lambda I_2)$ は正則ではない。系 4.12 の対偶をとると，正則でない行列の行列式は 0 に等しいことがわかる。よって式 (5.1) が必要である。

(2)　$A - \lambda I_2 = \begin{bmatrix} 1-\lambda & 1 \\ 4 & 1-\lambda \end{bmatrix}$ である。よって

$$\det(A - \lambda I_2) = (1-\lambda)^2 - 4 \cdot 1 = \lambda^2 - 2\lambda - 3 = 0$$

を解いて，$\lambda = 3,\ -1$ を得る。

(1) の段階では，固有ベクトルが存在するための必要条件でしかなかったが，この後，例 5.2 と同じ計算を繰り返すことにより，$\lambda = 3,\ -1$ が確かに $A$ の固有値であることがわかる。$\lambda = 3$ に対する固有ベクトルの一つは例 5.1 の $\boldsymbol{p}_1$，$\lambda = -1$ に対する固有ベクトルの一つは例 5.1 の $\boldsymbol{p}_2$ で与えられる。　◆

**練習 5.1**　例 5.1 における行列 $A$ に対し，$P = [\boldsymbol{p}_1, \boldsymbol{p}_2]$ は正則であることを示せ。ここで，$\boldsymbol{p}_1, \boldsymbol{p}_2$ は例 5.1 で求めた二つの固有ベクトルである。

さらに，$P^{-1}AP$ を計算し，対角行列になることを示せ。

## 5.2　固 有 方 程 式

前節で 2 行 2 列の行列の固有値・固有ベクトルを計算した。この節では，一般の $n$ 次正方行列の場合について考えよう。

**定義 5.3** **(固有多項式・固有方程式)** 行列 $A \in M_n(\mathbb{R})$ に対して，1 変数 $\mathbb{R}$ 係数 $n$ 次多項式

$$\Delta_A(x) = \det(xI_n - A) \tag{5.3}$$

を $A$ の**固有多項式**，$n$ 次方程式 $\Delta_A(x) = 0$ を $A$ の**固有方程式**という。

**定理 5.1** $\lambda \in \mathbb{R}$ が $A \in M_n(\mathbb{R})$ の固有値であるための必要十分条件は，$\lambda$ が固有方程式 $\Delta_A(x) = 0$ の根となることである。

**証明** $A \in M_n(\mathbb{R}), \boldsymbol{v} \in \mathbb{R}^n$ に対し

$$A\boldsymbol{x} = x\boldsymbol{v} \quad (\boldsymbol{v} \neq \boldsymbol{0}_n) \tag{5.4}$$

を考える。$I_n\boldsymbol{v} = \boldsymbol{v}$ より，$A\boldsymbol{v} = xI_n\boldsymbol{v}$ が成り立つ。よって

$$\boldsymbol{0}_n = (xI_n - A)\boldsymbol{v} \tag{5.5}$$

が成り立つ。いまもし $(xI_n - A)$ が正則ならば，$(xI_n - A)^{-1}$ を式 (5.5) の両辺に左から掛けることにより，$\boldsymbol{0}_n = \boldsymbol{v}$ となる。これは $\boldsymbol{v} \neq \boldsymbol{0}_n$ という固有ベクトルの条件に反する。よって $(xI_n - A)$ は正則ではないから，$\Delta_A(x) = 0$ が従う。つまり，$\lambda \in \mathbb{R}$ が $A$ の固有値ならば，$\Delta_A(\lambda) = 0$ をみたすことが必要である。

逆にある実数 $\lambda$ が $\Delta_A(\lambda) = 0$ をみたすとき，系 4.9 より $\lambda I_n - A$ は正則ではない。すると定理 3.20 より $\mathrm{r}\,(\lambda I_n - A) < n$ である。よって，定理 3.30 の $m = n$ の場合を適用して

$$\dim\,(\mathrm{Ker}\,(\lambda I_n - A)) = n - \mathrm{r}\,(\lambda I_n - A) > 0$$

である。よって

$$(\lambda I_n - A)\boldsymbol{v} = \boldsymbol{0}_n \quad (\boldsymbol{v} \neq \boldsymbol{0}_n)$$

をみたす $\boldsymbol{v} \in \mathbb{R}^n$ が存在する。これは $\lambda$ が $A$ の固有値であることを意味する。

以上により，題意は示された。 □

**定義 5.4**　(**トレース**)　$n$ 次正方行列 $A = [a_{ij}]_{1 \leqq i,j \leqq n}$ に対し，その対角成分の和を**跡**または**トレース** (trace) といい，$\mathrm{tr}\, A$ と記す。すなわち

$$\mathrm{tr}\, A = a_{11} + a_{22} + \cdots + a_{nn}$$

である。

**命題 5.2**　$n$ 次正方行列 $A$ の固有値を $\lambda_1, \cdots, \lambda_n \in \mathbb{R}$ とする。このとき，次の (1)，(2) が成り立つ。

(1)　$\Delta_A(x) = x^n - (\mathrm{tr}\, A)x^{n-1} + \cdots + (-1)^n \det A$

(2)　$\mathrm{tr}\, A = \sum_{i=1}^{n} \lambda_i,\ \det A = \prod_{i=1}^{n} \lambda_i$

**証明**　(1)　行列式の定義式より

$$\Delta_A(x) = \det[x\delta_{ij} - a_{ij}] = (x - a_{11}) \cdots (x - a_{nn}) + g_A(x)$$

と書くと，$\deg g_A \leqq n - 2$ である。なぜなら，$xI - A$ で $x$ の項は対角成分にしかなく，行列式の展開で $xI - A$ の対角成分をちょうど $n - 1$ 個とることはないからである。

よって

$$\begin{aligned} \Delta_A(x) &= x^n - (a_{11} + \cdots + a_{nn})x^{n-1} + h_A(x) \\ &= x^n - (\mathrm{tr}\, A)x^{n-1} + h_A(x) \end{aligned}$$

と書くことができ，$\deg h_A \leqq n - 2$ となる。また，$\Delta_A(x)$ の定数項は

$$\Delta_A(0) = \det(-A) = (-1)^n \det A$$

であるから (1) が従う。

(2)　固有方程式 $\Delta_A(x) = 0$ の根を $\lambda_1, \cdots, \lambda_n$ とすれば，$\Delta_A(x) = (x - \lambda_1) \cdots (x - \lambda_n)$ であるから，(1) の結果と係数比較して (2) が得られる。　□

**定理 5.3**　(**ケーリー・ハミルトンの定理**)　$n$ 次正方行列 $A$ の固有多項式 $\Delta_A(x)$ に対して，$\Delta_A(A) = O_n$ が成り立つ。

**証明** $P(x) = xI_n - A$ として，$P(x)$ の余因子行列を $\tilde{P}(x)$ とおくと

$$P(x)\tilde{P}(x) = \tilde{P}(x)P(x) = \Delta_A(x)I_n \tag{5.6}$$

が成り立つ。余因子行列の定義により $\tilde{P}(x)$ の各成分は高々 $x$ の $n-1$ 次式であり，したがって，適当な $x$ によらない $n$ 次正方行列 $\tilde{P}_{n-1}, \cdots, \tilde{P}_1, \tilde{P}_0$ を用いて

$$\tilde{P}(x) = \tilde{P}_{n-1}x^{n-1} + \cdots + \tilde{P}_1 x + \tilde{P}_0$$

と書ける。これを式 (5.6) に代入して

$$\begin{aligned} &(xI_n - A)(\tilde{P}_{n-1}x^{n-1} + \cdots + \tilde{P}_1 x + \tilde{P}_0) \\ &= (\tilde{P}_{n-1}x^{n-1} + \cdots + \tilde{P}_1 x + \tilde{P}_0)(xI_n - A) = \Delta_A(x)I_n \end{aligned} \tag{5.7}$$

となるから，$x^i$ の係数比較により $A$ と各 $\tilde{P}_i$ は可換である。よって，式 (5.7) の $x$ に $A$ を代入しても多項式と同様に展開できて，等式が成立する。ゆえに

$$(A - A)(\tilde{P}_{n-1}A^{n-1} + \cdots + \tilde{P}_1 A + \tilde{P}_0 I_n) = \Delta_A(A)$$

を得る。これは $\Delta_A(A) = O_n$ を意味する。 □

---

**例題 5.2** $A = \begin{bmatrix} a & b \\ c & d \end{bmatrix}$ に対して，ケーリー・ハミルトンの定理

$$A^2 - (a+d)A + (ad - bc)I = O \tag{5.8}$$

を直接計算することにより示せ。

---

**証明** 愚直に計算してもよいが，少しだけ工夫してみよう。

$$(A - aI)(A - dI) = \begin{bmatrix} 0 & b \\ c & d-a \end{bmatrix} \begin{bmatrix} a-d & b \\ c & 0 \end{bmatrix} = \begin{bmatrix} bc & 0 \\ 0 & bc \end{bmatrix}$$

であるから

$$A^2 - (a+d)A + adI = bcI$$

が成り立つ。これは式 (5.8) を意味する。 □

**練習 5.2** 2 次正方行列 $A$ が $A^2 - 3A + 2I = O$ をみたすとき，$\mathrm{tr}\,A$, $\det A$ の値を求めよ。

## 5.3 対角化の条件

この節では，行列の対角化について論じる。

---

**定義 5.5** (**対角化可能**)　$A \in M_n(\mathbb{R})$ に対し，適当な $n$ 次正則行列 $P$ が存在して，$P^{-1}AP$ が対角行列になるとき，行列 $A$ は**対角化可能**であるという。

---

**命題 5.4**　$n$ 次正方行列 $A$ の相異なる固有値に対する固有ベクトルはたがいに 1 次独立である。

**証明**　$\lambda_1, \cdots, \lambda_k \in \mathbb{R}$ を $A$ の相異なる固有値とし，各 $\lambda_i$ に対する固有ベクトル（の一つ）を $\boldsymbol{p}_i$ とする。このとき，$\boldsymbol{p}_1, \cdots, \boldsymbol{p}_k$ が 1 次独立であることを，$k$ に関する帰納法で証明しよう。

$k = 1$ のときは $\boldsymbol{p}_1 \neq \boldsymbol{0}_n$ であるので題意は明らかである。$k \geqq 2$ に対して，$k-1$ のとき成り立つと仮定し，さらに，$\boldsymbol{p}_1, \cdots, \boldsymbol{p}_k$ が 1 次従属であると仮定して矛盾を導こう。

$$c_1\boldsymbol{p}_1 + \cdots + c_k\boldsymbol{p}_k = \boldsymbol{0}_n, \qquad c_i \in \mathbb{R}\,(1 \leqq i \leqq k)$$

とおくと，$c_1, \cdots, c_k$ のうち少なくとも一つは 0 に等しくない。例えば $c_j \neq 0$ とすると

$$\boldsymbol{p}_j = d_1\boldsymbol{p}_1 + \overset{j}{\cdot\hat{\cdot}\cdot} + d_k\boldsymbol{p}_k, \qquad d_i = -\frac{c_i}{c_j} \tag{5.9}$$

となる。よって仮定より

$$\begin{aligned}\lambda_j\boldsymbol{p}_j = A\boldsymbol{p}_j &= A\left(d_1\boldsymbol{p}_1 + \overset{j}{\cdot\hat{\cdot}\cdot} + d_k\boldsymbol{p}_k\right) \\ &= d_1\lambda_1\boldsymbol{p}_1 + \overset{j}{\cdot\hat{\cdot}\cdot} + d_k\lambda_k\boldsymbol{p}_k \end{aligned} \tag{5.10}$$

となる。一方，式 (5.10) の左辺は式 (5.9) より

$$\lambda_j \boldsymbol{p}_j = \lambda_j (d_1 \boldsymbol{p}_1 + \overset{j}{\overset{\wedge}{\cdots}} + d_k \boldsymbol{p}_k) \tag{5.11}$$

である。式 (5.10) と式 (5.11) を合わせて

$$d_1(\lambda_1 - \lambda_j)\boldsymbol{p}_1 + \overset{j}{\overset{\wedge}{\cdots}} + d_k(\lambda_k - \lambda_j)\boldsymbol{p}_k = \boldsymbol{0}_n$$

を得る。帰納法の仮定により，$\boldsymbol{p}_1, \overset{j}{\overset{\wedge}{\cdots}}, \boldsymbol{p}_k$ は 1 次独立で，$i \neq j$ につき，$\lambda_i - \lambda_j \neq 0$ であるから

$$d_1 = \overset{j}{\overset{\wedge}{\cdots}} = d_k = 0$$

が成り立つ。これを式 (5.9) に代入すると $\boldsymbol{p}_j = 0$ となって矛盾する。よって，$k$ のときも題意は成り立つ。以上により任意の $k \geqq 1$ に対して，$\boldsymbol{p}_1, \cdots, \boldsymbol{p}_k$ は 1 次独立である。 □

**定理 5.5**　$A \in M_n(\mathbb{R})$ が対角化可能であるための必要十分条件は，$A$ が $n$ 個の 1 次独立な固有ベクトル $\boldsymbol{p}_1, \cdots, \boldsymbol{p}_n$ をもつことである。

**証明**　$A$ が $n$ 個の 1 次独立な固有ベクトル $\boldsymbol{p}_1, \cdots, \boldsymbol{p}_n \in \mathbb{R}^n$ をもつとき，定理 4.13 より $P = [\boldsymbol{p}_1, \cdots, \boldsymbol{p}_n] \in M_n(\mathbb{R})$ は正則であり

$$\begin{aligned} AP &= A[\boldsymbol{p}_1, \cdots, \boldsymbol{p}_n] = [\lambda_1 \boldsymbol{p}_1, \cdots, \lambda_n \boldsymbol{p}_n] \\ &= [\boldsymbol{p}_1, \cdots, \boldsymbol{p}_n] \begin{bmatrix} \lambda_1 & & \\ & \ddots & \\ & & \lambda_n \end{bmatrix} = PD \end{aligned}$$

が成り立つ[†]。ここで

$$D = \begin{bmatrix} \lambda_1 & & \\ & \ddots & \\ & & \lambda_n \end{bmatrix}$$

は $n$ 個の固有値を対角成分にもつ対角行列である。$AP = PD$ の両辺に左から $P^{-1}$ を掛けて

$$P^{-1}AP = D$$

† 異なる $i, j$ に対して，$\lambda_i = \lambda_j$ であってもよい。

となるから，$A$ が $n$ 個の 1 次独立な固有ベクトルをもつとき $A$ は対角化可能である。

逆に $A$ が対角化可能であるとき，ある正則行列 $P$ を用いて

$$P^{-1}AP = \begin{bmatrix} \lambda_1 & & \\ & \ddots & \\ & & \lambda_n \end{bmatrix} =: D$$

と書ける。これは $AP = PD$ を意味する。$P = [\boldsymbol{p}_1, \cdots, \boldsymbol{p}_n]$ と列ベクトル表示すると

$$\begin{aligned} AP = PD &\iff A[\boldsymbol{p}_1, \cdots, \boldsymbol{p}_n] = [\boldsymbol{p}_1, \cdots, \boldsymbol{p}_n]D \\ &\iff [A\boldsymbol{p}_1, \cdots, A\boldsymbol{p}_n] = [\lambda_1\boldsymbol{p}_1, \cdots, \lambda_n\boldsymbol{p}_n] \end{aligned}$$

となる。よって，各 $\boldsymbol{p}_j$ は $A$ の固有ベクトルである。$P$ は正則なので定理 4.13 より，$\boldsymbol{p}_1, \cdots, \boldsymbol{p}_n$ が 1 次独立であることが従う。□

---

**例題 5.3**　$A = \begin{bmatrix} 0 & 1 & 1 \\ 1 & 0 & 1 \\ 1 & 1 & 0 \end{bmatrix}$ を対角化せよ。また，対角化の結果を利用して $A^n$ を求めよ。

---

**解答例**　固有多項式は

$$\begin{aligned} \Delta_A(x) &= \det \begin{bmatrix} x & -1 & -1 \\ -1 & x & -1 \\ -1 & -1 & x \end{bmatrix} \\ &= x^3 - 1 - 1 - x - x - x = x^3 - 3x - 2 \\ &= (x+1)^2(x-2) \end{aligned}$$

であるから，$A$ の固有値は $-1$（重根），2 である。

固有値 2 に対して

$$(2I_3 - A)\begin{bmatrix} x_1 \\ x_2 \\ x_3 \end{bmatrix} = \begin{bmatrix} 2 & -1 & -1 \\ -1 & 2 & -1 \\ -1 & -1 & 2 \end{bmatrix}\begin{bmatrix} x_1 \\ x_2 \\ x_3 \end{bmatrix} = \begin{bmatrix} 0 \\ 0 \\ 0 \end{bmatrix}$$

より，固有ベクトルとして $\boldsymbol{p}_1 = {}^t[1,1,1]/\sqrt{3}$ がとれる。後々の都合で，$|\boldsymbol{p}_1| = 1$ となるように，$1/\sqrt{3}$ の因子を掛けておいた。

また，固有値 $-1$ に対して

$$(-I_3 - A)\begin{bmatrix} x_1 \\ x_2 \\ x_3 \end{bmatrix} = \begin{bmatrix} -1 & -1 & -1 \\ -1 & -1 & -1 \\ -1 & -1 & -1 \end{bmatrix}\begin{bmatrix} x_1 \\ x_2 \\ x_3 \end{bmatrix} = \begin{bmatrix} 0 \\ 0 \\ 0 \end{bmatrix}$$

固有ベクトルとして $\boldsymbol{p}_2 = {}^t[1,-1,0]/\sqrt{2}$, $\boldsymbol{p}_3 = {}^t[1,1,-2]/\sqrt{6}$ がとれる。やはり，$|\boldsymbol{p}_2| = |\boldsymbol{p}_3| = 1$ となるようにした。また，固有値 $-1$ に対する固有空間 $W_{-1}$ の基底としてはほかのとり方があるが，$\boldsymbol{p}_2 \cdot \boldsymbol{p}_3 = 0$ となるような基底の組をとった。なお，固有値 $-1$ に対する固有ベクトルの条件として

$$x_1 + x_2 + x_3 = 0$$

だから，もともと $\boldsymbol{p}_1 \cdot \boldsymbol{p}_2 = \boldsymbol{p}_1 \cdot \boldsymbol{p}_3 = 0$ は成り立っている。

$P = [\boldsymbol{p}_1, \boldsymbol{p}_2, \boldsymbol{p}_3]$ とおくと，$\boldsymbol{p}_1, \boldsymbol{p}_2, \boldsymbol{p}_3$ はたがいに直交しているから，明らかに1次独立である。よって，$P$ は正則である。また，$P$ の作り方から $P^{-1} = {}^tP$ である。実際，${}^tP = \begin{bmatrix} {}^t\boldsymbol{p}_1 \\ {}^t\boldsymbol{p}_2 \\ {}^t\boldsymbol{p}_3 \end{bmatrix}$ より

$$[{}^tPP]_{ij} = {}^t\boldsymbol{p}_i \boldsymbol{p}_j = \boldsymbol{p}_i \cdot \boldsymbol{p}_j = \delta_{ij}$$

となるからである。なお，$\delta_{ij}$ はクロネッカーの $\delta$ であり，また ${}^tPP = I$ が成り立てば $P{}^tP = I$ が成り立つ（定理 3.19）。よって，以下を得る。

$$P^{-1}AP = D = \begin{bmatrix} 2 & & \\ & -1 & \\ & & -1 \end{bmatrix}$$

次に $A^n$ を計算する。$P^{-1}AP = D$ の両辺の左から $P$，右から $P^{-1}$ を掛けると，$A = PDP^{-1}$ である。よって

$$\begin{aligned} A^2 &= (PDP^{-1})(PDP^{-1}) = PDDP^{-1} = PD^2P^{-1} \\ A^3 &= A^2A = (PD^2P^{-1})(PDP^{-1}) = PD^3P^{-1} \\ &\vdots \\ A^n &= A^{n-1}A = (PD^{n-1}P^{-1})(PDP^{-1}) = PD^nP^{-1} \end{aligned}$$

となる。$P, D$ に上で求めた行列を代入して，以下を得る。

$$A^n = \begin{bmatrix} \frac{1}{\sqrt{3}} & \frac{1}{\sqrt{2}} & \frac{1}{\sqrt{6}} \\ \frac{1}{\sqrt{3}} & -\frac{1}{\sqrt{2}} & \frac{1}{\sqrt{6}} \\ \frac{1}{\sqrt{3}} & 0 & -\frac{2}{\sqrt{6}} \end{bmatrix} \begin{bmatrix} 2^n & 0 & 0 \\ 0 & (-1)^n & 0 \\ 0 & 0 & (-1)^n \end{bmatrix} \begin{bmatrix} \frac{1}{\sqrt{3}} & \frac{1}{\sqrt{3}} & \frac{1}{\sqrt{3}} \\ \frac{1}{\sqrt{2}} & -\frac{1}{\sqrt{2}} & 0 \\ \frac{1}{\sqrt{6}} & \frac{1}{\sqrt{6}} & -\frac{2}{\sqrt{6}} \end{bmatrix}$$
$$= \begin{bmatrix} \frac{2^n}{\sqrt{3}} & \frac{(-1)^n}{\sqrt{2}} & \frac{(-1)^n}{\sqrt{6}} \\ \frac{2^n}{\sqrt{3}} & \frac{(-1)^{n+1}}{\sqrt{2}} & \frac{(-1)^n}{\sqrt{6}} \\ \frac{2^n}{\sqrt{3}} & 0 & \frac{2(-1)^{n+1}}{\sqrt{6}} \end{bmatrix} \begin{bmatrix} \frac{1}{\sqrt{3}} & \frac{1}{\sqrt{3}} & \frac{1}{\sqrt{3}} \\ \frac{1}{\sqrt{2}} & -\frac{1}{\sqrt{2}} & 0 \\ \frac{1}{\sqrt{6}} & \frac{1}{\sqrt{6}} & -\frac{2}{\sqrt{6}} \end{bmatrix}$$
$$= \begin{bmatrix} \frac{2^n}{3} + \frac{2(-1)^n}{3} & \frac{2^n}{3} - \frac{(-1)^n}{3} & \frac{2^n}{3} - \frac{(-1)^n}{3} \\ \frac{2^n}{3} - \frac{(-1)^n}{3} & \frac{2^n}{3} + \frac{2(-1)^n}{3} & \frac{2^n}{3} - \frac{(-1)^n}{3} \\ \frac{2^n}{3} - \frac{(-1)^n}{3} & \frac{2^n}{3} - \frac{(-1)^n}{3} & \frac{2^n}{3} + \frac{2(-1)^n}{3} \end{bmatrix}$$

◆

**注意 5.2** 例題 5.3 の $A$ のように，${}^tA = A$ が成り立つ行列を**対称行列**という。また，${}^tP = P^{-1}$ が成り立つ行列を**直交行列**という。一般に，対称行列は直交行列 $P$ を用いて対角化できることが知られている。

また，第 2 章の章末問題【**4**】(1) の行列 $P$ は，例題 5.3 の $A$ を用いて

$$P = \frac{1}{2}A$$

と書ける。よって，第 2 章の章末問題【**4**】(2) の $n$ 回硬貨を投げた後の確率ベクトルは

$$\boldsymbol{x}_n = {}^t\left[\frac{1}{3} + \frac{(-1)^n}{3 \cdot 2^{n-1}}, \frac{1}{3} - \frac{(-1)^n}{3 \cdot 2^n}, \frac{1}{3} - \frac{(-1)^n}{3 \cdot 2^n}\right]$$

で与えられる。よって，以下を得る。

$$\lim_{n \to \infty} \boldsymbol{x}_n = {}^t\left[\frac{1}{3}, \frac{1}{3}, \frac{1}{3}\right]$$

**練習 5.3** $A = \begin{bmatrix} 6 & -10 & 5 \\ 7 & -13 & 7 \\ 8 & -16 & 9 \end{bmatrix}$ を対角化せよ。さらに，$A^n$ を求めよ。

## 5.4 対角化のいくつかの応用

この節では対角化のご利益をいくつか考える。まずは例題 5.3，練習 5.3 でも行った $A^n$ の計算がある。

次に，連立線形微分方程式への応用を具体例を通して考えてみよう。

---

**例題 5.4**　連立線形微分方程式 $\begin{cases} \dfrac{dy_1}{dx} = y_2 + y_3 \\ \dfrac{dy_2}{dx} = y_1 + y_3 \\ \dfrac{dy_3}{dx} = y_1 + y_2 \end{cases}$ を解け。

---

解答例　$A$ を例題 5.3 で与えられた 3 次正方行列とし，$\boldsymbol{y} = {}^t[y_1, y_2, y_3]$ とする。このとき，この方程式は

$$\frac{d\boldsymbol{y}}{dx} = A\boldsymbol{y}$$

と書き直せる。そこで，$\boldsymbol{z} = P^{-1}\boldsymbol{y} = {}^t[z_1, z_2, z_3]$ とおくと

$$\frac{d\boldsymbol{z}}{dx} = P^{-1}\frac{d\boldsymbol{y}}{dx} = P^{-1}A\boldsymbol{y} = P^{-1}AP\boldsymbol{z} = D\boldsymbol{z} \tag{5.12}$$

となる。ただし，$P$, $D$ は例題 5.3 で求めた正則行列と対角行列である。式 (5.12) は

$$(z_1)' = 2z_1, \quad (z_2)' = -z_2, \quad (z_3)' = -z_3$$

と書き換えられるから，$z_1 = C_1e^{2x}$, $z_2 = C_2e^{-x}$, $z_3 = C_3e^{-x}$ がその解である。ここで，$C_1, C_2, C_3$ は定数である。よって，$\boldsymbol{y} = P\boldsymbol{z}$ より

$$\begin{bmatrix} y_1 \\ y_2 \\ y_3 \end{bmatrix} = \begin{bmatrix} \frac{1}{\sqrt{3}} & \frac{1}{\sqrt{2}} & \frac{1}{\sqrt{6}} \\ \frac{1}{\sqrt{3}} & -\frac{1}{\sqrt{2}} & \frac{1}{\sqrt{6}} \\ \frac{1}{\sqrt{3}} & 0 & -\frac{2}{\sqrt{6}} \end{bmatrix} \begin{bmatrix} C_1e^{2x} \\ C_2e^{-x} \\ C_3e^{-x} \end{bmatrix}$$
$$= \begin{bmatrix} \frac{C_1}{\sqrt{3}}e^{2x} + (\frac{C_2}{\sqrt{2}} + \frac{C_3}{\sqrt{6}})e^{-x} \\ \frac{C_1}{\sqrt{3}}e^{2x} + (-\frac{C_2}{\sqrt{2}} + \frac{C_3}{\sqrt{6}})e^{-x} \\ \frac{C_1}{\sqrt{3}}e^{2x} - \frac{2C_3}{\sqrt{6}}e^{-x} \end{bmatrix}$$

を得る。◆

**練習 5.4**　連立線形微分方程式 $\begin{cases} \dfrac{dy_1}{dx} = 6y_1 - 10y_2 + 5y_3 \\ \dfrac{dy_2}{dx} = 7y_1 - 13y_2 + 7y_3 \\ \dfrac{dy_3}{dx} = 8y_1 - 16y_2 + 9y_3 \end{cases}$ を解け。

対角化の応用として最後に，ページランクという検索エンジンの Google がウェブページの検索結果の表示順を決定するためのアルゴリズムについて，簡略化した形で紹介する。その準備のため，次の問題を解いてみよう。

---

**例題 5.5**　行列 $A = \begin{bmatrix} 0 & 0 & \frac{1}{3} & \frac{1}{2} \\ \frac{1}{2} & 0 & \frac{1}{3} & 0 \\ \frac{1}{2} & 0 & 0 & \frac{1}{2} \\ 0 & 1 & \frac{1}{3} & 0 \end{bmatrix}$ に対し，次の問に答えよ。

(1)　行列 $A$ に関する固有方程式を求め，$A$ が固有値 1 をもつことを示せ。また，1 以外の固有値はすべて絶対値が 1 より小さいことを示せ。

(2)　固有値 1 に関する固有ベクトルを求めよ。

(3)　行列 $A$ の 1 以外の固有値に関する固有ベクトルを $\boldsymbol{v} = {}^t[v_1, v_2, v_3, v_4]$ とおくと，$v_1 + v_2 + v_3 + v_4 = 0$ が成り立つことを示せ。

(4)　$\boldsymbol{p}_0 = {}^t[1, 0, 0, 0]$, $\boldsymbol{p}_n = A^n \boldsymbol{p}_0$ と定義するとき，$\displaystyle\lim_{n\to\infty} \boldsymbol{p}_n$ を求めよ。

---

解答例　(1)

$$\det(xI_4 - A) = \begin{vmatrix} x & 0 & -\frac{1}{3} & -\frac{1}{2} \\ -\frac{1}{2} & x & -\frac{1}{3} & 0 \\ -\frac{1}{2} & 0 & x & -\frac{1}{2} \\ 0 & -1 & -\frac{1}{3} & x \end{vmatrix}$$

を第 2 列に関する余因子展開で計算することにより，固有方程式は

$$\begin{aligned} \Delta_A(x) &= x \begin{vmatrix} x & -\frac{1}{3} & -\frac{1}{2} \\ -\frac{1}{2} & x & -\frac{1}{2} \\ 0 & -\frac{1}{3} & x \end{vmatrix} - \begin{vmatrix} x & -\frac{1}{3} & -\frac{1}{2} \\ -\frac{1}{2} & -\frac{1}{3} & 0 \\ -\frac{1}{2} & x & -\frac{1}{2} \end{vmatrix} \\ &= x\left(x^3 - \frac{1}{12} - \frac{1}{6}x - \frac{1}{6}x\right) - \left(\frac{1}{6}x + \frac{1}{4}x + \frac{1}{12} + \frac{1}{12}\right) \\ &= x^4 - \frac{1}{3}x^2 - \frac{1}{2}x - \frac{1}{6} = 0 \end{aligned}$$

である。よって，$x^4 - \frac{1}{3}x^2 - \frac{1}{2}x - \frac{1}{6} = (x-1)\left(x^3 + x^2 + \frac{2}{3}x + \frac{1}{6}\right) = 0$ より $x = 1$ を根にもつ。

また，$f(x) = x^3 + x^2 + \frac{2}{3}x + \frac{1}{6}$ とおくと

$$f'(x) = 3x^2 + 2x + \frac{2}{3} = 3\left(x + \frac{1}{3}\right)^2 + \frac{1}{3} > 0$$

より，$f(x)$ は単調増加である。$\lim_{x \to \pm\infty} f(x) = \pm\infty$ より，$f(x) = 0$ はただ一つの実根 $c$ をもち，ほかの二つは $a \pm bi$ $(a, b \in \mathbb{R})$ の形の共役複素数の根をもつ。よって

$$\begin{aligned} f(x) &= (x - (a + bi))(x - (a - bi))(x - c) \\ &= (x^2 - 2ax + a^2 + b^2)(x - c) \end{aligned} \tag{5.13}$$

と因数分解できる。いま

$$f(-1) = -1 + 1 - \frac{2}{3} + \frac{1}{6} < 0,\ f\left(-\frac{1}{6}\right) = -\frac{1}{216} + \frac{1}{36} - \frac{1}{9} + \frac{1}{6} > 0$$

より，$-1 < c < -1/6$ である。よって $|c| < 1$ である。また，$f(0) = 1/6$ と式 (5.13) より

$$-c(a^2 + b^2) = \frac{1}{6}$$

である。これといま得られた $1/6 < -c < 1$ と合わせると

$$\frac{1}{6} < a^2 + b^2 < 1$$

を得る。よって，$|a \pm bi| < 1$ が成り立つ†。

(2)　$(I - A)\boldsymbol{p} = \begin{bmatrix} 1 & 0 & -\frac{1}{3} & -\frac{1}{2} \\ -\frac{1}{2} & 1 & -\frac{1}{3} & 0 \\ -\frac{1}{2} & 0 & 1 & -\frac{1}{2} \\ 0 & -1 & -\frac{1}{3} & 1 \end{bmatrix} \begin{bmatrix} p_1 \\ p_2 \\ p_3 \\ p_4 \end{bmatrix} = \begin{bmatrix} 0 \\ 0 \\ 0 \\ 0 \end{bmatrix}$ を解いて

$$\boldsymbol{p} = c\,{}^t[8, 7, 9, 10] \quad (c \neq 0)$$

となる。各成分の和を 1 にするため，以後 $c = 1/34$ とする。

(3)　$A\boldsymbol{v} = \lambda\boldsymbol{v}$ $(\lambda \neq 1,\ \boldsymbol{v} \neq \boldsymbol{0}_4)$ とおくと

$$\begin{cases} \qquad\qquad \frac{1}{3}v_3 + \frac{1}{2}v_4 = \lambda v_1 \\ \frac{1}{2}v_1 \qquad + \frac{1}{3}v_3 \qquad = \lambda v_2 \\ \frac{1}{2}v_1 \qquad\qquad + \frac{1}{2}v_4 = \lambda v_3 \\ \qquad v_2 + \frac{1}{3}v_3 \qquad = \lambda v_4 \end{cases}$$

---

† 複素数 $a + bi$ $(a, b \in \mathbb{R})$ に対し，その絶対値を $|a + bi| = \sqrt{a^2 + b^2}$ で定義する。

4 辺を足すと，$v_1+v_2+v_3+v_4=\lambda(v_1+v_2+v_3+v_4)$ より，$(\lambda-1)(v_1+v_2+v_3+v_4)=0$ となる。よって，$\lambda\neq 1$ ならば，$v_1+v_2+v_3+v_4=0$ が成り立つ。

(4) $\boldsymbol{p}$, $\boldsymbol{v}_1$, $\boldsymbol{v}_2$, $\boldsymbol{v}_3$ をそれぞれ固有値 1, $c$, $a+bi$, $a-bi$ に対する $A$ の固有ベクトルとする。初期値ベクトル $\boldsymbol{p}_0$ を

$$\boldsymbol{p}_0=k\boldsymbol{p}+k_1\boldsymbol{v}_1+k_2\boldsymbol{v}_2+k_3\boldsymbol{v}_3 \tag{5.14}$$

のように固有ベクトルの 1 次結合で書いておく。このとき，式 (5.14) の両辺の各成分の和をとることにより，$k=1$ がわかる。実際，右辺の $\boldsymbol{p}$ 以外のベクトルは，(3) で示したように各成分の和が 0 だからである。よって

$$\begin{aligned}\boldsymbol{p}_n&=A^n(\boldsymbol{p}+k_1\boldsymbol{v}_1+k_2\boldsymbol{v}_2+k_3\boldsymbol{v}_3)\\&=\boldsymbol{p}+k_1c^n\boldsymbol{v}_1+k_2(a+bi)^n\boldsymbol{v}_2+k_3(a-bi)^n\boldsymbol{v}_3\end{aligned}$$

である。$|c|<1$, $|a\pm bi|<1$ より

$$\lim_{n\to\infty}c^n=\lim_{n\to\infty}(a\pm bi)^n=0$$

であるから

$$\lim_{n\to\infty}\boldsymbol{p}_n=\boldsymbol{p}=\frac{1}{34}{}^t[8,7,9,10]$$

を得る。 ◆

**注意 5.3** 例題 5.5 の問題の背景を説明する。いま I, II, III, IV の四つしかウェブページのない仮想的な世界を考える。これら 4 サイトは図 **5.2** のようにリンクが貼られているとする。ただし，矢印の根元が引用元，矢印の行き先がリンク先である。

最初にサイト I にいるとする。次にサイト I からリンクが貼ってあるサイト II かサイト III に移動する。ここではサイコロでも振ってそれぞれ確率 1/2 ずつの確率

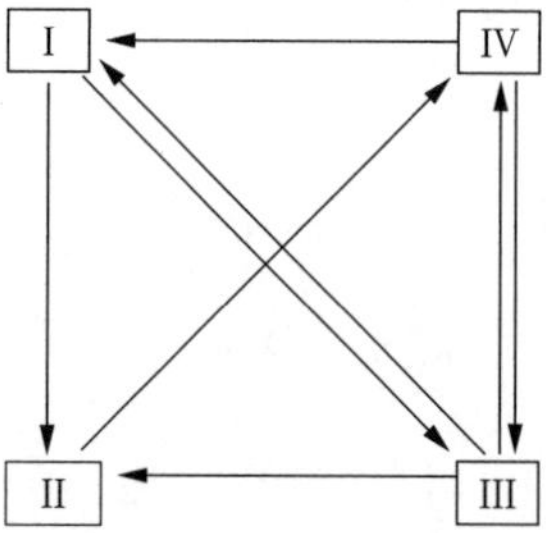


**図 5.2** 四つのウェブページとリンク

でサイト II かサイト III に移動するものとする。サイト II の目が出てサイト II に移動したとする。するとこのサイトからはサイト IV にしか行けないので，必然的にサイト IV に移動する。サイト IV からはそれぞれ確率 1/2 ずつの確率でサイト I かサイト III に移動する。サイト III の目が出てサイト III に移動すると，サイト III からはそれぞれ確率 1/3 ずつの確率でサイト I, II, IV へ移動できる。

このようにネットサーフィンしていくとき，$n$ ステップ後にどのサイトにどんな確率で存在するだろうか。また $n \to \infty$ ではどのサイトにいる確率が高いのだろうか。

ここで，$n$ ステップ後にそれぞれサイト I, II, III, IV にいる確率を $p_n$, $q_n$, $r_n$, $s_n$ とおくと，次のような連立漸化式が成り立つ。

$$\begin{bmatrix} p_{n+1} \\ q_{n+1} \\ r_{n+1} \\ s_{n+1} \end{bmatrix} = \begin{bmatrix} 0 & 0 & \frac{1}{3} & \frac{1}{2} \\ \frac{1}{2} & 0 & \frac{1}{3} & 0 \\ \frac{1}{2} & 0 & 0 & \frac{1}{2} \\ 0 & 1 & \frac{1}{3} & 0 \end{bmatrix} \begin{bmatrix} p_n \\ q_n \\ r_n \\ s_n \end{bmatrix}$$

これは例えば，$n+1$ ステップ後にサイト I にいるには，その直前にサイト III か IV にいて，サイト III からは確率 1/3 で，サイト IV からは確率 1/2 でサイト I に行く目が出ることなどからわかる。

また，出発点をサイト I とおくとすると，これは，$p_0 = 1$, $q_0 = r_0 = s_0 = 0$ を意味する。よって，$\boldsymbol{p}_n = {}^t[p_n, q_n, r_n, s_n]$ とおくと，例題 5.5 の記号で

$$\boldsymbol{p}_n = A^n \boldsymbol{p}_0$$

と書ける。よって，$n \to \infty$ ステップ後にサイト I, II, III, IV に滞在する確率は，それぞれ 8/34, 7/34, 9/34, 10/34 である。これは十分ネットサーフィンを繰り返した後には，サイト I, II, III, IV に滞在する確率が 8 : 7 : 9 : 10 であることを意味し，これをページランクが IV, III, I, II の順に高いという。

この四つしかウェブページのない仮想的な世界では，Google は検索結果を IV, III, I, II の順に表示する。ウェブページがもっとたくさんある現実の世界では，リンクの相互参照を数値化した巨大な行列の，固有値 1 の固有ベクトルの成分（一般にすべて正にとれることがわかっている）の大きい順に高いページランクが与えられている。ただし，Google はその巨大な行列の対角化を行っているわけではなく，ネットサーフィンを繰り返す（実質的に $n \to \infty$ の極限をとる）ことによりページランクを求めているものと思われる。

**練習 5.5**　例題 5.5 の一般化を考える。すなわち，$N$ 次正方行列 $A = [a_{ij}]_{1 \leqq i,j \leqq N}$ が $a_{ij} > 0$[†] かつ各 $j$ 列に対し $a_{1j} + \cdots + a_{Nj} = 1$ をみたしているとする。このとき，次の問に答えよ。

(1) $A$ は 1 を固有値にもつこと，および固有値 1 に対する固有ベクトルは定数倍を除いてただ一つしかなく，その成分をすべて正にできることを示せ。

(2) $A$ の 1 以外の固有値は，その絶対値が 1 より小さいことを示せ。

(3) $\boldsymbol{p}_0 = {}^t[1, 0, \cdots, 0]$ とし，$\boldsymbol{p}_n = A^n \boldsymbol{p}_0$ と定義するとき，$\lim_{n \to \infty} \boldsymbol{p}_n$ を求めよ。ただし，$A$ は対角化可能とする。

## 5.5　ジョルダン標準形

5.3 節で，行列が対角化されるための必要十分条件を求めたが，すべての行列が対角化されるわけではない。定理 5.5 により，行列 $A \in M_n(\mathbb{R})$ の 1 次独立な固有ベクトルの最大数が $n$ より小さいときは対角化できない。

---

**例 5.3**　$A = J_n(\lambda) = \begin{bmatrix} \lambda & 1 & & \\ & \ddots & \ddots & \\ & & \ddots & 1 \\ & & & \lambda \end{bmatrix}$ は，$n \geqq 2$ のとき対角化可能ではない。実際，$\Delta_A(x) = (x - \lambda)^n$ より，固有値は $\lambda$ のみであるが，$A - \lambda I_n = \begin{bmatrix} 0 & 1 & & \\ & \ddots & \ddots & \\ & & \ddots & 1 \\ & & & 0 \end{bmatrix}$ となって，固有空間は $\langle \boldsymbol{e}_1 \rangle_{\mathbb{R}} \neq \mathbb{R}^n$ となるからである。ここで，$\boldsymbol{e}_1 = {}^t[1, 0, \cdots, 0]$ である。$J_n(\lambda)$ を**ジョルダン細胞** (Jordan cell) という。

---

[†] $a_{ij} \geqq 0$ とするのが例題 5.5 の本来の一般化であるが，いくつかの特殊な場合に題意が成立しないので，$a_{ij} > 0$ と簡単化した。

**定義 5.6** (ジョルダン標準形)

$$\begin{bmatrix} J_1 & & \\ & \ddots & \\ & & J_k \end{bmatrix} \tag{5.15}$$

の形にブロック対角化され，各ブロック $J_i$ $(1 \leqq i \leqq k)$ が，ある実数 $\lambda$ とある自然数 $n$ を用いてジョルダン細胞 $J_n(\lambda)$ で与えられるとき，式 (5.15) を**ジョルダン標準形**という。

すべての行列が対角化できるわけではないが，ジョルダン標準形の形にまでなら標準化できる。この節では，この事実を示すのが目標である。そこでまず，べき零行列を導入する。

**定義 5.7** (べき零行列)　$A \in M_n(\mathbb{R})$ が，ある正の整数 $k$ に対して，$A^k = O_n$ をみたすとき，$A$ を**べき零行列**という。このとき，$A^k = O_n$ をみたす $k$ の最小値をべき零行列 $A$ の**指数**という。

**例 5.4**　$N = J_n(0) = \begin{bmatrix} 0 & 1 & & & \\ & \ddots & \ddots & & \\ & & \ddots & \ddots & \\ & & & \ddots & 1 \\ & & & & 0 \end{bmatrix} \in M_n(\mathbb{R})$のべき乗を計算すると，

$$N^2 = \begin{bmatrix} 0 & 0 & 1 & & \\ & \ddots & \ddots & \ddots & \\ & & \ddots & \ddots & 1 \\ & & & \ddots & 0 \\ & & & & 0 \end{bmatrix}, \cdots, N^{n-1} = \begin{bmatrix} 0 & \cdots & \cdots & 0 & 1 \\ & \ddots & & & 0 \\ & & \ddots & & \vdots \\ & & & \ddots & \vdots \\ & & & & 0 \end{bmatrix}, N^n = O_n$$となる。よって，$N$ は指数 $n$ のべき零行列である。

**命題 5.6**　$N \in M_n(\mathbb{R})$ がべき零行列のとき，$N^n = O_n$ が成り立つ。すなわち，$N$ の指数は行列のサイズ $n$ を超えることはない。

証明　$N$ を指数 $k$ のべき零行列とする。このとき，$N^k = O_n$ が成り立つ。

いま，$N$ の任意の固有値を $\lambda$，$\boldsymbol{v}$ を $\lambda$ に対する $A$ の固有ベクトルとする。このとき $N^k\boldsymbol{v} = \lambda^k\boldsymbol{v}$ と $N^k = O_n$ を合わせて，$\lambda^k\boldsymbol{v} = \boldsymbol{0}_n$ を得る。$\boldsymbol{v} \neq \boldsymbol{0}_n$ より，$\lambda^k = 0$，すなわち $\lambda = 0$ である。よって，$N$ の任意の固有値は 0 であることが示された。このことは $N$ の固有方程式が $\Delta_N(x) = x^n = 0$ であることを意味する。ケーリー・ハミルトンの定理（定理 5.3）より，$\Delta_N(N) = N^n = O_n$ が成り立つ。 □

---

**例題 5.6**　2 次正方行列 $A, B$ が，$A^2 = AB = B^2 = O$ をみたすとき，$BA = O$ が成り立つことを示せ。

---

証明　仮定より

$$(A+B)^3 = A^3 + A^2B + ABA + BA^2 + AB^2 + BAB + B^2A + B^3 = O$$

が成り立つ。これは $A+B$ がべき零行列であることを意味する。命題 5.6 より，2 次正方行列 $A+B$ の指数は高々 2 であるから

$$(A+B)^2 = (A^2 + AB + B^2) + BA = O$$

が成り立つ。よって，$BA = O$ が成り立つ。 □

**練習 5.6**　$A^2 = AB = B^2 = O$ であるが $BA \neq O$ となるような 3 次正方行列 $A, B$ の例を見つけよ。

まず，ジョルダン標準形の準備として，べき零行列の標準形を求めよう。$N \in M_n(\mathbb{R})$ を指数 $\nu$ のべき零行列とする。このとき，$0 \leqq \mu \leqq \nu$ に対して

$$V_\mu := \operatorname{Ker} N^\mu = \{\boldsymbol{v} \in \mathbb{R}^n \mid N^\mu\boldsymbol{v} = \boldsymbol{0}_n\} \tag{5.16}$$

を導入すると

$$N(V_\mu) := \{N\boldsymbol{v} \mid \boldsymbol{v} \in V_\mu\} \subset V_{\mu-1} \quad (1 \leqq \mu \leqq \nu) \tag{5.17}$$

が成り立つ。実際，$\boldsymbol{v} \in V_\mu$ ならば $N^{\mu-1}(N\boldsymbol{v}) = N^\mu \boldsymbol{v} = \mathbf{0}_n$ だから，$N\boldsymbol{v} \in V_{\mu-1}$ となるからである。さらに，$N^{\nu-1} \neq O$ かつ $N^\nu = O$ であるから，$N^{\nu-1}\boldsymbol{v} \neq \mathbf{0}_n$ かつ $N^\nu \boldsymbol{v} = \mathbf{0}_n$ をみたす $\boldsymbol{v} \in \mathbb{R}^n$ が存在する。これを，$N^{\mu-1}(N^{\nu-\mu}\boldsymbol{v}) \neq \mathbf{0}_n$ かつ $N^\mu(N^{\nu-\mu}\boldsymbol{v}) = \mathbf{0}_n$ と書き換えることにより，$1 \leqq \mu \leqq \nu$ に対して，$V_{\mu-1} \subsetneqq V_\mu$ が成り立つ。これをまとめると，式 (5.18) となる。

$$\{\mathbf{0}_n\} = V_0 \subsetneqq V_1 \subsetneqq \cdots \subsetneqq V_{\mu-1} \subsetneqq V_\mu \subsetneqq \cdots \subsetneqq V_\nu = \mathbb{R}^n \tag{5.18}$$

さて，$V_{\mu-1}$ の基底を $\Sigma_{\mu-1} = \{\boldsymbol{v}_1, \cdots, \boldsymbol{v}_s\}$，$V_\mu$ の $\Sigma_{\mu-1}$ を含む基底を $\Sigma_\mu = \{\boldsymbol{v}_1, \cdots, \boldsymbol{v}_s, \boldsymbol{v}_{s+1}, \cdots, \boldsymbol{v}_r\}$ とする。ここで $W = \langle \boldsymbol{v}_{s+1}, \cdots, \boldsymbol{v}_r \rangle_{\mathbb{R}}$ とおくと，$V_\mu$ の任意の元は $V_{\mu-1}$ の元と $W$ の元の和にただ 1 通りに書ける。なぜなら，$\boldsymbol{v}_1, \cdots, \boldsymbol{v}_s, \boldsymbol{v}_{s+1}, \cdots, \boldsymbol{v}_r$ が 1 次独立だからである。このような，部分空間の元の分解について，直和という概念を導入しよう。

---

**定義 5.8 (直和・補空間)**　$\mathbb{R}^n$ の部分空間 $U, V, W$ について

$$U = V + W, \quad V \cap W = \{\mathbf{0}_n\}$$

が成り立つとき，$U$ は $V$ と $W$ の**直和** (direct sum) であるといい，$U = V \oplus W$ と記す。また，$W$ は $V$ の（$V$ は $W$ の）$U$ における**補空間**であるという。

---

**補題 5.7**　$N$ を指数 $\nu$ のべき零行列とし，$V_\mu$ を式 (5.16) で定義する。$2 \leqq \mu \leqq \nu$ のとき，$V_\mu = V_{\mu-1} \oplus W_\mu$ となるような $V_\mu$ の任意の部分空間 $W_\mu$ に対して，次が成り立つ。

(1)　$N(W_\mu) \subset V_{\mu-1}$ が成り立つ。　(5.19 a)

(2)　$N : W_\mu \to N(W_\mu)$ は 1 : 1 写像である。　(5.19 b)

(3)　$N(W_\mu) \cap V_{\mu-2} = \{\mathbf{0}_n\}$ である。　(5.19 c)

**証明**　(1)　式 (5.17) により，$N(V_\mu) \subset V_{\mu-1}$ であるから，これと $W_\mu \subset V_\mu$ とを合わせて，$N(W_\mu) \subset N(V_\mu) \subset V_{\mu-1}$ が成り立つ。

(2)　$N$ が $W_\mu$ 上 $1:1$ である[†]ことを示すには，$\boldsymbol{w}_1, \boldsymbol{w}_2 \in W_\mu$ が $\boldsymbol{w}_1 \neq \boldsymbol{w}_2$ なら $N\boldsymbol{w}_1 \neq N\boldsymbol{w}_2$ であることを示せばよい。すなわち，$\boldsymbol{w}_1 - \boldsymbol{w}_2 \neq \boldsymbol{0}_n$ なら $N(\boldsymbol{w}_1 - \boldsymbol{w}_2) \neq \boldsymbol{0}_n$ を示せばよいのである。さらに対偶をとって，$N\boldsymbol{w} = \boldsymbol{0}_n$ ならば $\boldsymbol{w} = \boldsymbol{0}_n$ を示せばよい。

$\boldsymbol{w} \in W_\mu$ に対して $N\boldsymbol{w} = \boldsymbol{0}_n$ とおくと，$\boldsymbol{w} \in \mathrm{Ker}\, N \cap W_\mu = V_1 \cap W_\mu \subset V_{\mu-1} \cap W_\mu$ となって，$\boldsymbol{w} = \boldsymbol{0}_n$ が従う。

(3)　$\boldsymbol{x} \in N(W_\mu) \cap V_{\mu-2}$ とおくと，$\boldsymbol{x} = N\boldsymbol{w}$ をみたす $\boldsymbol{w} \in W_\mu$ が存在するから，$\boldsymbol{0}_n = N^{\mu-2}\boldsymbol{x} = N^{\mu-1}\boldsymbol{w}$ より，$\boldsymbol{w} \in V_{\mu-1} \cap W_\mu$ となって，$\boldsymbol{w} = \boldsymbol{0}_n$ を得る。よって，$\boldsymbol{x} = \boldsymbol{0}_n$ が従う。　□

**命題 5.8**　（べき零行列の標準形）　$N \in M_n(\mathbb{R})$ を指数 $\nu$ のべき零行列とする。このとき，適当な $n$ 次正則行列 $P$ を用いて

$$P^{-1}NP = \begin{bmatrix} J_{\nu_1}(0) & & & \\ & J_{\nu_2}(0) & & \\ & & \ddots & \\ & & & J_{\nu_r}(0) \end{bmatrix} \tag{5.20}$$

$$\nu = \nu_1 \geqq \nu_2 \geqq \cdots \geqq \nu_r \geqq 1, \ \sum_{j=1}^{r} \nu_j = n$$

となるようにできる。

**証明**　付録（命題 A.8）で証明する。　□

いまもし，$n$ 次正方行列 $A$ の固有多項式が，$\Delta_A(x) = (x-\lambda)^n$ で与えられているとする。このとき定理 5.3 により，$\Delta_A(A) = (A - \lambda I_n)^n = O_n$ が成り立つ。よって $A - \lambda I_n$ はべき零行列だから，式 (5.20) の標準形をもつ。結局，$A$ は適当な正則行列 $P$ を用いて

[†] これを $N : W_\mu \to N(W_\mu)$ が同型写像であるという。

$$P^{-1}AP = \begin{bmatrix} J_{\nu_1}(\lambda) & & & \\ & J_{\nu_2}(\lambda) & & \\ & & \ddots & \\ & & & J_{\nu_r}(\lambda) \end{bmatrix} \tag{5.21}$$

$$\nu = \nu_1 \geqq \nu_2 \geqq \cdots \geqq \nu_r \geqq 1, \sum_{j=1}^{r} \nu_j = n$$

とできる。これをより一般の場合に拡張したのが，次の定理である。

**定理 5.9** （ジョルダン標準形） $n$ 次正方行列 $A$ の固有多項式が

$$\Delta_A(x) = (x-\lambda_1)^{n_1} \cdots (x-\lambda_k)^{n_k} \qquad (n_1 + \cdots + n_k = n)$$

で与えられるとする。このとき，$A$ は適当な正則行列 $P$ を用いて

$$P^{-1}AP = \begin{bmatrix} J_1(\lambda_1) & & \\ & \ddots & \\ & & J_k(\lambda_k) \end{bmatrix}$$

とできる。ここで，各 $J_i(\lambda_i)$ は式 (5.21) で $\lambda = \lambda_i$ とし，2 行目のサイズに関する条件を $\displaystyle\sum_{j=1}^{r} \nu_j = n_i$ に換えたものである。

**証明** 付録（定理 A.10）で証明する。 □

---

**例題 5.7** 行列 $A = \begin{bmatrix} 3 & -2 & -1 \\ 1 & 0 & -1 \\ -1 & 2 & 3 \end{bmatrix}$ のジョルダン標準形を求めよ。

---

**解答例** $A$ の固有多項式は

$$\Delta_A(x) = \det(xI_n - A) = \begin{vmatrix} x-3 & 2 & 1 \\ -1 & x & 1 \\ 1 & -2 & x-3 \end{vmatrix}$$

$$= x(x-3)^2 + 2 + 2 + 2(x-3) + 2(x-3) - x$$
$$= x^3 - 6x^2 + 12x - 8 = (x-2)^3$$

であるから，$A$ の固有値は 2 のみである。$A - 2I_3 = \begin{bmatrix} 1 & -2 & -1 \\ 1 & -2 & -1 \\ -1 & 2 & 1 \end{bmatrix}$ より，$(A-2I_3)^2 = O_3$ である。

よって，勝手に $\boldsymbol{p}_2 \neq \boldsymbol{0}_3$ をとって，$\boldsymbol{p}_1 = (A-2I_3)\boldsymbol{p}_2$ とおくと，$(A-2I_3)\boldsymbol{p}_1 = (A-2I_3)^2\boldsymbol{p}_2 = \boldsymbol{0}_3$ となるから，$\boldsymbol{p}_1 \neq \boldsymbol{0}_3$ ならば，$\boldsymbol{p}_1$ は $A$ の固有値 2 の固有ベクトルである。

例えば，$\boldsymbol{p}_2 = {}^t[1,0,0]$ ととると，$\boldsymbol{p}_1 = {}^t[1,1,-1] \neq \boldsymbol{0}_3$ より，$\boldsymbol{p}_1$ は $A$ の固有値 2 の固有ベクトルである。また，$\boldsymbol{p}_3 = {}^t[x_1, x_2, x_3]$ が $A$ の固有値 2 の固有ベクトルとすると，$(A-2I_3)\boldsymbol{p}_3 = \boldsymbol{0}_3$ は $x_1 - 2x_2 - x_3 = 0$ を意味する。$\boldsymbol{p}_3$ として，$\boldsymbol{p}_1$ と 1 次独立なベクトルをとると，例えば，$\boldsymbol{p}_3 = {}^t[1,0,1]$ を選べる。

ここまでをまとめると

$$A\boldsymbol{p}_1 = 2\boldsymbol{p}_1, A\boldsymbol{p}_2 = 2\boldsymbol{p}_2 + \boldsymbol{p}_1, A\boldsymbol{p}_3 = 2\boldsymbol{p}_3$$
$$\Leftrightarrow \quad A[\boldsymbol{p}_1, \boldsymbol{p}_2, \boldsymbol{p}_3] = [2\boldsymbol{p}_1, 2\boldsymbol{p}_2 + \boldsymbol{p}_1, 2\boldsymbol{p}_3] = [\boldsymbol{p}_1, \boldsymbol{p}_2, \boldsymbol{p}_3] \begin{bmatrix} 2 & 1 & 0 \\ 0 & 2 & 0 \\ 0 & 0 & 2 \end{bmatrix}$$

を得る。ここで $P = [\boldsymbol{p}_1, \boldsymbol{p}_2, \boldsymbol{p}_3]$ とおくと，$P$ は作り方から明らかに正則行列である。よって

$$P^{-1}AP = \begin{bmatrix} 2 & 1 & 0 \\ 0 & 2 & 0 \\ 0 & 0 & 2 \end{bmatrix} \tag{5.22}$$

となるから，$A$ のジョルダン標準形は，式 (5.22) の右辺で与えられる。 ◆

**練習 5.7**　$A = \begin{bmatrix} 2 & 1 & 0 \\ -1 & 3 & 1 \\ 1 & 0 & 1 \end{bmatrix}$ のジョルダン標準形を求めよ。

**注意 5.4**　ベクトルとは本来ベクトル空間の元であるが，本書では一般のベクトル空間をあえて導入しなかった。これは $n$ 項数ベクトル以外の抽象的なベクトルに初学者が不慣れなことを考慮してのことである。そのため本章では，行列の標準形と基底の取り換えとの関連について，まったく触れることができなかった。

# 章　末　問　題

【1】 $A, B \in M_n(\mathbb{R})$ のとき，次の問に答えよ。

(1) $\mathrm{tr}\,(AB) = \mathrm{tr}\,(BA)$ が成り立つことを示せ。

(2) $P \in M_n(\mathbb{R})$ を正則行列として，$\mathrm{tr}(P^{-1}AP) = \mathrm{tr}\,A$ が成り立つことを示せ。

【2】 $A \in M_{n,m}(\mathbb{R})$，$B \in M_{m,n}(\mathbb{R})$ とする（ただし $n > m$ とする）。このとき，$AB$ と $BA$ の固有方程式に関して

$$\Delta_{AB}(x) = x^{n-m}\Delta_{BA}(x)$$

が成り立つことを示せ。

【3】 $A_n = \begin{bmatrix} 0 & 1 & & & \\ 1 & \ddots & \ddots & & \\ & \ddots & \ddots & \ddots & \\ & & \ddots & \ddots & 1 \\ & & & 1 & 0 \end{bmatrix} \in M_n(\mathbb{R})$ について，次の問に答えよ。

(1) $A_n$ の固有方程式を $f_n(x)$ とおくとき，$f_n(x) = xf_{n-1}(x) - f_{n-2}(x)$ が成り立つことを示せ。

(2) $A_n$ の固有値が，$\lambda_k = 2\cos k\pi/(n+1)$ $(1 \leqq k \leqq n)$ で与えられること，および固有値 $\lambda_k$ に対する固有ベクトル（の一つ）が

$$\boldsymbol{v}_k = {}^t\!\left[\sin\frac{k\pi}{n+1}, \sin\frac{2k\pi}{n+1}, \cdots, \sin\frac{nk\pi}{n+1}\right]$$

であることを示せ。

【4】 $A = \begin{bmatrix} 1+a & -1 & a & 1 \\ a^2 & 1-a & a^2 & a \\ 0 & 0 & 1-a & -1 \\ 0 & 0 & a^2 & 1+a \end{bmatrix}$ のジョルダン標準形を求めよ。

コーヒーブレイク

## 線型代数か線形代数か

巻末にいくつかの参考書を挙げたが，書名を見ると『線型代数』派と『線形代数』派があることがわかる。一般的傾向として，線型のほうが古く線形のほうが新しいようである。線型と線形の二つをあえて区別すれば，線型とは linear type で linear という型（type），線形とは linear shape で linear な形（shape）という違いがある。

1 次独立のことを線型（線形）独立，1 次変換のことを線型（線形）変換ということがある†1。この場合の linear とは，正比例の概念を拡張した線型という型（type）を問題にするものであり，線形という形（shape）を問題にしているのではない。こう考えると，本来は線型が正しいと考えられる†2。

一方で，日本語をどの範囲の漢字で表記するかという，学問とは別の次元の論争がある。1946 年，当用漢字表†3が告示され，公文書や出版物に用いるべき漢字の基準とされた。専門用語も当用漢字の範囲内で表記することが望ましいとされた。例えば，function の訳語である「函数」も現在は「関数」が一般的になってきている。第 1 章末のコーヒーブレイクで述べた通称『現代化カリキュラム』の 1 代前の学習指導要領†4で初めて，「函数」が「関数」に書き改められた影響と考えられる。linear algebra の訳語に関しては，岩波書店の『数学辞典』の第 3 版（1985 年）で線型代数から線形代数への書き換えがなされたことの影響が大きいと思われる。

かくて世の中全体が，本来の意味とは別に，わかりやすい漢字表記へと流れていく。著者も普段は「函数」および「線型」を使っており，大学の講義でもそれを踏襲してきた。しかし最近は時代の流れに抗しきれず，講義では「関数」および「線形」と表記するようになった。というわけで，本書のタイトルは『基礎からの線形代数』である。

---

†1 逆に，線型代数または線形代数のことを 1 次代数ということはない。

†2 線型代数で形が問題にされることがある。例えば，その大きさや「形」などで決まる構造物の固有振動数を求める問題は，ある種の行列の対角化に帰着する。ただしその行列は，地震などの揺れに対する線「型」応答を表したものなので，結局は線型に軍配が上がりそうである。

†3 1981 年，常用漢字表が告示されて廃止された。

†4 1960 年告示，1963 年実施の学習指導要領で，戦後しばらく続いた『生活体験重視の問題解決学習』から『学問的な系統性重視のカリキュラム』への転換が図られた。また，この学習指導要領で初めてベクトルが高等学校の数学に登場した。

# 付　　　　録

## A.1　行列の階数と部分空間の次元

第 3 章で，行列の階数を基本変形という操作を通して定義した。ここではまず，行列の階数は基本変形の仕方によらない行列固有の量であることを証明する。

**定理 A.1**　$A \in M_{n,m}(\mathbb{R})$ に基本変形を施して式 (3.33) の形にできたとする。このとき，$r$ の値は基本変形の仕方によらない，$A$ に固有の量である。

証明　$P_1, P_2 \in M_n(\mathbb{R})$，$Q_1, Q_2 \in M_m(\mathbb{R})$ を正則行列として，2 通りの基本変形を施して

$$P_i A Q_i = \begin{bmatrix} I_{r_i} & O_{r_i, m-r_i} \\ O_{n-r_i, r_i} & O_{n-r_i, m-r_i} \end{bmatrix} \qquad (i = 1, 2)$$

とできたとする。ここで，$r_1 \leqq r_2$ としても一般性を失わない。$P_2 P_1^{-1} = P$，$Q_1^{-1} Q_2 = Q$ とおくと

$$P \begin{bmatrix} I_{r_1} & O_{r_1, m-r_1} \\ O_{n-r_1, r_1} & O_{n-r_1, m-r_1} \end{bmatrix} Q = P_2 P_1^{-1} (P_1 A Q_1) Q_1^{-1} Q_2 = P_2 A Q_2$$
$$= \begin{bmatrix} I_{r_2} & O_{r_2, m-r_2} \\ O_{n-r_2, r_2} & O_{n-r_2, m-r_2} \end{bmatrix}$$

が成り立つ。$P$，$Q$ を

$$P = \begin{bmatrix} \overset{r_1}{\frown} & \overset{n-r_1}{\frown} \\ P_{11} & P_{12} \\ P_{21} & P_{22} \end{bmatrix} \begin{matrix} \\ )_{r_1} \\ )_{n-r_1} \end{matrix}, \qquad Q = \begin{bmatrix} \overset{r_1}{\frown} & \overset{m-r_1}{\frown} \\ Q_{11} & Q_{12} \\ Q_{21} & Q_{22} \end{bmatrix} \begin{matrix} \\ )_{r_1} \\ )_{m-r_1} \end{matrix}$$

のように分割して，上の式に代入すると

$$\begin{bmatrix} I_{r_2} & O_{r_2, m-r_2} \\ O_{n-r_2, r_2} & O_{n-r_2, m-r_2} \end{bmatrix}$$

$$= \begin{bmatrix} P_{11} & P_{12} \\ P_{21} & P_{22} \end{bmatrix} \begin{bmatrix} I_{r_1} & O_{r_1,m-r_1} \\ O_{n-r_1,r_1} & O_{n-r_1,m-r_1} \end{bmatrix} \begin{bmatrix} Q_{11} & Q_{12} \\ Q_{21} & Q_{22} \end{bmatrix}$$

$$= \begin{bmatrix} P_{11}Q_{11} & P_{11}Q_{12} \\ P_{21}Q_{11} & P_{21}Q_{12} \end{bmatrix} \tag{A.1}$$

ここで，$r_1 \leqq r_2$ より，$P_{11}Q_{11} = I_{r_1}$，$P_{11}Q_{12} = O_{r_1,m-r_1}$，$P_{21}Q_{11} = O_{n-r_1,r_1}$ が成り立つ。特に，$P_{11}Q_{11} = I_{r_1}$ より $P_{11}$ は正則である（定理 3.19）から，$P_{11}Q_{12} = O_{r_1,m-r_1}$ の両辺に左から $P_{11}^{-1}$ を掛けて，$Q_{12} = O_{r_1,m-r_1}$ を得る。よって，$P_{21}Q_{12} = O_{n-r_1,m-r_1}$ となるから，式 (A.1) は

$$\begin{bmatrix} I_{r_2} & O_{r_2,m-r_2} \\ O_{n-r_2,r_2} & O_{n-r_2,m-r_2} \end{bmatrix} = \begin{bmatrix} I_{r_1} & O_{r_1,m-r_1} \\ O_{n-r_1,r_1} & O_{n-r_1,m-r_1} \end{bmatrix}$$

である。これは $r_1 = r_2$ を意味する。 □

次に，正則行列が必ず基本行列の積として書けることを証明する。

**定理 A.2**　$A \in M_n(\mathbb{R})$ が正則ならば，いくつかの基本行列の積で書ける。

**証明**　補題 3.16 により，$P_1, \cdots, P_s, Q_1, \cdots, Q_t$ を適当な基本行列として

$$P_1 \cdots P_s A Q_1 \cdots Q_t = \begin{bmatrix} I_r & O_{r,n-r} \\ O_{n-r,r} & O_{n-r,n-r} \end{bmatrix} \tag{A.2}$$

とできる。基本行列が正則であること，正則行列の積は再び正則であることから，$A$ が正則なら，式 (A.2) の右辺も正則である。対角行列が正則であることとすべての対角成分が 0 に等しくないことは同値（例 3.3）だから，式 (A.2) で，$r = n$ となり $P_1 \cdots P_s A Q_1 \cdots Q_t = I_n$ である。この式の両辺に，左から $P_s^{-1} \cdots P_1^{-1}$，右から $Q_t^{-1} \cdots Q_1^{-1}$ を掛けて $A = P_s^{-1} \cdots P_1^{-1} Q_t^{-1} \cdots Q_1^{-1}$ を得る。基本行列の逆行列も再び基本行列だから，題意は示された。 □

この定理により，基本行列は正則行列のいわば「原子」であるといえる。どんな正則行列も基本行列の積に分解されるからである。行列の積は一般に可換でないから，積の並び順が重要になる。いわば，同じ「原子構成」からなっていても，異なる「原子配列」が異なる正則行列をつくることがあり得るのである。

次に，部分空間の次元は，基底のとり方によらず一定であることを示す。

**定理 A.3** $\mathbb{R}^n$ の部分空間 $V$ の基底が，$\{\boldsymbol{a}_1, \cdots, \boldsymbol{a}_r\}$ と $\{\boldsymbol{b}_1, \cdots, \boldsymbol{b}_s\}$ の 2 通りあるとする。このとき，$r = s$ が成り立つ。すなわち，$V$ の次元は基底のとり方によらない。

**証明** 定理 3.31 より，式 (A.3) が成り立つ。

$$\mathrm{r}[\boldsymbol{a}_1, \cdots, \boldsymbol{a}_r] = r, \quad \mathrm{r}[\boldsymbol{b}_1, \cdots, \boldsymbol{b}_s] = s \tag{A.3}$$

いま，$\{\boldsymbol{a}_1, \cdots, \boldsymbol{a}_r\}$ は $V$ の基底だから，$\boldsymbol{b}_1, \cdots, \boldsymbol{b}_s$ は $\boldsymbol{a}_1, \cdots, \boldsymbol{a}_r$ の 1 次結合で書ける。よって，定理 3.3 より，$\boldsymbol{a}_1, \cdots, \boldsymbol{a}_r, \boldsymbol{b}_1, \cdots, \boldsymbol{b}_k$ $(1 \leqq k \leqq s)$ は 1 次従属である。

再び定理 3.31 より，次の式 (A.4) が成り立つ。

$$\begin{aligned}\mathrm{r}[\boldsymbol{a}_1, \cdots, \boldsymbol{a}_r, \boldsymbol{b}_1, \cdots, \boldsymbol{b}_s] &= \mathrm{r}[\boldsymbol{a}_1, \cdots, \boldsymbol{a}_r, \boldsymbol{b}_1, \cdots, \boldsymbol{b}_{s-1}] \\ &\ \ \vdots \\ &= \mathrm{r}[\boldsymbol{a}_1, \cdots, \boldsymbol{a}_r] = r\end{aligned} \tag{A.4}$$

一方，$\{\boldsymbol{b}_1, \cdots, \boldsymbol{b}_s\}$ は $V$ の基底だから，二つの基底の役割を入れ換えることにより，式 (A.5) が成り立つ。

$$\mathrm{r}[\boldsymbol{b}_1, \cdots, \boldsymbol{b}_s, \boldsymbol{a}_1, \cdots, \boldsymbol{a}_r] = \mathrm{r}[\boldsymbol{b}_1, \cdots, \boldsymbol{b}_s] = s \tag{A.5}$$

よって，式 (A.3)，式 (A.4)，式 (A.5) により，$r = s$ が従う。 □

## A.2 行列式と行列の正則性

この節では，行列式の積公式を証明しよう。そのための準備として，$n$ 重線形性と交代性をもつ関数は行列式の定数倍に限ることを示そう。

**定理 A.4** $n$ 個の列ベクトルを変数とする関数

$$F : \underbrace{\mathbb{R}^n \times \cdots \times \mathbb{R}^n}_{n\ 個} \longrightarrow \mathbb{R}$$

が，$n$ 重線形性と交代性

(1) $F(\boldsymbol{x}_1, \cdots, \underbrace{c\boldsymbol{x} + d\boldsymbol{y}}_{j}, \cdots, \boldsymbol{x}_n)$

$$= cF(\boldsymbol{x}_1, \cdots, \underbrace{\boldsymbol{x}}_{j}, \cdots, \boldsymbol{x}_n) + dF(\boldsymbol{x}_1, \cdots, \underbrace{\boldsymbol{y}}_{j}, \cdots, \boldsymbol{x}_n)$$

(2)　$F(\boldsymbol{x}_{\sigma(1)}, \cdots, \boldsymbol{x}_{\sigma(n)}) = \varepsilon(\sigma) F(\boldsymbol{x}_1, \cdots, \boldsymbol{x}_n) \quad (\sigma \in \mathfrak{S}_n)$

をもつならば，適当な実数 $k \in \mathbb{R}$ を用いて，式 (A.6) のように書ける。

$$F(\boldsymbol{x}_1, \cdots, \boldsymbol{x}_n) = k \det[\boldsymbol{x}_1, \cdots, \boldsymbol{x}_n] \tag{A.6}$$

**証明**　$\boldsymbol{e}_i$ $(1 \leqq i \leqq n)$ を $\mathbb{R}^n$ の基本ベクトルとして $\boldsymbol{x}_j = \sum_{i=1}^{n} x_{ij} \boldsymbol{e}_i$ とおくと，$F$ の $n$ 重線形性より

$$\begin{aligned} F(\boldsymbol{x}_1, \cdots, \boldsymbol{x}_n) &= F\left(\sum_{i_1=1}^{n} x_{i_1 1} \boldsymbol{e}_{i_1}, \cdots, \sum_{i_n=1}^{n} x_{i_n n} \boldsymbol{e}_{i_n}\right) \\ &= \sum_{i_1=1}^{n} \cdots \sum_{i_n=1}^{n} x_{i_1 1} \cdots x_{i_n n} F(\boldsymbol{e}_{i_1}, \cdots, \boldsymbol{e}_{i_n}) \end{aligned} \tag{A.7}$$

となる。さらに $F$ の交代性を用いれば，$i_1, \cdots, i_n$ の中に同じ数があれば

$$F(\boldsymbol{e}_{i_1}, \cdots, \boldsymbol{e}_{i_n}) = 0$$

となるため，$i_1, \cdots, i_n$ に関する $n^n$ 個の和を，$\sigma \in \mathfrak{S}_n$ に関する $n!$ 個の和に置き換えることができる。ここで，$\sigma(k) = i_k$ である。よって，式 (A.7) に $F$ の交代性を再び適用すれば

$$\begin{aligned} F(\boldsymbol{x}_1, \cdots, \boldsymbol{x}_n) &= \sum_{\sigma \in \mathfrak{S}_n} x_{\sigma(1)1} \cdots x_{\sigma(n)n} F(\boldsymbol{e}_{\sigma(1)}, \cdots, \boldsymbol{e}_{\sigma(n)}) \\ &= \sum_{\sigma \in \mathfrak{S}_n} \prod_{j=1}^{n} x_{\sigma(j)j}\, \varepsilon(\sigma) F(\boldsymbol{e}_1, \cdots, \boldsymbol{e}_n) \\ &= F(\boldsymbol{e}_1, \cdots, \boldsymbol{e}_n) \det[\boldsymbol{x}_1, \cdots, \boldsymbol{x}_n] \end{aligned}$$

となる。ここで，$k = F(\boldsymbol{e}_1, \cdots, \boldsymbol{e}_n)$ とおけば，式 (A.6) が得られる。　□

**定理 A.5**　**(行列式の積公式)**　任意の $A$，$B \in M_n(\mathbb{R})$ に対して

$$\det(AB) = \det A \det B \tag{A.8}$$

が成り立つ。

証明 $A = [\boldsymbol{a}_1, \cdots, \boldsymbol{a}_n]$ に対して

$$F(\boldsymbol{x}_1, \cdots, \boldsymbol{x}_n) = \det[A\boldsymbol{x}_1, \cdots, A\boldsymbol{x}_n]$$

により $F$ を定める。このとき，各 $T_A\boldsymbol{x}_j = A\boldsymbol{x}_j$ の線形性と，行列式の $n$ 重線形性により，$F$ の $n$ 重線形性が従い，また，行列式の交代性より $F$ の交代性も従う。よって，定理 A.4 により

$$\begin{aligned} F(\boldsymbol{x}_1, \cdots, \boldsymbol{x}_n) &= F(\boldsymbol{e}_1, \cdots, \boldsymbol{e}_n)\det[\boldsymbol{x}_1, \cdots, \boldsymbol{x}_n] \\ &= \det[\boldsymbol{a}_1, \cdots, \boldsymbol{a}_n]\det[\boldsymbol{x}_1, \cdots, \boldsymbol{x}_n] \\ &= \det A \det X \end{aligned} \tag{A.9}$$

を得る。ここで，$X = [\boldsymbol{x}_1, \cdots, \boldsymbol{x}_n]$ である。式 (A.9) に $X = B$ を代入すれば式 (A.8) を得る。 □

## A.3 行列の標準形

すべての行列は対角化できるわけではないが，ジョルダン標準形にまでは変形することができる。この節は，定理 5.9 を証明することが目的である。そのための最小限の準備として，広義固有空間を導入する。

**定義 A.1** **(広義固有空間)** $n$ 次正方行列 $A$ の固有多項式を $\Delta_A(x) = (x - \lambda_1)^{n_1} \cdots (x - \lambda_k)^{n_k}$ とするとき，式 (A.10) を固有値 $\lambda_i$ に関する**広義固有空間**という。

$$\widetilde{W}_{\lambda_i} := \mathrm{Ker}\,(A - \lambda_i I_n)^{n_i} \tag{A.10}$$

**補題 A.6** $n$ 次正方行列 $A$ に対し，$\lambda_1, \cdots, \lambda_k$ を $A$ の相異なる固有値とし，その重複度をそれぞれ $n_1, \cdots, n_k$ とする。任意の $\boldsymbol{v} \in \widetilde{W}_{\lambda_i} \backslash \{\boldsymbol{0}_n\}$ と任意の $l \in \mathbb{N}$ に対して，$j \neq i$ ならば $\boldsymbol{v}' := (A - \lambda_j I_n)^l \boldsymbol{v} \in \widetilde{W}_{\lambda_i} \backslash \{\boldsymbol{0}_n\}$ である。

証明 $1 \leqq i \leqq k$ に対し，$A_i = A - \lambda_i I_n$ とおくと，$\boldsymbol{v}' = {A_j}^l \boldsymbol{v}$ である。よって，${A_i}^{n_i}\boldsymbol{v}' = {A_j}^l {A_i}^{n_i} \boldsymbol{v} = \boldsymbol{0}_n$ より，$\boldsymbol{v}' \in \widetilde{W}_{\lambda_i}$ である。ここで $\boldsymbol{v}' = \boldsymbol{0}_n$ とすると，${A_i}^{n_i}\boldsymbol{v} = \boldsymbol{0}_n$ と ${A_j}^l \boldsymbol{v} = \boldsymbol{0}_n$ とから，$m \geqq n_i + l - 1$ に対して $(A_i - A_j)^m \boldsymbol{v} =$

$(\lambda_j - \lambda_i)^m \boldsymbol{v} = \mathbf{0}_n$ が成り立つ[†]。これは $\lambda_i \neq \lambda_j$ の仮定に反し，$\boldsymbol{v}' \neq \mathbf{0}_n$ を得る。 □

**命題 A.7** $n$ 次正方行列 $A$ に対し，$\lambda_1, \cdots, \lambda_k$ を $A$ の相異なる固有値，$\widetilde{W}_{\lambda_i} = \mathrm{Ker}\,(A - \lambda_i I_n)^{n_i}$ を固有値 $\lambda_i\ (1 \leqq i \leqq k)$ に関する広義固有空間とする。$\boldsymbol{v}_i \in \widetilde{W}_{\lambda_i} \backslash \{\mathbf{0}_n\}$ のとき，$\boldsymbol{v}_1, \cdots, \boldsymbol{v}_k$ は 1 次独立である。

**証明** $k$ に関する帰納法による。$k = 1$ のとき，命題の主張は明らかに成り立つから，$k \geqq 2$ とする。$c_1, \cdots, c_k \in \mathbb{R}$ として

$$c_1 \boldsymbol{v}_1 + \cdots + c_{k-1} \boldsymbol{v}_{k-1} + c_k \boldsymbol{v}_k = \mathbf{0}_n$$

とおく。この両辺に $(A - \lambda_k I_n)^{n_k}$ を作用させると

$$c_1 \boldsymbol{v}'_1 + \cdots + c_{k-1} \boldsymbol{v}'_{k-1} = \mathbf{0}_n, \quad \boldsymbol{v}'_i = (A - \lambda_k I_n)^{n_k} \boldsymbol{v}_i \quad (1 \leqq i \leqq k-1)$$

となる。補題 A.6 により，$\boldsymbol{v}'_i \in \widetilde{W}_{\lambda_i} \backslash \{\mathbf{0}_n\}$ であり，帰納法の仮定により，これらは 1 次独立である。よって，$c_1 = \cdots = c_{k-1} = 0$ であり，これを最初の式に代入すれば $c_k = 0$ も得られる。 □

次に，べき零行列の標準形に関する命題 5.8 を証明する。

**命題 A.8** **（べき零行列の標準形（命題 5.8 再掲））** $N \in M_n(\mathbb{R})$ を指数 $\nu$ のべき零行列とする。このとき，適当な $n$ 次正則行列 $P$ を用いて式 (A.11) と書ける。

$$P^{-1}NP = \begin{bmatrix} J_{\nu_1}(0) & & & \\ & J_{\nu_2}(0) & & \\ & & \ddots & \\ & & & J_{\nu_r}(0) \end{bmatrix}$$

$$\nu = \nu_1 \geqq \nu_2 \geqq \cdots \geqq \nu_r \geqq 1, \qquad \sum_{j=1}^{r} \nu_j = n \tag{A.11}$$

---

† $A_i$ と $A_j$ が可換であるから，$(A_i - A_j)^m = \displaystyle\sum_{k=0}^{m} (-1)^k {}_m C_k {A_i}^{m-k} {A_j}^k$ となるが，$m \geqq n_i + l - 1$ に対しては，$m - k \geqq n_i$ または $k \geqq l$ であるから，展開の各項を $\boldsymbol{v}$ に作用するとすべて $\mathbf{0}_n$ となるからである。

**証明** 補題 5.7 により，$\mathbb{R}^n = V_\nu$ の部分空間 $U_\nu, \cdots U_1$ を次のように順次構成することができる。まず，$V_\nu$ に関して

$$\mathbb{R}^n = V_\nu = V_{\nu-1} \oplus W_\nu, \quad W_\nu = U_\nu \neq \{\mathbf{0}_n\}$$

と直和分解できる。ここで，$U_\nu \neq \{\mathbf{0}_n\}$ となるのは $V_{\nu-1} \subsetneqq V_\nu$ であるからである。次に，$V_{\nu-1}$ に関して

$$V_{\nu-1} = V_{\nu-2} \oplus W_{\nu-1}, \quad W_{\nu-1} = N(U_\nu) \oplus U_{\nu-1}$$

と直和分解できる。これは，補題 5.7(3) より $V_{\nu-2}+N(U_\nu) = V_{\nu-2} \oplus N(U_\nu)$ であり，補題 5.7(1) より $V_{\nu-2} \oplus N(U_\nu) \subset V_{\nu-1}$ であるが，もし $V_{\nu-2} \oplus N(U_\nu) \subsetneqq V_{\nu-1}$ なら適当な $U_{\nu-1}$ を用いて，$V_{\nu-1} = V_{\nu-2} \oplus N(U_\nu) \oplus U_{\nu-1}$ と書けるからである。

以下，これを繰り返し

$$\begin{aligned}
&V_\nu = V_{\nu-1} \oplus U_\nu, \quad U_\nu \neq \{\mathbf{0}_n\}\\
&V_{\nu-1} = V_{\nu-2} \oplus N(U_\nu) \oplus U_{\nu-1}\\
&\quad \vdots \quad \vdots\\
&V_\mu = V_{\mu-1} \oplus N^{\nu-\mu}(U_\nu) \oplus \cdots \oplus N(U_{\mu+1}) \oplus U_\mu\\
&\quad \vdots \quad \vdots\\
&V_1 = V_0 \oplus N^{\nu-1}(U_\nu) \oplus \cdots \oplus N(U_2) \oplus U_1, \quad V_0 = \{\mathbf{0}_n\}
\end{aligned}$$

と直和分解できる。ここで，補題 5.7(2) により，$2 \leqq \mu \leqq \nu$ に対して

$$N : N^{\nu-\mu}(U_\nu) \oplus \cdots \oplus N(U_{\mu+1}) \oplus U_\mu \to N^{\nu-\mu+1}(U_\nu) \oplus \cdots \oplus N^2(U_{\mu+1}) \oplus N(U_\mu)$$

は同型写像である。また，$1 \leqq \kappa \leqq \mu \leqq \nu$ に対して，$N^{\kappa-1} : U_\mu \to N^{\kappa-1}(U_\mu)$ も同型写像であり，かつ，$N^\mu(U_\mu) = \{\mathbf{0}_n\}$ である。よって以下を得る。

$$\mathbb{R}^n = V_\nu = \bigoplus_{\mu=1}^{\nu} \bigoplus_{\kappa=1}^{\mu} N^{\kappa-1}(U_\mu)$$

$1 \leqq \mu \leqq \nu$ に対して，$U_\mu$ の適当な基底を $\boldsymbol{u}_1^{(\mu)}, \cdots, \boldsymbol{u}_{i_\mu}^{(\mu)}$ とおく。ここで，$i_\mu \geqq 0$ である[†1]。このとき，$\mathbb{R}^n$ の基底として式 (A.12) がとれる[†2]。

$$\left\{ N^{\kappa-1}\boldsymbol{u}_i^{(\mu)} \;\middle|\; 1 \leqq \kappa \leqq \mu \leqq \nu, \quad 1 \leqq i \leqq i_\mu \right\} \tag{A.12}$$

ここで，$P_i^{(\mu)} = [N^{\mu-1}\boldsymbol{u}_i^{(\mu)}, \cdots, N\boldsymbol{u}_i^{(\mu)}, \boldsymbol{u}_i^{(\mu)}]$ とおくと $NP_i^{(\mu)} = P_i^{(\mu)} J_\mu(0)$

---

†1 ただし，$U_\nu \neq \{\mathbf{0}\}$ であるから，$i_\nu \geqq 1$ でなければならない。

†2 ここで，$\dim \mathbb{R}^n = n$ であるから，$\displaystyle\sum_{\mu=1}^{\nu} \mu i_\mu = n$ でなければならない。

が成り立つ。ただし，$P_i^{(\mu)} \in M_{n,\mu}(\mathbb{R})$, $J_\mu(0) \in M_\mu(\mathbb{R})$ であることに注意せよ。よって，式 (A.12) の基底を合わせて $P$ をつくると

$$NP = P\begin{bmatrix} J_{\nu_1}(0) & & & \\ & J_{\nu_2}(0) & & \\ & & \ddots & \\ & & & J_{\nu_r}(0) \end{bmatrix}$$

となって，式 (A.11) を得る†1。 □

**定理 A.9**　$n$ 次正方行列 $A$ の固有多項式を

$$\Delta_A(x) = (x-\lambda_1)^{n_1}\cdots(x-\lambda_k)^{n_k}$$

固有値 $\lambda_i$ $(1 \leqq i \leqq k)$ に対する広義固有空間を $\widetilde{W}_{\lambda_i}$ とするとき，次が成り立つ。

(1)　$\mathbb{R}^n = \widetilde{W}_{\lambda_1} \oplus \cdots \oplus \widetilde{W}_{\lambda_k}$　(A.13 a)

(2)　$A(\widetilde{W}_{\lambda_i}) = \{A\boldsymbol{v} | \boldsymbol{v} \in \widetilde{W}_{\lambda_i}\} \subset \widetilde{W}_{\lambda_i}$　(A.13 b)

(3)　$\dim \widetilde{W}_{\lambda_i} = n_i$　(A.13 c)

**証明**　(1)　各 $i$ に対して $A_i = A - \lambda_i I_n$ とおくと，任意の $\boldsymbol{v} \in \mathbb{R}^n$ に対して，$\Delta_A(A)\boldsymbol{v} = A_1^{n_1}\cdots A_k^{n_k}\boldsymbol{v} = \boldsymbol{0}_n$ であるから

$$\sum_{i=1}^{k} \dim \widetilde{W}_{\lambda_i} \geqq \dim \mathbb{R}^n = n \qquad \text{(A.14)}$$

が成り立つ†2。これと，命題 A.7 により，$\widetilde{W}_{\lambda_1} + \cdots + \widetilde{W}_{\lambda_k} = \widetilde{W}_{\lambda_1} \oplus \cdots \oplus \widetilde{W}_{\lambda_k}$ が成り立つから，式 (A.13 a) が従う。

(2)　$\boldsymbol{v} \in \widetilde{W}_{\lambda_i}$ のとき，$\boldsymbol{v}' = A\boldsymbol{v}$ とおくと，$A_i^{n_i}\boldsymbol{v}' = A_i^{n_i}A\boldsymbol{v} = A(A_i^{n_i}\boldsymbol{v}) = \boldsymbol{0}_n$ より $\boldsymbol{v}' \in \widetilde{W}_{\lambda_i}$ である。よって，$A(\widetilde{W}_{\lambda_i}) \subset \widetilde{W}_{\lambda_i}$ が成り立つ。

---

†1　ただしこのとき，$(\mu, i, \kappa)$ の大きい番号を優先する辞書式順序で式 (A.12) の元を並べなければならない。また，ジョルダン細胞 $J_{\nu_j}(0)$ のサイズが $\nu_j = \mu$ となるのは，$\displaystyle\sum_{\kappa=\mu+1}^{\nu} i_\kappa + 1 \leqq j \leqq \sum_{\kappa=\mu}^{\nu} i_\kappa$ のときである。

†2　定理 3.31 により $\mathbb{R}^n$ 上の 1 次変換 $F$ に対して，$\dim(\mathrm{Im}\,F) + \dim(\mathrm{Ker}\,F) = n$ が成り立つ。よって，$F_1$, $F_2$ を $\mathbb{R}^n$ 上の 1 次変換，$V = \mathrm{Im}\,F_2$ とおくと，$\dim V = \dim(\mathrm{Im}\,F_1(V)) + \dim(\mathrm{Ker}\,F_1(V)) \leqq \dim(\mathrm{Im}\,F_1F_2) + \dim(\mathrm{Ker}\,F_1)$ となり，定理 3.31 を用いて書き換えると $\dim(\mathrm{Ker}\,F_1F_2) \leqq \dim(\mathrm{Ker}\,F_1) + \dim(\mathrm{Ker}\,F_2)$ を得る。これを繰り返し使うことにより式 (A.14) が従う。

(3) 補題 A.6 より，$\boldsymbol{v} \in \widetilde{W}_{\lambda_i} \backslash \{\boldsymbol{0}_n\}$, $j \neq i$ に対し，$\boldsymbol{v}' = (A - \lambda_j I_n)\boldsymbol{v} \neq \boldsymbol{0}_n$ が成り立つ。すなわち，$A$ の部分空間 $\widetilde{W}_{\lambda_i}$ における固有値は $\lambda_i$ のみである。そこで $\dim \widetilde{W}_{\lambda_i} = m_i$ とすると，$A$ の $\widetilde{W}_{\lambda_i}$ における固有方程式は $\Delta_i(x) = (x - \lambda_i)^{m_i}$ である。各 $\widetilde{W}_{\lambda_i}$ の基底を合わせると $\mathbb{R}^n$ の基底となることから，$\Delta_A(x) = \Delta_1(x) \cdots \Delta_k(x)$ でなければならない。よって，$m_i = n_i$ を得る。 □

**定理 A.10** **（ジョルダン標準形（定理 5.9 再掲））** $n$ 次正方行列 $A$ の固有多項式が $\Delta_A(x) = (x - \lambda_1)^{n_1} \cdots (x - \lambda_k)^{nk} \quad (n_1 + \cdots + n_k = n)$ で与えられるとする。このとき，$A$ は適当な正則行列 $P$ を用いて

$$P^{-1}AP = \begin{bmatrix} J_1(\lambda_1) & & \\ & \ddots & \\ & & J_k(\lambda_k) \end{bmatrix} \tag{A.15}$$

とできる。ここで，$J_i(\lambda)$ は式 (A.16) で与えられる。

$$J_i(\lambda) = \begin{bmatrix} J_{\nu_1}(\lambda) & & & \\ & J_{\nu_2}(\lambda) & & \\ & & \ddots & \\ & & & J_{\nu_r}(\lambda) \end{bmatrix}$$

$$\nu_1 \geqq \nu_2 \geqq \cdots \geqq \nu_r \geqq 1, \qquad \sum_{j=1}^{r} \nu_j = n_i \tag{A.16}$$

**証明** 各 $A_i = A - \lambda_i I_n$ に命題 A.8 を適用することにより，$\widetilde{W}_{\lambda_i}$ の適当な基底 $\{\boldsymbol{v}_i^{(j)}\}_{1 \leqq j \leqq n_i}$ をとると，$P_i = [\boldsymbol{v}_i^{(1)}, \cdots, \boldsymbol{v}_i^{(n_i)}]$ を用いて $AP_i = P_i J_i(\lambda_i)$ とできる。ここで，$P_i \in M_{n,n_i}(\mathbb{R})$, $J_i(\lambda_i) \in M_{n_i}(\mathbb{R})$ であることに注意せよ。

定理 A.9 により，$\widetilde{W}_{\lambda_i}$ $(1 \leqq i \leqq k)$ の基底を合併して正則行列 $P = [P_1, \cdots, P_k] \in M_n(\mathbb{R})$ をつくることにより

$$A[P_1, \cdots, P_k] = [P_1, \cdots, P_k] \begin{bmatrix} J_1(\lambda_1) & & \\ & \ddots & \\ & & J_k(\lambda_k) \end{bmatrix}$$

とできる。よって，式 (A.15) が成り立つ。 □

# 引用・参考文献


- まえがきで述べたように，「線形代数」は約半世紀前にいまの形で大学教養の数学の二本柱の一つとして確立した。その際，シラバスの標準化と普及に大きな影響を与えた教科書として，次の 2 冊がある。

1）佐武一郎：線型代数学，裳華房（1974）（旧書名『行列と行列式』，1958）
2）齋藤正彦：線型代数入門，東京大学出版会（1966）

- 著者が「線形代数」を講義する際，参考にした教科書を挙げる。

3）松坂和夫：線型代数入門，岩波書店（1980）
4）岩堀長慶・近藤　武・伊原信一郎・加藤十吉：線形代数学，裳華房（1982）
5）基礎数学研究会編（板井昌典・郡山　彬・田中　實・土屋守正・永瀬輝男・根本精司執筆）：基礎線形代数，東海大学出版会（1998）
6）内田伏一・浦川　肇：線形代数概説，裳華房（2000）
7）石村園子：やさしく学べる線形代数，共立出版（2000）
8）長谷川浩司：線型代数，日本評論社（2004）

- 5.4 節で Google のページランク TM について取り上げた。これはペロン・フロベニウスの定理の特別な場合である。ペロン・フロベニウスの定理については，文献2), 4) に証明がある。ページランクについてはウェブ上に多くの解説を見ることができるが，紙の教科書の形ではまだ出版されていないようである。ここでは以下のページを引用する。

9）Lawrence Page, Method for node ranking in a linked database, アメリカ合衆国特許第 6285999 号，1998 年 1 月 9 日出願，2001 年 9 月 4 日発行 http://www.google.com/patents?vid=6285999（2014 年 4 月現在）

- 学習指導要領の変遷に関しては，文部科学省に置かれている国立教育政策研究所のウェブページを参照した。

10）国立教育政策研究所ウェブページ，http://www.nier.go.jp/（2014 年 4 月現在）

- 線形代数を含む代数学の歴史については，文献2) のあとがき（1996 年より古い版）に簡潔にまとめられているほか，以下の書物を参考にした。

11）ヴィクター・J・カッツ（上野健爾・三浦伸夫監訳）：カッツ数学の歴史，共立出版（2005）
12）イスラエル・クライナー（齋藤正彦訳）：抽象代数の歴史，日本評論社（2011）

# 練習問題解答

## 【1 章】

**練習 1.1**

$$\begin{aligned}2(3\boldsymbol{a}-2\boldsymbol{b})-3(\boldsymbol{a}-\boldsymbol{b}) &= 6\boldsymbol{a}-4\boldsymbol{b}-3\boldsymbol{a}+3\boldsymbol{b}\\ &= (6-3)\boldsymbol{a}+(-4+3)\boldsymbol{b}\\ &= 3\boldsymbol{a}-\boldsymbol{b}\end{aligned}$$

であるから

$$2(3\boldsymbol{a}-2\boldsymbol{b})-3(\boldsymbol{a}-\boldsymbol{b}) = 3\begin{bmatrix}2\\-3\end{bmatrix}-\begin{bmatrix}-1\\1\end{bmatrix}=\begin{bmatrix}7\\-10\end{bmatrix}$$

である。

**練習 1.2** $(k, l) \neq (0, 0)$ なので，$k \neq 0$ か $l \neq 0$ のいずれかは成り立つ。もし $k \neq 0$ なら

$$\boldsymbol{a} = c\boldsymbol{b} \quad \left(c = -\frac{l}{k}\right)$$

が成り立つ。$l \neq 0$ なら

$$\boldsymbol{b} = c'\boldsymbol{a} \quad \left(c' = -\frac{k}{l}\right)$$

が成り立つ。いずれにせよ，$\boldsymbol{a}$ と $\boldsymbol{b}$ はたがいに平行である。

**練習 1.3** (1) $\overrightarrow{\mathrm{AB}}$ と $\overrightarrow{\mathrm{BC}}$ のなす角は $60°$ である†。よって

$$\overrightarrow{\mathrm{AB}}\cdot\overrightarrow{\mathrm{BC}} = 1\cdot 1\cdot\cos 60° = \frac{1}{2}$$

を得る。

(2) $\overrightarrow{\mathrm{AC}} = \overrightarrow{\mathrm{AB}} + \overrightarrow{\mathrm{BC}}$ より

† $120°$ ではないので注意すること。例えば AD と BE の交点を O とすると，$\overrightarrow{\mathrm{BC}} = \overrightarrow{\mathrm{AO}}$ であるから，$\overrightarrow{\mathrm{AB}}$ と $\overrightarrow{\mathrm{BC}}$ のなす角は $\angle\mathrm{OAB} = 60°$ とわかる。

$$\overrightarrow{AB}\cdot\overrightarrow{AC}=\overrightarrow{AB}\cdot(\overrightarrow{AB}+\overrightarrow{BC})$$
$$=\overrightarrow{AB}\cdot\overrightarrow{AB}+\overrightarrow{AB}\cdot\overrightarrow{BC}$$
$$=1+\frac{1}{2}=\frac{3}{2}$$

を得る。ここで，(1) の結果を用いた。

**練習 1.4**　(1)　$\boldsymbol{c}=\begin{bmatrix}2\\-1\end{bmatrix}+t\begin{bmatrix}3\\2\end{bmatrix}=\begin{bmatrix}2+3t\\-1+2t\end{bmatrix}$ であるから

$$\boldsymbol{c}\cdot\boldsymbol{b}=3(2+3t)+2(-1+2t)=13t+4=0$$

を解いて，$t=-4/13$ を得る。また，このとき $\boldsymbol{c}=\begin{bmatrix}14/13\\-21/13\end{bmatrix}$ であるから

$$|\boldsymbol{c}|=\sqrt{\left(\frac{14}{13}\right)^2+\left(-\frac{21}{13}\right)^2}=\frac{7}{\sqrt{13}}$$

を得る。

(2)　**解図 1.1** で $\boldsymbol{a}=\overrightarrow{OA}$, $t\boldsymbol{b}=\overrightarrow{OB}$ とし，$\overrightarrow{OA}$, $\overrightarrow{OB}$ を隣り合う 2 辺とする平行四辺形を OACB とする。このとき，$\boldsymbol{c}=\overrightarrow{OA}+\overrightarrow{OB}=\overrightarrow{OC}$ が成り立つ（平行四辺形の法則）。

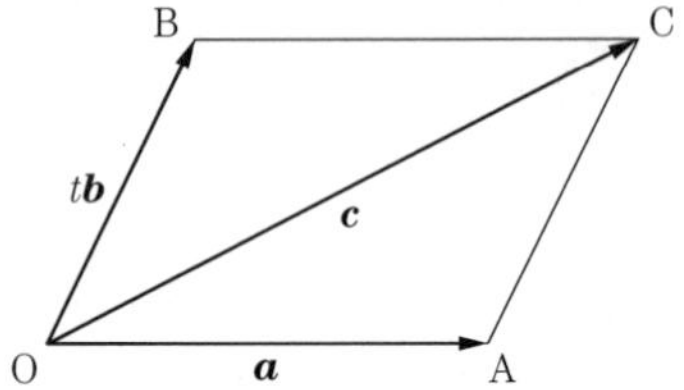


**解図 1.1**　平行四辺形 OACB

一般に，平行四辺形の対角線 OC は ∠AOB を二等分しないが，平行四辺形 OACB がひし形のときに限り ∠AOB を二等分する†。

ここで問題の条件は，$\boldsymbol{c}$ と $\boldsymbol{a}$ のなす角と $\boldsymbol{c}$ と $\boldsymbol{b}$ のなす角を等しくすることであり，$\boldsymbol{c}$ と $\boldsymbol{a}=\overrightarrow{OA}$ のなす角と $\boldsymbol{c}$ と $t\boldsymbol{b}=\overrightarrow{OB}$ のなす角を等しくすることではないことに注意する。つまり，$t<0$ のときは，$\boldsymbol{b}$ と $\overrightarrow{OB}$ は逆向きなので，平行四

† 平行線の錯角は相等しいので，解図 1.1 で ∠AOC= ∠BCO が成り立つ。よって ∠AOC= ∠BOC のとき，∠BOC= ∠BCO より，BO=BC となって平行四辺形 OACB はひし形となる。逆に平行四辺形 OACB がひし形なら，いまの議論を逆にたどって ∠AOC= ∠BOC が成り立つことがわかる。

辺形 OACB がひし形であっても題意をみたすことはできない。結局，問題の条件は，$t > 0$ かつ $|\boldsymbol{a}| = |t\boldsymbol{b}|$ が成り立つことと同値である。よって

$$\sqrt{2^2 + (-1)^2} = t\sqrt{3^2 + 2^2}$$

を解いて，$t = \sqrt{5}/\sqrt{13} = \sqrt{65}/13$ を得る。

**練習 1.5**　(1)

$$f\left(\begin{bmatrix} x_1 \\ y_1 \end{bmatrix} + \begin{bmatrix} x_2 \\ y_2 \end{bmatrix}\right) = \begin{bmatrix} 2(x_1 + x_2) \\ (x_1 + x_2) - (y_1 + y_2) \end{bmatrix} = f\left(\begin{bmatrix} x_1 \\ y_1 \end{bmatrix}\right) + f\left(\begin{bmatrix} x_2 \\ y_2 \end{bmatrix}\right)$$

および

$$f\left(k\begin{bmatrix} x \\ y \end{bmatrix}\right) = \begin{bmatrix} 2kx \\ k(x - y) \end{bmatrix} = k\left(\begin{bmatrix} x \\ y \end{bmatrix}\right)$$

が成り立つから，$f$ は 1 次変換である。

(2)　$g\left(\begin{bmatrix} 0 \\ 0 \end{bmatrix}\right) = \begin{bmatrix} 1 \\ 1 \end{bmatrix} \neq \begin{bmatrix} 0 \\ 0 \end{bmatrix}$ であるから，注意 1.5 より $g$ は 1 次変換ではない。

**練習 1.6**　題意は

$$A\begin{bmatrix} 1 \\ 3 \end{bmatrix} = \begin{bmatrix} 2 \\ 1 \end{bmatrix}, \quad A\begin{bmatrix} 2 \\ 4 \end{bmatrix} = \begin{bmatrix} -1 \\ 0 \end{bmatrix}$$

をみたす $A$ を求めることである。これは

$$A\left[\begin{array}{c|c} 1 & 2 \\ 3 & 4 \end{array}\right] = \left[\begin{array}{c|c} 2 & -1 \\ 1 & 0 \end{array}\right]$$

とまとめて書くことができる。例題 1.6 の結果を用いて

$$A = \begin{bmatrix} 2 & -1 \\ 1 & 0 \end{bmatrix}\begin{bmatrix} 1 & 2 \\ 3 & 4 \end{bmatrix}^{-1} = \begin{bmatrix} 2 & -1 \\ 1 & 0 \end{bmatrix}\begin{bmatrix} -2 & 1 \\ 3/2 & -1/2 \end{bmatrix} = \begin{bmatrix} -11/2 & 5/2 \\ -2 & 1 \end{bmatrix}$$

を得る。

**練習 1.7**　$\overrightarrow{\mathrm{AB}} = \begin{bmatrix} -1 \\ 4 \end{bmatrix}, \overrightarrow{\mathrm{AC}} = \begin{bmatrix} 3 \\ 6 \end{bmatrix}$ より，例題 1.7 を用いて

$$\text{三角形 ABC} = \frac{1}{2}|(-1)\cdot 6 - 4\cdot 3| = 9$$

を得る。

## 【2 章】

### 練習 2.1

$$k\begin{bmatrix}1\\2\\3\end{bmatrix}+l\begin{bmatrix}0\\-1\\2\end{bmatrix}+m\begin{bmatrix}-1\\0\\1\end{bmatrix}=\begin{bmatrix}-1\\5\\7\end{bmatrix}$$

を各成分ごとに書き直すと

$$\begin{cases} k \qquad\quad -m = -1 & (1)\\ 2k \quad -l \qquad\; = \;\;5 & (2)\\ 3k \quad +2l \quad +m = \;\;7 & (3)\end{cases}$$

となる。

この時点ではまだ掃き出し法を学んでいない。そこでまったく同じことだが，中学以来の加減法で解いてみよう。なお，変形の仕方は一つではないので，読者各自工夫すること。

(1) + (3) より

$$4k+2l=6, \qquad 2k+l=3 \qquad (4)$$

となるので，(2) と (4) を連立させて，$k=2, l=-1$ を得る。これを (1) に代入して $m=3$ を得る。$(k,l,m)=(2,-1,3)$ は (1)〜(3) をすべてみたすので，題意に適している。

**練習 2.2**　$\boldsymbol{a}=\begin{bmatrix}0\\0\\1\end{bmatrix}, \boldsymbol{l}_1=\begin{bmatrix}1\\-2\\3\end{bmatrix}-\begin{bmatrix}0\\0\\1\end{bmatrix}=\begin{bmatrix}1\\-2\\2\end{bmatrix}, \boldsymbol{l}_2=\begin{bmatrix}-1\\3\\0\end{bmatrix}-\begin{bmatrix}0\\0\\1\end{bmatrix}=\begin{bmatrix}-1\\3\\-1\end{bmatrix}$ とおくと，平面 ABC は $\boldsymbol{a}=\overrightarrow{\mathrm{OA}}$ をみたす点 A を通り $\boldsymbol{l}_1, \boldsymbol{l}_2$ に平行な平面である。

$$\boldsymbol{n}=\boldsymbol{l}_1\times\boldsymbol{l}_2=\begin{bmatrix}-4\\-1\\1\end{bmatrix}$$

とおくと，$\boldsymbol{n}$ は平面 ABC の法線ベクトル（の一つ）である。

よって平面 ABC 上の任意の点 P を $\boldsymbol{x}=\begin{bmatrix}x\\y\\z\end{bmatrix}$ とおくと

$$\boldsymbol{n}\cdot(\boldsymbol{x}-\boldsymbol{a})=0, \qquad \boldsymbol{n}\cdot\boldsymbol{x}=\boldsymbol{n}\cdot\boldsymbol{a}$$

すなわち

$$-4x-y+z=-4\cdot 0-1\cdot 0+1\cdot 1=1, \quad 4x+y-z+1=0$$

である。例題 2.2 より，原点と平面 ABC の距離 $D$ は

$$D=\frac{|4\cdot 0+1\cdot 0-1\cdot 0+1|}{\sqrt{4^2+1^2+(-1)^2}}=\frac{1}{3\sqrt{2}}$$

となる。

**練習 2.3**　(1)

$$f\left(\begin{bmatrix}x_1\\y_1\\z_1\end{bmatrix}+\begin{bmatrix}x_2\\y_2\\z_2\end{bmatrix}\right)=\begin{bmatrix}y_1+y_2\\z_1+z_2\\x_1+x_2\end{bmatrix}=f\left(\begin{bmatrix}x_1\\y_1\\z_1\end{bmatrix}\right)+f\left(\begin{bmatrix}x_2\\y_2\\z_2\end{bmatrix}\right)$$

および

$$f\left(k\begin{bmatrix}x\\y\\z\end{bmatrix}\right)=\begin{bmatrix}ky\\kz\\kx\end{bmatrix}=kf\left(\begin{bmatrix}x\\y\\z\end{bmatrix}\right)$$

が成り立つから，$f$ は 1 次変換である。

(2)　例えば $k=2$ に対して

$$g\left(2\begin{bmatrix}x\\y\\z\end{bmatrix}\right)=\begin{bmatrix}2(x+y+z)\\4(xy+yz+zx)\\8xyz\end{bmatrix}\neq 2g\left(\begin{bmatrix}x\\y\\z\end{bmatrix}\right)$$

なので，$g$ は 1 次変換ではない。

**練習 2.4**　サラスの方法で計算して

$$\begin{aligned}\begin{vmatrix}1&2&3\\4&5&6\\7&8&9\end{vmatrix}&=1\times 5\times 9+4\times 8\times 3+7\times 2\times 6\\&\qquad -1\times 8\times 6-4\times 2\times 9-7\times 5\times 3\\&=45+96+84-48-72-105\\&=0\end{aligned}$$

を得る。

**練習 2.5**　正則かどうかの判定には行列式が 0 かどうかでみる。

$$\begin{aligned}\det A &= \begin{vmatrix} 1 & 2 & 3 \\ 3 & 1 & 5 \\ 5 & 4 & 10 \end{vmatrix} \\ &= 1 \times 1 \times 10 + 3 \times 4 \times 3 + 5 \times 2 \times 5 \\ &\quad -1 \times 4 \times 5 - 3 \times 2 \times 10 - 5 \times 1 \times 3 \\ &= 10 + 36 + 50 - 20 - 60 - 15 \\ &= 1 \neq 0\end{aligned}$$

より，$A$ は正則である。

この時点では基本変形による逆行列の求め方は学んでいない。そこで余因子を求めることにより，逆行列を求めよう。余因子は定義により

$$\begin{aligned}
\tilde{a}_{11} &= (-1)^{1+1}\begin{vmatrix} 1 & 5 \\ 4 & 10 \end{vmatrix} = 1 \times 10 - 4 \times 5 = -10 \\
\tilde{a}_{12} &= (-1)^{1+2}\begin{vmatrix} 3 & 5 \\ 5 & 10 \end{vmatrix} = -(3 \times 10 - 5 \times 5) = -5 \\
\tilde{a}_{13} &= (-1)^{1+3}\begin{vmatrix} 3 & 1 \\ 5 & 4 \end{vmatrix} = 3 \times 4 - 5 \times 1 = 7 \\
\tilde{a}_{21} &= (-1)^{2+1}\begin{vmatrix} 2 & 3 \\ 4 & 10 \end{vmatrix} = -(2 \times 10 - 4 \times 3) = -8 \\
\tilde{a}_{22} &= (-1)^{2+2}\begin{vmatrix} 1 & 3 \\ 5 & 10 \end{vmatrix} = 1 \times 10 - 5 \times 3 = -5 \\
\tilde{a}_{23} &= (-1)^{2+3}\begin{vmatrix} 1 & 2 \\ 5 & 4 \end{vmatrix} = -(1 \times 4 - 5 \times 2) = 6 \\
\tilde{a}_{31} &= (-1)^{3+1}\begin{vmatrix} 2 & 3 \\ 1 & 5 \end{vmatrix} = 2 \times 5 - 1 \times 3 = 7 \\
\tilde{a}_{32} &= (-1)^{3+2}\begin{vmatrix} 1 & 3 \\ 3 & 5 \end{vmatrix} = -(1 \times 5 - 3 \times 3) = 4 \\
\tilde{a}_{33} &= (-1)^{3+3}\begin{vmatrix} 1 & 2 \\ 3 & 1 \end{vmatrix} = 1 \times 1 - 3 \times 2 = -5
\end{aligned}$$

である。定理 2.6 より

$$A^{-1} = \frac{1}{\det A}\tilde{A} = \begin{bmatrix} -10 & -8 & 7 \\ -5 & -5 & 4 \\ 7 & 6 & -5 \end{bmatrix}$$

を得る。

**注意** 定理 2.6 による逆行列の導出は，計算量が多くて大変だったと実感したことと思う。第 3 章で基本変形による導出方法を学ぶが，その際は計算量が比較的少なくて済むことに有り難味を感じてほしい。

## 【3 章】

**練習 3.1** $k_1\boldsymbol{v}_1 + k_2\boldsymbol{v}_2 + k_3\boldsymbol{v}_3 = \boldsymbol{0}_n$ とおくと

$$k_1\begin{bmatrix}1\\2\\3\end{bmatrix} + k_2\begin{bmatrix}1\\3\\5\end{bmatrix} + k_3\begin{bmatrix}4\\3\\2\end{bmatrix} = \begin{bmatrix}k_1 + k_2 + 4k_3\\2k_1 + 3k_2 + 3k_3\\3k_1 + 5k_2 + 2k_3\end{bmatrix} = \begin{bmatrix}0\\0\\0\end{bmatrix}$$

となる。第 1 成分の式の 2 倍を第 2 成分の式から引くと

$$k_2 - 5k_3 = 0$$

より，$k_2 = 5k_3$ である。これを第 1 成分の式に代入して，$k_1 = -9k_3$ を得る。これらを第 3 成分の式に代入すると

$$3(-9k_3) + 5(5k_3) + 2k_3 = 0$$

より成り立つ。よって，例えば $k_3 = 1$ とおくと

$$-9\boldsymbol{v}_1 + 5\boldsymbol{v}_2 + \boldsymbol{v}_3 = \boldsymbol{0}_n$$

が成り立つから，$\boldsymbol{v}_1, \boldsymbol{v}_2, \boldsymbol{v}_3$ は 1 次従属である。

**練習 3.2** (1) $x_1 + y_1 + z_1 = 0,\ x_2 + y_2 + z_2 = 0$ をみたすベクトル $\begin{bmatrix}x_1\\y_1\\z_1\end{bmatrix}$, $\begin{bmatrix}x_2\\y_2\\z_2\end{bmatrix} \in U_1$ と任意の $c, d \in \mathbb{R}$ に対し

$$c\begin{bmatrix}x_1\\y_1\\z_1\end{bmatrix} + d\begin{bmatrix}x_2\\y_2\\z_2\end{bmatrix} = \begin{bmatrix}cx_1 + dx_2\\cy_1 + dy_2\\cz_1 + dz_2\end{bmatrix}$$

より

$$(cx_1+dx_2)+(cy_1+dy_2)+(cz_1+dz_2) = c(x_1+y_1+z_1)+d(x_2+y_2+z_2) = 0$$

が成り立つ。よって注意 3.4 より，$U_1$ は $\mathbb{R}^3$ の部分空間である。

(2) $\mathbb{R}^3$ の零ベクトル $\mathbf{0}_3$ は $x+y+z=1$ をみたさないので，$\mathbf{0}_3 \notin U_2$ である。よって注意 3.5 より，$U_2$ は $\mathbb{R}^3$ の部分空間ではない。

(3) $x/2 = y/3 = z/4 = t$ とおくと，$x = 2t,\ y = 3t,\ z = 4t$ とおける。また逆に，$x = 2t,\ y = 3t,\ z = 4t$ とおくと，$x/2 = y/3 = z/4$ が成り立つ。よって，$\boldsymbol{x}, \boldsymbol{y} \in U_3$ のとき，ある $s, t \in \mathbb{R}$ を用いて

$$\boldsymbol{x} = s\begin{bmatrix}2\\3\\4\end{bmatrix}, \quad \boldsymbol{y} = t\begin{bmatrix}2\\3\\4\end{bmatrix}$$

と書ける。よって，任意の $c, d \in \mathbb{R}$ に対し

$$c\boldsymbol{x} + d\boldsymbol{y} = (cs+dt)\begin{bmatrix}2\\3\\4\end{bmatrix} \in U_3$$

となるから，注意 3.4 より，$U_3$ は $\mathbb{R}^3$ の部分空間である。

**練習 3.3** 基底となる条件は，$\boldsymbol{v}_1, \boldsymbol{v}_2, \boldsymbol{v}_3$ が 1 次独立であること，および $\mathbb{R}^3$ の任意の元が $\boldsymbol{v}_1, \boldsymbol{v}_2, \boldsymbol{v}_3$ の 1 次結合で書けることである。

まず 1 次独立性から確かめる。

$$k_1\boldsymbol{v}_1 + k_2\boldsymbol{v}_2 + k_3\boldsymbol{v}_3 = \mathbf{0}_3$$

とおくと

$$k_1\begin{bmatrix}1\\1\\1\end{bmatrix} + k_2\begin{bmatrix}0\\1\\1\end{bmatrix} + k_3\begin{bmatrix}0\\0\\1\end{bmatrix} = \begin{bmatrix}k_1\\k_1+k_2\\k_1+k_2+k_3\end{bmatrix} = \begin{bmatrix}0\\0\\0\end{bmatrix}$$

となる。第 1 成分の式より $k_1 = 0$ である。これを第 2 成分の式に代入することにより $k_2 = 0$ であり，さらにこれらを第 3 成分の式に代入することにより $k_3 = 0$ を得る。よって，$\boldsymbol{v}_1, \boldsymbol{v}_2, \boldsymbol{v}_3$ は 1 次独立である。

次に，任意の $\begin{bmatrix}x\\y\\z\end{bmatrix} \in \mathbb{R}^3$ に対し

$$k_1\begin{bmatrix}1\\1\\1\end{bmatrix}+k_2\begin{bmatrix}0\\1\\1\end{bmatrix}+k_3\begin{bmatrix}0\\0\\1\end{bmatrix}=\begin{bmatrix}k_1\\k_1+k_2\\k_1+k_2+k_3\end{bmatrix}=\begin{bmatrix}x\\y\\z\end{bmatrix}$$

とおくと，第 1 成分の式から順に，$k_1=x$, $k_2=y-x$, $k_3=z-y$ と決まる。つまり

$$\begin{bmatrix}x\\y\\z\end{bmatrix}=x\boldsymbol{v}_1+(y-x)\boldsymbol{v}_2+(z-y)\boldsymbol{v}_3$$

と $\boldsymbol{v}_1,\boldsymbol{v}_2,\boldsymbol{v}_3$ の 1 次結合で書ける。よって，$\boldsymbol{v}_1$, $\boldsymbol{v}_2$, $\boldsymbol{v}_3$ は $\mathbb{R}^3$ の基底ベクトルである。

**練習 3.4**　$2A+3X=B$ を $X$ について解くと

$$X=\frac{1}{3}(B-2A)$$

である。これに例題 3.4 で与えられた $A$, $B$ の行列を代入すると

$$X=\frac{1}{3}\left(\begin{bmatrix}-4&1&2\\0&5&-1\end{bmatrix}-2\begin{bmatrix}3&-5&2\\-4&1&-2\end{bmatrix}\right)$$

$$=\frac{1}{3}\begin{bmatrix}-10&11&-2\\8&3&3\end{bmatrix}$$

を得る。

**練習 3.5**　(1)　行列の積の定義に忠実に計算すればよい。

$$\begin{bmatrix}2&4&-1\\0&3&-2\end{bmatrix}\begin{bmatrix}1&-5&0\\2&-2&4\\0&3&1\end{bmatrix}=\begin{bmatrix}10&-21&15\\6&-12&10\end{bmatrix}$$

例えば $(2,1)$ 成分は，左側の行列の第 2 行 $[0,3,-2]$ と右側の行列の第 1 列 ${}^t[1,2,0]$ との積をとって，$0\times1+3\times2+(-2)\times0=6$ と計算できる。ほかの成分も同様に計算できる。

(2)　同様に

$$\begin{bmatrix}5&0\\-10&2\\3&-1\end{bmatrix}\begin{bmatrix}1&2&3\\4&5&6\end{bmatrix}=\begin{bmatrix}5&10&15\\-2&-10&-18\\-1&1&3\end{bmatrix}$$

である。例えば $(3,2)$ 成分は，左側の行列の第 3 行 $[3,-1]$ と右側の行列の第 2 列 ${}^t[2,5]$ との積をとって，$3\times 2+(-1)\times 5=1$ と計算できる。ほかの成分も同様に計算できる。

**練習 3.6**　拡大係数行列を行基本変形していく。

$$\begin{bmatrix}1&2&3&2\\3&1&5&4\\5&4&10&1\end{bmatrix}\xrightarrow[(\text{第 3 行})-(\text{第 1 行})\times 5]{(\text{第 2 行})-(\text{第 1 行})\times 3}\begin{bmatrix}1&2&3&2\\0&-5&-4&-2\\0&-6&-5&-9\end{bmatrix}$$

$$\xrightarrow{(\text{第 2 行})-(\text{第 3 行})\times 1}\begin{bmatrix}1&2&3&2\\0&1&1&7\\0&-6&-5&-9\end{bmatrix}$$

$$\xrightarrow[(\text{第 3 行})+(\text{第 2 行})\times 6]{(\text{第 1 行})-(\text{第 2 行})\times 2}\begin{bmatrix}1&0&1&-12\\0&1&1&7\\0&0&1&33\end{bmatrix}$$

$$\xrightarrow[(\text{第 2 行})-(\text{第 3 行})\times 1]{(\text{第 1 行})-(\text{第 3 行})\times 1}\begin{bmatrix}1&0&0&-45\\0&1&0&-26\\0&0&1&33\end{bmatrix}$$

となるから，$(x_1,x_2,x_3)=(-45,-26,33)$ を得る。

検算　この問題の係数行列は，練習 2.5 の行列 $A$ と同じである。練習 2.5 で苦労して $A^{-1}$ を求めたので，これを用いて検算してみよう。

$$\begin{bmatrix}x_1\\x_2\\x_3\end{bmatrix}=A^{-1}\begin{bmatrix}2\\4\\1\end{bmatrix}=\begin{bmatrix}-10&-8&7\\-5&-5&4\\7&6&-5\end{bmatrix}\begin{bmatrix}2\\4\\1\end{bmatrix}=\begin{bmatrix}-45\\-26\\33\end{bmatrix}$$

となって，行基本変形で求めた結果と一致する。

**練習 3.7**　(1) と (2) の係数行列の部分は同じである。よって，(1) と (2) を一度に解こう。行基本変形により

$$\begin{bmatrix}1&1&1&1&1\\1&2&3&2&2\\2&3&4&3&4\end{bmatrix}\xrightarrow[(\text{第 3 行})-(\text{第 1 行})\times 2]{(\text{第 2 行})-(\text{第 1 行})\times 1}\begin{bmatrix}1&1&1&1&1\\0&1&2&1&1\\0&1&2&1&2\end{bmatrix}$$

$$\xrightarrow[(\text{第 3 行})-(\text{第 2 行})\times 1]{(\text{第 1 行})-(\text{第 2 行})\times 1}\begin{bmatrix}1&0&-1&0&0\\0&1&2&1&1\\0&0&0&0&1\end{bmatrix}$$

となる。

(1) は

$$\begin{cases} x_1 \qquad\quad -x_3 = 0 \\ \qquad x_2 \quad +2x_3 = 1 \\ \qquad\qquad\quad 0 = 0 \end{cases}$$

と書き換えられる。ここで $x_3 = t$ とおくと，$x_1 = t$, $x_2 = -2t + 1$ である。よって

$$\begin{bmatrix} x_1 \\ x_2 \\ x_3 \end{bmatrix} = \begin{bmatrix} t \\ -2t+1 \\ t \end{bmatrix} = \begin{bmatrix} 0 \\ 1 \\ 0 \end{bmatrix} + t \begin{bmatrix} 1 \\ -2 \\ 1 \end{bmatrix}$$

が求める一般解である。

次に (2) は

$$\begin{cases} x_1 \qquad\quad -x_3 = 0 \\ \qquad x_2 \quad +2x_3 = 1 \\ \qquad\qquad\quad 0 = 1 \end{cases}$$

と書き換えられる。第 3 式が成り立たないので，この連立 1 次方程式は解なしである。

**練習 3.8**　行列 $A$ を基本変形していく。

$$\begin{bmatrix} 2 & 1 & -1 \\ 4 & 3 & 5 \\ -4 & 1 & 23 \end{bmatrix} \xrightarrow[\text{(第 3 行)} + \text{(第 1 行)} \times 2]{\text{(第 2 行)} - \text{(第 1 行)} \times 2} \begin{bmatrix} 2 & 1 & -1 \\ 0 & 1 & 7 \\ 0 & 3 & 21 \end{bmatrix}$$

$$\xrightarrow[\text{(第 3 行)} - \text{(第 2 行)} \times 3]{\text{(第 1 行)} - \text{(第 2 行)} \times 1} \begin{bmatrix} 2 & 0 & -8 \\ 0 & 1 & 7 \\ 0 & 0 & 0 \end{bmatrix}$$

$$\xrightarrow{\text{(第 1 行)} \times (1/2)} \begin{bmatrix} 1 & 0 & -4 \\ 0 & 1 & 7 \\ 0 & 0 & 0 \end{bmatrix}$$

$$\xrightarrow[\text{(第 3 列)} - \text{(第 2 列)} \times 7]{\text{(第 3 列)} + \text{(第 1 行)} \times 4} \begin{bmatrix} 1 & 0 & 0 \\ 0 & 1 & 0 \\ 0 & 0 & 0 \end{bmatrix}$$

より，$\mathrm{r}(A) = 2$ を得る。

**練習 3.9**　$A$ は練習 3.6 の係数行列と同一である。よって，定数ベクトル $\boldsymbol{b} = {}^t[2, 4, 1]$ の代わりに単位行列 $I_3$ を $A$ の横に並べ，練習 3.6 と同じ行基本変形していけば

よい。

$$\begin{bmatrix}1&2&3&1&0&0\\3&1&5&0&1&0\\5&4&10&0&0&1\end{bmatrix}\xrightarrow[(\text{第 3 行})-(\text{第 1 行})\times 5]{(\text{第 2 行})-(\text{第 1 行})\times 3}\begin{bmatrix}1&2&3&1&0&0\\0&-5&-4&-3&1&0\\0&-6&-5&-5&0&1\end{bmatrix}$$

$$\xrightarrow{(\text{第 2 行})-(\text{第 3 行})\times 1}\begin{bmatrix}1&2&3&1&0&0\\0&1&1&2&1&-1\\0&-6&-5&-5&0&1\end{bmatrix}$$

$$\xrightarrow[(\text{第 3 行})+(\text{第 2 行})\times 6]{(\text{第 1 行})-(\text{第 2 行})\times 2}\begin{bmatrix}1&0&1&-3&-2&2\\0&1&1&2&1&-1\\0&0&1&7&6&-5\end{bmatrix}$$

$$\xrightarrow[(\text{第 2 行})-(\text{第 3 行})\times 1]{(\text{第 1 行})-(\text{第 3 行})\times 1}\begin{bmatrix}1&0&0&-10&-8&7\\0&1&0&-5&-5&4\\0&0&1&7&6&-5\end{bmatrix}$$

となるから，$A$ は正則で，$A^{-1}=\begin{bmatrix}-10&-8&7\\-5&-5&4\\7&6&-5\end{bmatrix}$ である。

**注意** この問題の行列 $A$ は練習 2.5 の行列 $A$ と同一である。練習 2.5 では余因子を用いて逆行列を求めたが，本問で基本変形を用いて求めた結果と当然ながら一致する。

$B$ についても，$[B, I_3]$ を行基本変形していく。

$$\begin{bmatrix}1&2&3&1&0&0\\4&5&6&0&1&0\\7&8&9&0&0&1\end{bmatrix}\xrightarrow[(\text{第 3 行})-(\text{第 1 行})\times 7]{(\text{第 2 行})-(\text{第 1 行})\times 4}\begin{bmatrix}1&2&3&1&0&0\\0&-3&-6&-4&1&0\\0&-6&-12&-7&0&1\end{bmatrix}$$

$$\xrightarrow{(\text{第 3 行})-(\text{第 2 行})\times 2}\begin{bmatrix}1&2&3&1&0&0\\0&-3&-6&-4&1&0\\0&0&0&1&-2&1\end{bmatrix}$$

となり，これ以上基本変形を施しても $B$ の部分を単位行列 $I$ まで変形できないことは明らかである。よって，$B$ は正則行列ではない。

**練習 3.10**　この問題の行列 $A$ は練習 3.9 の行列 $B$ と同一である。よって練習 3.9 とほぼ同一の行基本変形により

$$\begin{bmatrix}1&2&3\\4&5&6\\7&8&9\end{bmatrix}\xrightarrow[(\text{第 3 行})-(\text{第 1 行})\times 7]{(\text{第 2 行})-(\text{第 1 行})\times 4}\begin{bmatrix}1&2&3\\0&-3&-6\\0&-6&-12\end{bmatrix}$$

$$\xrightarrow{(\text{第 2 行}) \times (-1/3)} \begin{bmatrix} 1 & 2 & 3 \\ 0 & 1 & 2 \\ 0 & -6 & -12 \end{bmatrix}$$

$$\xrightarrow[(\text{第 3 行}) + (\text{第 2 行}) \times 6]{(\text{第 1 行}) - (\text{第 2 行}) \times 2} \begin{bmatrix} 1 & 0 & -1 \\ 0 & 1 & 2 \\ 0 & 0 & 0 \end{bmatrix}$$

となる。つまり，$B = [\boldsymbol{b}_1, \boldsymbol{b}_2, \boldsymbol{b}_3]$ が行基本変形により $B' = [\boldsymbol{b}'_1, \boldsymbol{b}'_2, \boldsymbol{b}'_3]$ になったとすると，明らかに $\boldsymbol{b}'_3 = -\boldsymbol{b}'_1 + 2\boldsymbol{b}'_2$ が成り立つ。これは行基本変形前においても $\boldsymbol{b}_3 = -\boldsymbol{b}_1 + 2\boldsymbol{b}_2$, すなわち，$\boldsymbol{b}_1 - 2\boldsymbol{b}_2 + \boldsymbol{b}_3 = \boldsymbol{0}_3$ が成り立つことを意味する。よって，$\boldsymbol{b}_1, \boldsymbol{b}_2, \boldsymbol{b}_3$ は 1 次独立ではない。

一方，$\boldsymbol{b}_1$ と $\boldsymbol{b}_2$ は平行ではないから 1 次独立である†。よって，$\boldsymbol{b}_1, \boldsymbol{b}_2, \boldsymbol{b}_3$ のうち，1 次独立なベクトルの最大の本数は 2 に等しい。定理 3.25 より，$\mathrm{r}(A) = 2$ を得る。

**練習 3.11** この連立 1 次方程式の係数行列は，練習 3.8 の行列 $A$ と同じである。よって，このときの基本変形（のうちの行基本変形）がそのまま使える。

$$\begin{bmatrix} 2 & 1 & -1 & 1 \\ 4 & 3 & 5 & 5 \\ -4 & 1 & 23 & 7 \end{bmatrix} \xrightarrow[(\text{第 3 行}) + (\text{第 1 行}) \times 2]{(\text{第 2 行}) - (\text{第 1 行}) \times 2} \begin{bmatrix} 2 & 1 & -1 & 1 \\ 0 & 1 & 7 & 3 \\ 0 & 3 & 21 & 9 \end{bmatrix}$$

$$\xrightarrow[(\text{第 3 行}) - (\text{第 2 行}) \times 3]{(\text{第 1 行}) - (\text{第 2 行}) \times 1} \begin{bmatrix} 2 & 0 & -8 & -2 \\ 0 & 1 & 7 & 3 \\ 0 & 0 & 0 & 0 \end{bmatrix}$$

$$\xrightarrow{(\text{第 1 行}) \times (1/2)} \begin{bmatrix} 1 & 0 & -4 & -1 \\ 0 & 1 & 7 & 3 \\ 0 & 0 & 0 & 0 \end{bmatrix}$$

より

$$\begin{cases} x_1 \qquad\quad -4x_3 = -1 \\ \qquad x_2 \; +7x_3 = \;\; 3 \end{cases}$$

まで簡略化される。この非斉次方程式の一つの解として，$(x_1, x_2, x_3) = (-1, 3, 0)$ がある。また，斉次方程式

† もし $k_1\boldsymbol{b}_1 + k_2\boldsymbol{b}_2 = \boldsymbol{0}_3$ が非自明な解をもつ（$\boldsymbol{b}_1$ と $\boldsymbol{b}_2$ が 1 次従属）とするなら，$\boldsymbol{b}_1 = c\boldsymbol{b}_2$ または $\boldsymbol{b}_2 = c\boldsymbol{b}_1$ が成り立つので，$\boldsymbol{b}_1$ と $\boldsymbol{b}_2$ は平行である。その対偶をとると，平行でない二つのベクトルは 1 次独立であるということになる。

$$\begin{cases} x_1 \qquad -4x_3 = 0 \\ \qquad x_2 \quad +7x_3 = 0 \end{cases}$$

の一般解は，$x_3 = t$ ととることにより，$x_1 = 4t,\ x_2 = -7t$ となる。例題 3.11 より，求める一般解は非斉次方程式の一つの解と斉次方程式の一般解の和で表されるから

$$\begin{bmatrix} x_1 \\ x_2 \\ x_3 \end{bmatrix} = \begin{bmatrix} -1 \\ 3 \\ 0 \end{bmatrix} + t \begin{bmatrix} 4 \\ -7 \\ 1 \end{bmatrix}$$

を得る。

**練習 3.12**　$A = [\boldsymbol{a}_1, \cdots, \boldsymbol{a}_m],\ B = [\boldsymbol{b}_1, \cdots, \boldsymbol{b}_m]$ とおくと，定理 3.31 により

$$\mathrm{r}\,(A+B) = \dim \langle \boldsymbol{a}_1 + \boldsymbol{b}_1, \cdots, \boldsymbol{a}_m + \boldsymbol{b}_m \rangle_{\mathbb{R}}$$

である。また，$\langle \boldsymbol{a}_1 + \boldsymbol{b}_1, \cdots, \boldsymbol{a}_m + \boldsymbol{b}_m \rangle_{\mathbb{R}}$ の任意の元 $\boldsymbol{v}$ は

$$\boldsymbol{v} = k_1(\boldsymbol{a}_1 + \boldsymbol{b}_1) + \cdots + k_m(\boldsymbol{a}_m + \boldsymbol{b}_m) \in \langle \boldsymbol{a}_1, \cdots, \boldsymbol{a}_m, \boldsymbol{b}_1, \cdots, \boldsymbol{b}_m \rangle_{\mathbb{R}}$$

より

$$\langle \boldsymbol{a}_1 + \boldsymbol{b}_1, \cdots, \boldsymbol{a}_m + \boldsymbol{b}_m \rangle_{\mathbb{R}} \subset \langle \boldsymbol{a}_1, \cdots, \boldsymbol{a}_m, \boldsymbol{b}_1, \cdots, \boldsymbol{b}_m \rangle_{\mathbb{R}}$$

が成り立つ。よって

$$\mathrm{r}\,(A+B) \leqq \dim \langle \boldsymbol{a}_1, \cdots, \boldsymbol{a}_m, \boldsymbol{b}_1, \cdots, \boldsymbol{b}_m \rangle_{\mathbb{R}} \qquad \text{(解 3.1)}$$

となる。一方，$\mathrm{r}\,(A) = r$ とすると，$\boldsymbol{a}_1, \cdots, \boldsymbol{a}_m$ のうち 1 次独立な $r$ 本のベクトル $\boldsymbol{a}_{i_1}, \cdots, \boldsymbol{a}_{i_r}$ が存在して

$$\langle \boldsymbol{a}_1, \cdots, \boldsymbol{a}_m \rangle_{\mathbb{R}} = \langle \boldsymbol{a}_{i_1}, \cdots, \boldsymbol{a}_{i_r} \rangle_{\mathbb{R}}$$

が成り立つ。同様にして，$\mathrm{r}\,(B) = s$ とすると，$\boldsymbol{b}_1, \cdots, \boldsymbol{b}_m$ のうち 1 次独立な $s$ 本のベクトル $\boldsymbol{b}_{j_1}, \cdots, \boldsymbol{b}_{j_s}$ が存在して

$$\langle \boldsymbol{b}_1, \cdots, \boldsymbol{b}_m \rangle_{\mathbb{R}} = \langle \boldsymbol{b}_{j_1}, \cdots, \boldsymbol{b}_{j_s} \rangle_{\mathbb{R}}$$

が成り立つ。よって

$$\langle \boldsymbol{a}_1, \cdots, \boldsymbol{a}_m, \boldsymbol{b}_1, \cdots, \boldsymbol{b}_m \rangle_{\mathbb{R}} = \langle \boldsymbol{a}_{i_1}, \cdots, \boldsymbol{a}_{i_r}, \boldsymbol{b}_{j_1}, \cdots, \boldsymbol{b}_{j_s} \rangle_{\mathbb{R}} \qquad \text{(解 3.2)}$$

となる。さらに，何本かのベクトルで生成される部分空間の定義から

$$\langle \boldsymbol{a}_{i_1}, \cdots, \boldsymbol{a}_{i_r}, \boldsymbol{b}_{j_1}, \cdots, \boldsymbol{b}_{j_s} \rangle_{\mathbb{R}} \subset \langle \boldsymbol{a}_{i_1}, \cdots, \boldsymbol{a}_{i_r} \rangle_{\mathbb{R}} \cup \langle \boldsymbol{b}_{j_1}, \cdots, \boldsymbol{b}_{j_s} \rangle_{\mathbb{R}} \tag{解 3.3}$$

が成り立つ。よって，式 (解 3.1)，式 (解 3.2)，式 (解 3.3) を合わせて

$$\begin{aligned} \mathrm{r}\,(A+B) &\leqq \dim \langle \boldsymbol{a}_{i_1}, \cdots, \boldsymbol{a}_{i_r} \rangle_{\mathbb{R}} + \dim \langle \boldsymbol{b}_{j_1}, \cdots, \boldsymbol{b}_{j_s} \rangle_{\mathbb{R}} \\ &= \mathrm{r}\,(A) + \mathrm{r}\,(B) \end{aligned}$$

を得る。

**【4 章】**

**練習 4.1**　空欄を番号 16 に置き換えると，操作 $F$ とは，16 とその隣り合う番号とを入れ換えて新たな配置をつくることである。そして，操作 $F$ を何回か施した結果は，$(1, 2, \cdots, 14, 15, 16)$ を別の順列に並べ替えた $\mathfrak{S}_{16}$ における置換であると解釈できる。

いま，図 4.1(a) の配置で，番号 $1, 3, 6, 8, 9, 11, 14, 16$ の位置を黒で，それ以外の位置を白で，チェス盤の市松模様のように塗り分けておく。

すると空欄（16 番）は最初黒の位置にいて，一度操作 $F$ を行うと白の位置へ，もう一度操作 $F$ を行うと黒の位置へ動く。一般に，操作 $F$ を奇数回繰り返した後は空欄は白の位置に，偶数回繰り返した後は黒の位置にいる。なぜなら，空欄は（縦または横で）隣接する位置の番号としか入れ換えられないが，隣接する位置同士はたがいに異なる色に塗り分けられているからである。

さて，図 4.1 の (a) の配置と (b) の配置を見比べると空欄の位置は同じなので，操作 $F$ を偶数回行ったことになる。つまり，(a) の配置から (b) の配置に移れるとしたら，$(1, 2, \cdots, 14, 15, 16) \mapsto (15, 14, \cdots, 2, 1, 16)$ は $\mathfrak{S}_{16}$ における偶置換ということになる。しかしこの置換における転倒数を勘定すると

$$14 + 13 + \cdots + 1 = \frac{14 \times 15}{2} = 105$$

となるから奇置換である。これは矛盾であるから，(a) の配置から始めて (b) の配置に並べ替えることはできない。

**注意** 右下隅を空欄とする任意の番号の初期配置から始めて，操作 $F$ を繰り返すことにより，図 4.1 の二つの配置のいずれかに並べ替えられることがわかっている。

**練習 4.2**　命題 4.8(2) により，第 3 列に第 1 列の 100 倍と第 2 列の 10 倍を加えても，行列式の値は変わらない。すると

$$(\text{与式}) = \begin{vmatrix} a_1 & a_2 & a_3 \\ b_1 & b_2 & b_3 \\ c_1 & c_2 & c_3 \end{vmatrix} = \begin{vmatrix} a_1 & a_2 & 100a_1 + 10a_2 + a_3 \\ b_1 & b_2 & 100b_1 + 10b_2 + b_3 \\ c_1 & c_2 & 100c_1 + 10c_2 + c_3 \end{vmatrix}$$

となり，仮定により第 3 列の成分がすべて 13 の倍数となる。定理 4.6(2) より，13 を括りだすことができる。

$$\begin{vmatrix} a_1 & a_2 & 100a_1 + 10a_2 + a_3 \\ b_1 & b_2 & 100b_1 + 10b_2 + b_3 \\ c_1 & c_2 & 100c_1 + 10c_2 + c_3 \end{vmatrix} = 13 \begin{vmatrix} a_1 & a_2 & a_3' \\ b_1 & b_2 & b_3' \\ c_1 & c_2 & c_3' \end{vmatrix}$$

ここで

$$100a_1 + 10a_2 + a_3 = 13a_3'$$
$$100b_1 + 10b_2 + b_3 = 13b_3'$$
$$100c_1 + 10c_2 + c_3 = 13c_3'$$

である。整数成分の行列式は整数だから，与式は 13 の倍数となる。

**練習 4.3** (1) 第 1 行に関する余因子展開を用いて

$$\begin{vmatrix} 0 & a & b & c \\ -a & 0 & d & -e \\ -b & -d & 0 & f \\ -c & e & -f & 0 \end{vmatrix} = (-1)^{1+2} a \begin{vmatrix} -a & d & -e \\ -b & 0 & f \\ -c & -f & 0 \end{vmatrix}$$

$$+(-1)^{1+3} b \begin{vmatrix} -a & 0 & -e \\ -b & -d & f \\ -c & e & 0 \end{vmatrix} + (-1)^{1+4} c \begin{vmatrix} -a & 0 & d \\ -b & -d & 0 \\ -c & e & -f \end{vmatrix}$$

$$= -a(-bef - cdf - af^2) + b(be^2 + cde + aef) - c(-adf - bde - cd^2)$$

$$= af(be + cd + af) + be(be + cd + af) + cd(af + be + cd)$$

$$= (af + be + cd)^2$$

のように因数分解できる。

(2) 同様に，第 1 行に関する余因子展開を用いて

$$\begin{vmatrix} 0 & 1 & 1 & 1 \\ 1 & 0 & z^2 & y^2 \\ 1 & z^2 & 0 & x^2 \\ 1 & y^2 & x^2 & 0 \end{vmatrix} = (-1)^{1+2} \begin{vmatrix} 1 & z^2 & y^2 \\ 1 & 0 & x^2 \\ 1 & x^2 & 0 \end{vmatrix}$$

$$
\begin{aligned}
&+(-1)^{1+3}\begin{vmatrix}1 & 0 & y^2\\ 1 & z^2 & x^2\\ 1 & y^2 & 0\end{vmatrix}+(-1)^{1+4}\begin{vmatrix}1 & 0 & z^2\\ 1 & z^2 & 0\\ 1 & y^2 & x^2\end{vmatrix}\\
&=-(x^2y^2+z^2x^2-x^4)+(y^4-x^2y^2-z^2y^2)-(z^2x^2+y^2z^2-z^4)\\
&=x^4-2(y^2+z^2)x^2+(y^2-z^2)^2\\
&=x^4-2(y^2+z^2)x^2+((y+z)(y-z))^2\\
&=(x^2-(y+z)^2)(x^2-(y-z)^2)\\
&=(x+y+z)(x-y-z)(x+y-z)(x-y+z)
\end{aligned}
$$

のように因数分解できる。

**練習 4.4**　クラメールの公式を用いて解くとき，行列式の計算が必要になる。この連立 1 次方程式の係数行列 $A$ に対する行列式は，よく見るとヴァン・デル・モンドの行列式（の特別な場合）である。また，定数ベクトルも $\boldsymbol{b}={}^t[1,4,4^2]$ の形をしているので，分子の行列式もヴァン・デル・モンドの行列式である。

以上を念頭に行列式の計算を行う。クラメールの公式の分母に現れる行列式は

$$\det A=\Delta(1,2,3)=(2-1)(3-1)(3-2)=2$$

である。ここで，$\Delta(a,b,c)$ は式 (4.4) で定義された差積である。

次に，クラメールの公式の分子に現れる行列式は

$$
\begin{aligned}
\det A_1(\boldsymbol{b})&=\Delta(4,2,3)=(2-4)(3-4)(3-2)=2\\
\det A_2(\boldsymbol{b})&=\Delta(1,4,3)=(4-1)(3-1)(3-4)=-6\\
\det A_3(\boldsymbol{b})&=\Delta(1,2,4)=(2-1)(4-1)(4-2)=6
\end{aligned}
$$

である。よって

$$x_1=\frac{2}{2}=1,\qquad x_2=\frac{-6}{2}=-3,\qquad x_3=\frac{6}{2}=3$$

を得る。

## 【5 章】

**練習 5.1**　題意より

$$P=[\boldsymbol{p}_1,\boldsymbol{p}_2]=\begin{bmatrix}1 & 1\\ 2 & -2\end{bmatrix}$$

であるから，$\det P = 1 \times (-2) - 2 \times 1 = -4 \neq 0$ より $P$ は正則である。よって

$$AP = A[\boldsymbol{p}_1, \boldsymbol{p}_2] = [3\boldsymbol{p}_1, -\boldsymbol{p}_2] = [\boldsymbol{p}_1, \boldsymbol{p}_2]\begin{bmatrix}3 & 0\\0 & -1\end{bmatrix} = P\begin{bmatrix}3 & 0\\0 & -1\end{bmatrix}$$

より，両辺の左から $P^{-1}$ を掛けて

$$P^{-1}AP = \begin{bmatrix}3 & 0\\0 & -1\end{bmatrix}$$

を得る。

**練習 5.2**　ケーリー・ハミルトンの定理（例題 5.2）より

$$A^2 - (\operatorname{tr} A)A + (\det A)I = O$$

が成り立っている。これと $A^2 - 3A + 2I = O$ から

$$((\operatorname{tr} A) - 3)A = ((\det A) - 2)I$$

が成り立つ。

いまもし，$(\operatorname{tr} A) - 3 = 0$ なら $((\det A) - 2)I = O$ より，$\det A = 2$ である。これは例えば

$$A = \begin{bmatrix}1 & 0\\0 & 2\end{bmatrix}$$

のとき，$\operatorname{tr} A = 3, \det A = 2$ となるから，確かにあり得る。

一方，$(\operatorname{tr} A) - 3 \neq 0$ なら

$$A = kI, \qquad \left(k = \frac{(\det A) - 2}{(\operatorname{tr} A) - 3}\right)$$

とおける。これを $A^2 - 3A + 2I = O$ に代入して

$$(k^2 - 3k + 2)I = O$$

となる。これは $k^2 - 3k + 2 = (k-1)(k-2) = 0$ と同値だから，$k = 1, 2$ を得る。$k = 1$ のとき $A = I$ より，$\operatorname{tr} A = 2, \det A = 1$ であり，$k = 2$ のとき $A = 2I$ より，$\operatorname{tr} A = 4, \det A = 4$ である。

結局，トレースと行列式のとり得る値（の組）は

$$(\operatorname{tr} A, \det A) = (3, 2), (2, 1), (4, 4)$$

である。

**練習 5.3**　固有多項式は

$$\begin{aligned}\Delta_A(x) &= \begin{vmatrix} x-6 & 10 & -5 \\ -7 & x+13 & -7 \\ -8 & 16 & x-9 \end{vmatrix} \\ &= (x-6)(x+13)(x-9)+560+560 \\ &\quad +112(x-6)+70(x-9)-40(x+13) \\ &= x^3-2x^2+x = x(x-1)^2\end{aligned}$$

であるから，固有値は 0, 1（重根）である。

固有値 0 に対して，$(A-0I)\boldsymbol{p}_1 = A\boldsymbol{p}_1 = \boldsymbol{0}_3$ を解く。そのため $A$ を行基本変形していくと

$$\begin{bmatrix} 6 & -10 & 5 \\ 7 & -13 & 7 \\ 8 & -16 & 9 \end{bmatrix} \xrightarrow[(\text{第 3 行})-(\text{第 1 行})\times 1]{(\text{第 2 行})-(\text{第 1 行})\times 1} \begin{bmatrix} 6 & -10 & 5 \\ 1 & -3 & 2 \\ 2 & -6 & 4 \end{bmatrix}$$

$$\xrightarrow{(\text{第 1 行}) \text{ と } (\text{第 2 行}) \text{ の入れ換え}} \begin{bmatrix} 1 & -3 & 2 \\ 6 & -10 & 5 \\ 2 & -6 & 4 \end{bmatrix}$$

$$\xrightarrow[(\text{第 3 行})-(\text{第 1 行})\times 2]{(\text{第 2 行})-(\text{第 1 行})\times 6} \begin{bmatrix} 1 & -3 & 2 \\ 0 & 8 & -7 \\ 0 & 0 & 0 \end{bmatrix}$$

となる。よって，$\boldsymbol{p}_1 = {}^t[x_1, x_2, x_3]$ とおくと

$$\begin{cases} x_1 \quad -3x_2 \quad +2x_3 = 0 \\ \qquad\quad 8x_2 \quad -7x_3 = 0 \end{cases} \qquad (\text{解 } 5.1)$$

を得る。式 (解 5.1) の第 2 式より，$x_2 = 7k$, $x_3 = 8k$ とおけ，これらを式 (解 5.1) の第 1 式に代入することにより

$$x_1 = 3x_2 - 2x_3 = 3(7k) - 2(8k) = 5k$$

を得る。簡単のため $k = 1$ とおいて，$\boldsymbol{p}_1 = {}^t[5, 7, 8]$ となる。

次に，固有値 1 に対して，$(A-I)\boldsymbol{p} = \boldsymbol{0}_3$ を解く。

$$A - I = \begin{bmatrix} 5 & -10 & 5 \\ 7 & -14 & 7 \\ 8 & -16 & 8 \end{bmatrix}$$

より，$\boldsymbol{p} = {}^t[x_1, x_2, x_3]$ とおくと，$(A - I)\boldsymbol{p} = \mathbf{0}_3$ はただ一つの式

$$x_1 - 2x_2 + x_3 = 0 \qquad (解\ 5.2)$$

に帰着する。よって，固有ベクトルとして $\boldsymbol{p}_2 = {}^t[1, 0, -1]$, $\boldsymbol{p}_3 = {}^t[2, 1, 0]$ の二つがとれる[†1]。

ここで，$P = [\boldsymbol{p}_1, \boldsymbol{p}_2, \boldsymbol{p}_3]$ とおけば，$P$ は正則である。なぜなら $\boldsymbol{p}_2, \boldsymbol{p}_3$ は 1 次独立なので，もし 1 次従属だとすると $\boldsymbol{p}_1 = k_2\boldsymbol{p}_2 + k_3\boldsymbol{p}_3$ と書けるはずであるが，第 3 成分と第 2 成分に着目すると $k_2 = -8$, $k_3 = 7$ となるがこれだと第 1 成分の等式が成り立たないからである。この $P$ を用いて，行列 $A$ は

$$P^{-1}AP = \begin{bmatrix} 0 & 0 & 0 \\ 0 & 1 & 0 \\ 0 & 0 & 1 \end{bmatrix} := D$$

と対角化できる。

次に，$A^n$ を計算しよう。

$$A = PDP^{-1}$$

より

$$A^n = PD^nP^{-1}$$

である。いま

$$D^n = \begin{bmatrix} 0^n & 0 & 0 \\ 0 & 1^n & 0 \\ 0 & 0 & 1^n \end{bmatrix} = D$$

であるから

$$A^n = PDP^{-1} = A = \begin{bmatrix} 6 & -10 & 5 \\ 7 & -13 & 7 \\ 8 & -16 & 9 \end{bmatrix}$$

を得る[†2]。

---

†1　固有値 2 に対する 1 次独立な二つの固有ベクトルのとり方についてはほかにもいろいろある。各自工夫せよ。例えば，$\boldsymbol{p}_2 = {}^t[1, 2, 3]$, $\boldsymbol{p}_3 = {}^t[3, 5, 7]$ とし，$P = [\boldsymbol{p}_2, \boldsymbol{p}_3, \boldsymbol{p}_1]$ とおけば，この $P$ は第 3 章の章末問題【**1**】の行列 $B$ と同一で，その結果から $P$ が正則であることや，その逆行列などがただちにわかる。

†2　実際に，$A^2$ を計算して $A$ に等しいことを確かめよ。

**練習 5.4**　例題 5.4 と同様に，$\boldsymbol{y} = P\boldsymbol{z}$, $\boldsymbol{z} = {}^t[z_1, z_2, z_3]$ とおく（$P$ は練習 5.3 で求めた正則行列）。するとこのとき，$d\boldsymbol{z}/dx = D\boldsymbol{z}$（$D$ は練習 5.3 で求めた対角行列）であるから

$$z_1 = C_1, \quad z_2 = C_2 e^x, \quad z_3 = C_3 e^x$$

である。よって，$\boldsymbol{y} = P\boldsymbol{z}$ より以下を得る。

$$\begin{bmatrix} y_1 \\ y_2 \\ y_3 \end{bmatrix} = \begin{bmatrix} 5 & 1 & 2 \\ 7 & 0 & 1 \\ 8 & -1 & 0 \end{bmatrix} \begin{bmatrix} C_1 \\ C_2 e^x \\ C_3 e^x \end{bmatrix} = \begin{bmatrix} 5C_1 + (C_2 + 2C_3)e^x \\ 7C_1 + C_3 e^x \\ 8C_1 - C_2 e^x \end{bmatrix}$$

**練習 5.5**　(1)　$\boldsymbol{x} = [1, \cdots, 1]$ とおくと，$\boldsymbol{x}A = \boldsymbol{x}$ である。実際，$A = [\boldsymbol{a}_1, \cdots, \boldsymbol{a}_N]$ とおくと，$\boldsymbol{x}A$ の第 $j$ 成分を計算すれば

$$[1, \cdots, 1]\boldsymbol{a}_j = a_{1j} + \cdots + a_{Nj} = 1$$

となるからである。よって，転置をとれば ${}^tA\,{}^t\boldsymbol{x} = {}^t\boldsymbol{x}$ となり，${}^tA$ は固有値 1 をもつ。

ところで，$A$ の固有多項式は $xI_N - A$ の行列式で与えられるが，転置をとっても行列式は不変である。よって

$$\begin{aligned} \Delta_A(x) &= \det(xI_N - A) = \det {}^t(xI_N - A) \\ &= \det(xI_N - {}^tA) = \Delta_{{}^tA}(x) \end{aligned}$$

より，$A$ と ${}^tA$ の固有方程式は同じ，つまり $A$ と ${}^tA$ は同じ固有値をもつ。よって，$A$ は固有値 1 をもつ。

次に $\boldsymbol{p}$ を $A$ の固有値 1 に対する固有ベクトルとする。このとき

$$\boldsymbol{p} = A\boldsymbol{p} \tag{解 5.3}$$

が成り立つ。式 (解 5.3) の第 $i$ 成分の絶対値をとると

$$|p_i| = \left| \sum_{j=1}^{N} a_{ij} p_j \right| \tag{解 5.4}$$

となる。

ここで三角不等式を思い出そう。

$$|a + b| \leqq |a| + |b| \quad (\text{等号は } ab \geqq 0 \text{ のとき})$$

あるいは一般に

$$|a_1 + \cdots + a_N| \leqq |a_1| + \cdots + |a_N|$$
$$(\text{等号は } a_1, \cdots, a_N \geqq (\leqq) 0 \text{ のとき})$$

が成り立つ。これらは実数のときだが，変数が複素数のときも絶対値の定義を $|a+bi| = \sqrt{a^2+b^2}$ とすれば成り立つ（等号成立は $a_1, \cdots, a_N$ の複素平面上の向きがすべて同じとき）。

式 (解 5.4) に三角不等式を適用して

$$|p_i| \leqq \sum_{j=1}^{N} a_{ij}|p_j|$$

となるので，両辺で $i$ についての和をとることにより

$$\sum_{i=1}^{N} |p_i| \leqq \sum_{i=1}^{N}\sum_{j=1}^{N} a_{ij}|p_j| = \sum_{j=1}^{N} |p_j| \qquad (\text{解 } 5.5)$$

が成り立つ。いま，固有値が実数だから，固有ベクトル $\boldsymbol{p}$ の各成分を実数にとれる。$a_{ij} > 0$ であることに注意すると，$\boldsymbol{p}$ の各成分 $p_j$ の符号が（0 の成分を除き）一定でないと仮定すれば，式 (解 5.5) で等号は成立しない。するとこのとき

$$\sum_{i=1}^{N} |p_i| < \sum_{j=1}^{N} |p_j|$$

となって矛盾する。よって，$p_j$ の符号は（0 の成分を除き）一定である。特に任意の $1 \leqq j \leqq N$ に対して $p_j \geqq 0$ ととれる（$*$）。

次にもっと強く，任意の $1 \leqq j \leqq N$ に対して $p_j > 0$ であることを示そう。以後，任意の $1 \leqq j \leqq N$ に対して $p_j \geqq 0$ のとき $\boldsymbol{p} \geqq \boldsymbol{0}$, $p_j > 0$ のとき $\boldsymbol{p} > \boldsymbol{0}$, 任意の $1 \leqq i, j \leqq N$ に対して $a_{ij} \geqq 0$ のとき $A \geqq O$, $a_{ij} > 0$ のとき $A > O$ などと書くことにする。

すると（$*$）で示されたのは $\boldsymbol{p} \geqq \boldsymbol{0}$ である。ただし，$\boldsymbol{p} \neq \boldsymbol{0}_N$ より，少なくとも一つの $1 \leqq j \leqq N$ に対して $p_j > 0$ が成り立つ。よって $A > O$ であるから，$A\boldsymbol{p} > \boldsymbol{0}$ である。$\boldsymbol{p}$ の固有値は 1，すなわち，$A\boldsymbol{p} = \boldsymbol{p}$ であることと合わせて，$\boldsymbol{p} > \boldsymbol{0}$ が成り立つ。

最後に，$A$ の固有値 1 に対する固有ベクトルは定数倍を除いて $\boldsymbol{p}$ しかないことを示す。もし $\boldsymbol{p}$ と平行でない $\boldsymbol{p}'$ が $A$ の固有値 1 に対する固有ベクトルと仮定する。このとき，$\boldsymbol{p}' > \boldsymbol{0}$ にできる。いま簡単のため，$\boldsymbol{x}\boldsymbol{p} = \boldsymbol{x}\boldsymbol{p}' = 1$, つまり $\boldsymbol{p}$ と $\boldsymbol{p}'$ の各成分の和が 1 になるよう規格化したとする。このとき，$\boldsymbol{q} = \boldsymbol{p} - \boldsymbol{p}'$ と

おくと，$A\boldsymbol{q}=\boldsymbol{q}$ より $\boldsymbol{q}$ は $A$ の固有値 1 に対する固有ベクトルであるが，$\boldsymbol{q}>\boldsymbol{0}$ にも $\boldsymbol{q}<\boldsymbol{0}$ にもとれないことを示す。

仮定より，$\boldsymbol{p}\neq\boldsymbol{p}'$ だから $p_i\neq p_i'$ となる成分が存在する。ここで $p_i>p_i'$ とおいても一般性は失わない。一方，$\boldsymbol{xp}=\boldsymbol{xp}'=1$ だから $i$ 以外のほかのすべての成分で $p_j\geqq p_j'$ をみたすことはできない。すわなち，$p_j<p_j'$ をみたす $j(\neq i)$ が存在する。よって，$p_i-p_i'>0$ かつ $p_j-p_j'<0$ が成り立つので，$\boldsymbol{q}>\boldsymbol{0}$ も $\boldsymbol{q}<\boldsymbol{0}$ も成り立たない。これは，$A$ の固有値 1 の固有ベクトルのすべての成分を同一にとれることに反する。よって，$A$ の固有値 1 に対する固有ベクトルは定数倍を除いて一つしかない $(\dim W_1=1)$ ことが示された。

(2)　$\lambda$ を $A$ の 1 以外の固有値，$\boldsymbol{v}={}^t[v_1,\cdots,v_N]$ を $A$ の固有値 $\lambda$ に対する固有ベクトルとする。すると

$$\lambda\boldsymbol{v}=A\boldsymbol{v} \tag{解 5.6}$$

の両辺の左から (1) の $\boldsymbol{x}$ を掛けて

$$\boldsymbol{x}(\lambda\boldsymbol{v})=\boldsymbol{x}A\boldsymbol{v}$$

となる。$\boldsymbol{x}A=\boldsymbol{x}$ であるから

$$\lambda\boldsymbol{xv}=\boldsymbol{xv}$$

である。$\lambda\neq1$ だから $\boldsymbol{xv}=v_1+\cdots+v_N=0$ でなければならない。よって特に，$A$ の固有値 $\lambda(\neq1)$ に対する固有ベクトルは，すべての成分を同一符号，または複素平面上で同じ向きにとることはできない。

式 (解 5.6) で両辺の第 $i$ 成分の絶対値をとると

$$|\lambda v_i|=\left|\sum_{j=1}^{N}a_{ij}v_j\right|<\sum_{j=1}^{N}a_{ij}|v_j| \tag{解 5.7}$$

が成り立つ。ここで，最後の不等号は，$a_{ij}>0$ と $v_1,\cdots,v_N$ のすべてを同一符号（あるいは複素平面上で同じ向き）にとることができないことによる†。式 (解 5.7) の $i$ に関する和をとることにより

$$|\lambda|\sum_{i=1}^{N}|v_i|<\sum_{i=1}^{N}\sum_{j=1}^{N}a_{ij}|v_j|=\sum_{j=1}^{N}|v_j| \tag{解 5.8}$$

を得る。式 (解 5.8) より，$|\lambda|<1$ が成り立つ。

† すなわち，三角不等式で等号となる条件が成り立っていない。

(3)　$A$ は対角化可能なので，$N$ 個の 1 次独立な固有ベクトルが存在して，初期値ベクトル $\boldsymbol{p}_0$ を

$$\boldsymbol{p}_0 = k\boldsymbol{p} + k_1\boldsymbol{v}_1 + \cdots + k_{N-1}\boldsymbol{v}_{N-1}$$

と 1 次結合で書ける。ここで，$\boldsymbol{p}$ は各成分の和が 1 になるよう規格化した固有値 1 に対する固有ベクトル，$\boldsymbol{v}_1, \cdots, \boldsymbol{v}_{N-1}$ は固有値 1 以外の固有値 $\lambda_1, \cdots, \lambda_{N-1}$ に対する固有ベクトルである。この両辺の左から $\boldsymbol{x}$ を掛ける（言い換えると各成分の和をとる）ことにより，$k = 1$ を得る。ここで

$$\boldsymbol{x}\boldsymbol{p}_0 = \boldsymbol{x}\boldsymbol{p} = 1, \quad \boldsymbol{x}\boldsymbol{v}_j = 0 \quad (1 \leqq j \leqq N-1)$$

を用いた。よって

$$\begin{aligned}\boldsymbol{p}_n &= A^n(\boldsymbol{p} + k_1\boldsymbol{v}_1 + \cdots + k_{N-1}\boldsymbol{v}_{N-1}) \\ &= \boldsymbol{p} + k_1\lambda_1^n\boldsymbol{v}_1 + \cdots + k_{N-1}\lambda_{N-1}^n\boldsymbol{v}_{N-1}\end{aligned}$$

より

$$\lim_{n\to\infty} \boldsymbol{p}_n = \boldsymbol{p}$$

を得る。

**練習 5.6**　例題 5.6 の解答から 3 次正方行列 $A, B$ の場合も $(A+B)^3 = O$ が成り立つ。すなわち，$A+B$ はべき零行列であるが，3 次正方行列のため，$A+B$ の指数は 3 以下としかいえない（命題 5.6）。

そこで $A+B = \begin{bmatrix} 0 & 1 & 0 \\ 0 & 0 & 1 \\ 0 & 0 & 0 \end{bmatrix}$ としてみると，（右辺はべき零行列の標準形だから）$(A+B)^3 = O$ である。この条件で，$A^2 = AB = B^2 = O$ であるが $BA \neq O$ となるような例として

$$A = \begin{bmatrix} 0 & 0 & 0 \\ 0 & 0 & 1 \\ 0 & 0 & 0 \end{bmatrix}, \quad B = \begin{bmatrix} 0 & 1 & 0 \\ 0 & 0 & 0 \\ 0 & 0 & 0 \end{bmatrix}$$

が「目の子算」で見つけられる（このとき以下が成り立つ）。

$$A^2 = B^2 = AB = O, \quad BA = \begin{bmatrix} 0 & 0 & 1 \\ 0 & 0 & 0 \\ 0 & 0 & 0 \end{bmatrix} \neq O$$

**練習 5.7**　$A$ の固有多項式は

$$\Delta_A(x) = \begin{vmatrix} x-2 & -1 & 0 \\ 1 & x-3 & -1 \\ -1 & 0 & x-1 \end{vmatrix}$$
$$= (x-2)(x-3)(x-1) - 1 + (x-1)$$
$$= x^3 - 6x^2 + 12x - 8 = (x-2)^3$$

より，$A$ の固有値は 2（3 重根）のみである。

$$(A-2I)^2 = \begin{bmatrix} 0 & 1 & 0 \\ -1 & 1 & 1 \\ 1 & 0 & -1 \end{bmatrix}^2 = \begin{bmatrix} -1 & 1 & 1 \\ 0 & 0 & 0 \\ -1 & 1 & 1 \end{bmatrix}$$
$$(A-2I)^3 = \begin{bmatrix} -1 & 1 & 1 \\ 0 & 0 & 0 \\ -1 & 1 & 1 \end{bmatrix} \begin{bmatrix} 0 & 1 & 0 \\ -1 & 1 & 1 \\ 1 & 0 & -1 \end{bmatrix} = O_3$$

であるから，$\boldsymbol{p}_3 \neq \mathbf{0}_3$ を適当に選び，$\boldsymbol{p}_2 = (A-2I_3)\boldsymbol{p}_3$, $\boldsymbol{p}_1 = (A-2I_3)\boldsymbol{p}_2 \neq \mathbf{0}_3$ となるようにできれば $(A-2I_3)\boldsymbol{p}_1 = (A-2I_3)^3\boldsymbol{p}_3 = \mathbf{0}_3$ より，$\boldsymbol{p}_1$ は $A$ の固有値 2 に対する固有ベクトルである。例えば，$\boldsymbol{p}_3 = {}^t[0,0,1]$ と選べば

$$\boldsymbol{p}_2 = \begin{bmatrix} 0 & 1 & 0 \\ -1 & 1 & 1 \\ 1 & 0 & -1 \end{bmatrix} \begin{bmatrix} 0 \\ 0 \\ 1 \end{bmatrix} = \begin{bmatrix} 0 \\ 1 \\ -1 \end{bmatrix}$$
$$\boldsymbol{p}_1 = \begin{bmatrix} 0 & 1 & 0 \\ -1 & 1 & 1 \\ 1 & 0 & -1 \end{bmatrix} \begin{bmatrix} 0 \\ 1 \\ -1 \end{bmatrix} = \begin{bmatrix} 1 \\ 0 \\ 1 \end{bmatrix}$$

である。よって

$$A[\boldsymbol{p}_1, \boldsymbol{p}_2, \boldsymbol{p}_3] = [2\boldsymbol{p}_1, \boldsymbol{p}_1 + 2\boldsymbol{p}_2, \boldsymbol{p}_2 + 2\boldsymbol{p}_3] = [\boldsymbol{p}_1, \boldsymbol{p}_2, \boldsymbol{p}_3] \begin{bmatrix} 2 & 1 & 0 \\ 0 & 2 & 1 \\ 0 & 0 & 2 \end{bmatrix}$$

であるから，$P = [\boldsymbol{p}_1, \boldsymbol{p}_2, \boldsymbol{p}_3]$ ととることにより，$A$ のジョルダン標準形は

$$P^{-1}AP = \begin{bmatrix} 2 & 1 & 0 \\ 0 & 2 & 1 \\ 0 & 0 & 2 \end{bmatrix}$$

で与えられる。

# 章末問題解答

**★1章**

**【1】**(1)　三角形 ABC の重心 G は，BC の中点を点 D として，AD を 2 : 1 に内分する点である（**解図 1.2**）。まず，点 D は BC の中点だから

$$\begin{aligned}\overrightarrow{\mathrm{OD}} &= \overrightarrow{\mathrm{OB}} + \frac{1}{2}\overrightarrow{\mathrm{BC}} \\ &= \boldsymbol{b} + \frac{1}{2}(\boldsymbol{c} - \boldsymbol{b}) \\ &= \frac{1}{2}(\boldsymbol{b} + \boldsymbol{c})\end{aligned}$$

である。点 G は AD を 2 : 1 に内分する点だから

$$\begin{aligned}\overrightarrow{\mathrm{OG}} &= \overrightarrow{\mathrm{OA}} + \frac{2}{3}\overrightarrow{\mathrm{AD}} \\ &= \boldsymbol{a} + \frac{2}{3}\left(\frac{\boldsymbol{b} + \boldsymbol{c}}{2} - \boldsymbol{a}\right) \\ &= \frac{1}{3}(\boldsymbol{a} + \boldsymbol{b} + \boldsymbol{c})\end{aligned}$$

を得る。

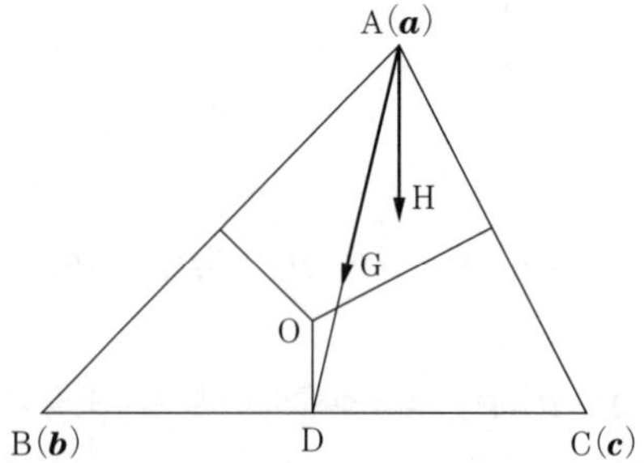


$\overrightarrow{\mathrm{OH}} = \boldsymbol{a} + \boldsymbol{b} + \boldsymbol{c}$ より，$\overrightarrow{\mathrm{AH}} = \boldsymbol{b} + \boldsymbol{c}$ である。

**解図 1.2**　三角形 ABC と外心 O・重心 G と点 H

(2)　$\overrightarrow{\mathrm{OH}} = \boldsymbol{a} + \boldsymbol{b} + \boldsymbol{c}$ とおくと

$$\overrightarrow{\mathrm{AH}} = \overrightarrow{\mathrm{OH}} - \overrightarrow{\mathrm{OA}} = \boldsymbol{b} + \boldsymbol{c}$$

である。点 O は三角形 ABC の外心だから

$$\overrightarrow{\mathrm{AH}} \cdot \overrightarrow{\mathrm{BC}} = (\boldsymbol{b} + \boldsymbol{c}) \cdot (\boldsymbol{c} - \boldsymbol{b}) = |\boldsymbol{c}|^2 - |\boldsymbol{b}|^2 = 0$$

が成り立つ。ここで，$|\boldsymbol{a}| = |\boldsymbol{b}| = |\boldsymbol{c}|$ であることを用いた。よって，AH⊥BC である。同様にして，BH⊥CA, CH⊥AB も成り立つ。よって，点 H は三角形 ABC の垂心である。

**【2】** 一例として，$A = \begin{bmatrix} 0 & 1 \\ 0 & 0 \end{bmatrix} = B \neq O$ とおくと

$$AB = \begin{bmatrix} 0 & 1 \\ 0 & 0 \end{bmatrix}^2 = \begin{bmatrix} 0 & 0 \\ 0 & 0 \end{bmatrix}$$

となって，$AB = O$ をみたす。ほかにも

$$A = \begin{bmatrix} 1 & 1 \\ 1 & 1 \end{bmatrix}, \quad B = \begin{bmatrix} 1 & -1 \\ -1 & 1 \end{bmatrix}$$

などの例がある（ほかにもたくさんある。自分なりに工夫して探してみよ）。

**【3】** 例題 1.5 より，原点 O を中心とする角度 $\theta$ の回転 $F_\theta$ に対応する行列を $R_\theta$ とすると

$$R_\theta = \begin{bmatrix} \cos\theta & -\sin\theta \\ \sin\theta & \cos\theta \end{bmatrix}$$

である。$\theta = \alpha, \beta, \alpha + \beta$ を代入すると

$$R_{\alpha+\beta} = R_\alpha R_\beta$$

より

$$\begin{bmatrix} \cos(\alpha+\beta) & -\sin(\alpha+\beta) \\ \sin(\alpha+\beta) & \cos(\alpha+\beta) \end{bmatrix} = \begin{bmatrix} \cos\alpha & -\sin\alpha \\ \sin\alpha & \cos\alpha \end{bmatrix} \begin{bmatrix} \cos\beta & -\sin\beta \\ \sin\beta & \cos\beta \end{bmatrix}$$

が成り立つ。この式の右辺は

$$\begin{bmatrix} \cos\alpha\cos\beta - \sin\alpha\sin\beta & -\sin\alpha\cos\beta - \cos\alpha\sin\beta \\ \sin\alpha\cos\beta + \cos\alpha\sin\beta & \cos\alpha\cos\beta - \sin\alpha\sin\beta \end{bmatrix}$$

であるから，各成分を見比べて

$$\begin{cases} \cos(\alpha+\beta) = \cos\alpha\cos\beta - \sin\alpha\sin\beta \\ \sin(\alpha+\beta) = \sin\alpha\cos\beta + \cos\alpha\sin\beta \end{cases}$$

を得る。これは三角関数の加法定理である。

【4】 $\boldsymbol{a} = \begin{bmatrix} 2 \\ -1 \end{bmatrix}$, $\boldsymbol{b} = \begin{bmatrix} 1 \\ 3 \end{bmatrix} - \begin{bmatrix} 2 \\ -1 \end{bmatrix} = \begin{bmatrix} -1 \\ 4 \end{bmatrix}$ とおくと，問題の最初の条件は $F(\boldsymbol{a}) = \boldsymbol{a} + \boldsymbol{b}$ である。また，直線 $l$ のベクトル方程式は

$$\boldsymbol{x} = \boldsymbol{a} + t\boldsymbol{b}$$

より，1 次変換 $F$ により直線 $l$ は

$$F(\boldsymbol{x}) = F(\boldsymbol{a}) + tF(\boldsymbol{b}) \qquad (解 1.1)$$

つまり，$F(\boldsymbol{a}) = \boldsymbol{a} + \boldsymbol{b}$ を通って $F(\boldsymbol{b})$ に平行な直線に移る。$F$ により直線 $l$ が自分自身に移るから

$$F(\boldsymbol{b}) = \lambda\boldsymbol{b} \quad (\lambda \neq 0) \qquad (解 1.2)$$

でなければならない。式 (解 1.2) を式 (解 1.1) に代入して

$$F(\boldsymbol{x}) = \boldsymbol{a} + \boldsymbol{b} + t\lambda\boldsymbol{b} = \boldsymbol{a} + (1 + t\lambda)\boldsymbol{b} \qquad (解 1.3)$$

を得る。よって $F(\boldsymbol{x}) = \boldsymbol{x}$ とおくと

$$\boldsymbol{a} + (1 + t\lambda)\boldsymbol{b} = \boldsymbol{a} + t\boldsymbol{b} \qquad (解 1.4)$$

となる。$1 + t\lambda = t$ は $\lambda \neq 1$ のとき $t$ について解けて，$t = 1/(1-\lambda)$ である。逆に $\lambda \neq 1$ を仮定すると，式 (解 1.4) より $t = 1/(1-\lambda)$ のとき $F(\boldsymbol{x}) = \boldsymbol{x}$ をみたすから，直線 $l$ 上の点で自分自身に移る点が存在する。一方，$\lambda = 1$ のときは

$$F(\boldsymbol{x}) = \boldsymbol{a} + (1 + t)\boldsymbol{b} \neq \boldsymbol{x} = \boldsymbol{a} + t\boldsymbol{b}$$

となって，直線 $l$ 上の点で自分自身に移る点は存在しない。

よって，与えられた条件は

$$F\left(\begin{bmatrix} 2 \\ -1 \end{bmatrix}\right) = \begin{bmatrix} 1 \\ 3 \end{bmatrix}, \quad F\left(\begin{bmatrix} -1 \\ 4 \end{bmatrix}\right) = \begin{bmatrix} -1 \\ 4 \end{bmatrix}$$

となる。$F$ に対応する行列を $A$ とおくと

$$A\left[\begin{array}{c|c}2 & -1\\ -1 & 4\end{array}\right]=\left[\begin{array}{c|c}1 & -1\\ 3 & 4\end{array}\right]$$

である。よって

$$A=\begin{bmatrix}1 & -1\\ 3 & 4\end{bmatrix}\begin{bmatrix}2 & -1\\ -1 & 4\end{bmatrix}^{-1}=\begin{bmatrix}1 & -1\\ 3 & 4\end{bmatrix}\frac{1}{7}\begin{bmatrix}4 & 1\\ 1 & 2\end{bmatrix}=\frac{1}{7}\begin{bmatrix}3 & -1\\ 16 & 11\end{bmatrix}$$

より，$F=T_A$，すなわち $F$ は $A$ の定める 1 次変換である。

## ★2章

【1】$|\boldsymbol{a}|=\sqrt{2^2+(-3)^2+6^2}=7$ であるから，$\boldsymbol{a}$ と同じ向きの単位ベクトルは $\hat{\boldsymbol{a}}=(1/7)\boldsymbol{a}$ である。

いま訊かれているのは，$\boldsymbol{a}$ と逆向きの単位ベクトルであるから

$$-\frac{1}{7}\boldsymbol{a}=-\frac{1}{7}\begin{bmatrix}2\\ -3\\ 6\end{bmatrix}=\frac{1}{7}\begin{bmatrix}-2\\ 3\\ -6\end{bmatrix}$$

である。

【2】(1)　$\boldsymbol{a},\boldsymbol{b}$ のなす角は，$\angle$AOB$=60^\circ$ である（**解図 2.1**）。よって

$$\boldsymbol{a}\cdot\boldsymbol{b}=|\boldsymbol{a}||\boldsymbol{b}|\cos 60^\circ=\frac{1}{2}$$

である。

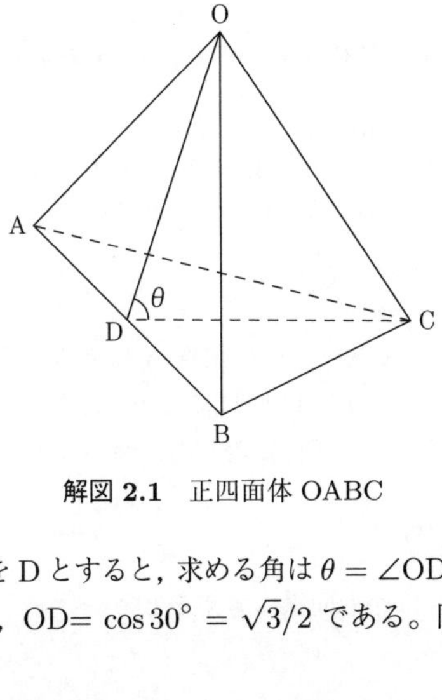


**解図 2.1**　正四面体 OABC

(2)　AB の中点を D とすると，求める角は $\theta=\angle$ODC である。$\angle$AOD$=30^\circ$ であるから，OD$=\cos 30^\circ=\sqrt{3}/2$ である。同様にして，CD$=\sqrt{3}/2$

である。

三角形 ODC に余弦定理を適用して

$$\cos\theta = \frac{\mathrm{DO}^2 + \mathrm{DC}^2 - \mathrm{OC}^2}{2\mathrm{DO}\cdot\mathrm{DC}} = \frac{\frac{3}{4}+\frac{3}{4}-1}{2\left(\frac{\sqrt{3}}{2}\right)^2} = \frac{1}{3}$$

を得る。よって求める角は，その余弦が 1/3 に等しい角，すなわち $\cos^{-1}(1/3)$ である。

【3】(1)　まず，$\boldsymbol{a}$ と $\boldsymbol{b}$ の外積を求めると

$$\boldsymbol{a}\times\boldsymbol{b} = \begin{bmatrix} 3 \\ 2 \\ -1 \end{bmatrix}$$

である。命題 2.1(2) により，$\boldsymbol{a}$，$\boldsymbol{b}$ を隣り合う 2 辺とする平行四辺形の面積 $S$ は

$$S = |\boldsymbol{a}\times\boldsymbol{b}| = \sqrt{3^2+2^2+(-1)^2} = \sqrt{14}$$

となる。

(2)　命題 2.1(3) より，$\boldsymbol{a}$，$\boldsymbol{b}$，$\boldsymbol{c}$ を隣り合う 3 辺とする平行六面体の体積 $V$ は

$$V = |(\boldsymbol{a}\times\boldsymbol{b})\cdot\boldsymbol{c}| = |3\cdot 2 + 2\cdot 3 + (-1)\cdot 0| = 12$$

である。

別解　定理 2.5(3) より，$V = |\det[\boldsymbol{a},\boldsymbol{b},\boldsymbol{c}]|$ が成り立つ。

$$\det[\boldsymbol{a},\boldsymbol{b},\boldsymbol{c}] = \begin{vmatrix} 0 & 1 & 2 \\ 1 & 0 & 3 \\ 2 & 3 & 0 \end{vmatrix} = 0+6+6-0-0-0 = 12$$

より，$V = 12$ である。

【4】(1)　$(n+1)$ 回硬貨を投げた後に頂点 A にあるのは，$n$ 回硬貨を投げた後に頂点 B にあって $(n+1)$ 回目に裏が出たか，$n$ 回硬貨を投げた後に頂点 C にあって $(n+1)$ 回目に表が出たかのいずれかである。よって

$$a_{n+1} = \frac{1}{2}(b_n + c_n)$$

が成り立つ。ほかも同様に考えると

$$b_{n+1} = \frac{1}{2}(a_n + c_n)$$

$$c_{n+1} = \frac{1}{2}(a_n + b_n)$$

となる。これら三つの式は

$$\begin{bmatrix} a_{n+1} \\ b_{n+1} \\ c_{n+1} \end{bmatrix} = \frac{1}{2}\begin{bmatrix} 0 & 1 & 1 \\ 1 & 0 & 1 \\ 1 & 1 & 0 \end{bmatrix}\begin{bmatrix} a_n \\ b_n \\ c_n \end{bmatrix}$$

のように行列の積の形にまとめて書ける。よって，題意の行列 $P$ は

$$P = \frac{1}{2}\begin{bmatrix} 0 & 1 & 1 \\ 1 & 0 & 1 \\ 1 & 1 & 0 \end{bmatrix}$$

で与えられる。

(2)　(1) で求めた漸化式を繰り返し使うと

$$\boldsymbol{x}_n = P\boldsymbol{x}_{n-1} = P^2\boldsymbol{x}_{n-2} = \cdots = P^n\boldsymbol{x}_0$$

である。$\boldsymbol{x}_0$ は初期ベクトルで，最初は頂点 A にあったので

$$\boldsymbol{x}_0 = \begin{bmatrix} 1 \\ 0 \\ 0 \end{bmatrix}$$

である。よって題意は示された。

## ★3章

【1】$[A, I]$, $[B, I]$ を行基本変形していく。まず，$[A, I]$ から

$$\begin{bmatrix} 1 & 2 & 3 & 1 & 0 & 0 \\ 3 & 5 & 7 & 0 & 1 & 0 \\ 2 & 3 & 4 & 0 & 0 & 1 \end{bmatrix}$$

$$\xrightarrow[\text{(第 3 行)} - \text{(第 1 行)} \times 2]{\text{(第 2 行)} - \text{(第 1 行)} \times 3} \begin{bmatrix} 1 & 2 & 3 & 1 & 0 & 0 \\ 0 & -1 & -2 & -3 & 1 & 0 \\ 0 & -1 & -2 & -2 & 0 & 1 \end{bmatrix}$$

$$\xrightarrow{\text{(第 3 行)} - \text{(第 2 行)} \times 1} \begin{bmatrix} 1 & 2 & 3 & 1 & 0 & 0 \\ 0 & -1 & -2 & -3 & 1 & 0 \\ 0 & 0 & 0 & 1 & -1 & 1 \end{bmatrix}$$

となるから，明らかに $\mathrm{r}(A) \leqq 2$ である。よって，定理 3.20 より，$A$ は正則ではない。

次に，$[B, I]$ を行基本変形すると

$$\begin{bmatrix} 1 & 3 & 5 & 1 & 0 & 0 \\ 2 & 5 & 7 & 0 & 1 & 0 \\ 3 & 7 & 8 & 0 & 0 & 1 \end{bmatrix}$$

$$\xrightarrow[(\text{第 3 行}) - (\text{第 1 行}) \times 3]{(\text{第 2 行}) - (\text{第 1 行}) \times 2} \begin{bmatrix} 1 & 3 & 5 & 1 & 0 & 0 \\ 0 & -1 & -3 & -2 & 1 & 0 \\ 0 & -2 & -7 & -3 & 0 & 1 \end{bmatrix}$$

$$\xrightarrow{(\text{第 2 行}) \times (-1)} \begin{bmatrix} 1 & 3 & 5 & 1 & 0 & 0 \\ 0 & 1 & 3 & 2 & -1 & 0 \\ 0 & -2 & -7 & -3 & 0 & 1 \end{bmatrix}$$

$$\xrightarrow[(\text{第 3 行}) + (\text{第 2 行}) \times 2]{(\text{第 1 行}) - (\text{第 2 行}) \times 3} \begin{bmatrix} 1 & 0 & -4 & -5 & 3 & 0 \\ 0 & 1 & 3 & 2 & -1 & 0 \\ 0 & 0 & -1 & 1 & -2 & 1 \end{bmatrix}$$

$$\xrightarrow{(\text{第 3 行}) \times (-1)} \begin{bmatrix} 1 & 0 & -4 & -5 & 3 & 0 \\ 0 & 1 & 3 & 2 & -1 & 0 \\ 0 & 0 & 1 & -1 & 2 & -1 \end{bmatrix}$$

$$\xrightarrow[(\text{第 2 行}) - (\text{第 3 行}) \times 3]{(\text{第 1 行}) + (\text{第 3 行}) \times 4} \begin{bmatrix} 1 & 0 & 0 & -9 & 11 & -4 \\ 0 & 1 & 0 & 5 & -7 & 3 \\ 0 & 0 & 1 & -1 & 2 & -1 \end{bmatrix}$$

となるから，$B$ は正則で

$$B^{-1} = \begin{bmatrix} -9 & 11 & -4 \\ 5 & -7 & 3 \\ -1 & 2 & -1 \end{bmatrix}$$

を得る。

**【2】** $\boldsymbol{x} = {}^t[x_1, \cdots, x_r] \in \mathbb{R}^r$ とおくと，斉次連立 1 次方程式 (3.58) は

$$x_1 \boldsymbol{a}_1 + \cdots + x_r \boldsymbol{a}_r = \boldsymbol{0}_n \qquad (\text{解 } 3.4)$$

と書き換えられる。よって，$\boldsymbol{a}_1, \cdots, \boldsymbol{a}_r \in \mathbb{R}^n$ が 1 次独立ならば，式 (解 3.4) は $x_1 = \cdots = x_r = 0$ の解しかもたない。これは斉次連立 1 次方程式 (3.58) が自明な解しかもたないことを意味する。

一方，$\boldsymbol{a}_1, \cdots, \boldsymbol{a}_r \in \mathbb{R}^n$ が 1 次従属ならば，式 (解 3.4) は少なくとも一つ

の $x_i$ が 0 でない解をもつ。これは斉次連立 1 次方程式 (3.58) が非自明な解をもつことを意味する。

**【3】** 写像 $F$ は

$$F\left(\begin{bmatrix}x_1\\x_2\\x_3\end{bmatrix}\right)=\begin{bmatrix}2x_1-x_2\\x_1+x_3\\x_1+2x_2+3x_3\\3x_2-2x_3\end{bmatrix}$$

$$=x_1\begin{bmatrix}2\\1\\1\\0\end{bmatrix}+x_2\begin{bmatrix}-1\\0\\2\\3\end{bmatrix}+x_3\begin{bmatrix}0\\1\\3\\-2\end{bmatrix} \qquad (解\ 3.5)$$

と書き直せる。よって

$$F\left(c\begin{bmatrix}x_1\\x_2\\x_3\end{bmatrix}+d\begin{bmatrix}x_1'\\x_2'\\x_3'\end{bmatrix}\right)=F\left(\begin{bmatrix}cx_1+dx_1'\\cx_2+dx_2'\\cx_3+dx_3'\end{bmatrix}\right)$$

$$=(cx_1+dx_1')\begin{bmatrix}2\\1\\1\\0\end{bmatrix}+(cx_2+dx_2')\begin{bmatrix}-1\\0\\2\\3\end{bmatrix}+(cx_3+dx_3')\begin{bmatrix}0\\1\\3\\-2\end{bmatrix}$$

$$=cF\left(\begin{bmatrix}x_1\\x_2\\x_3\end{bmatrix}\right)+dF\left(\begin{bmatrix}x_1'\\x_2'\\x_3'\end{bmatrix}\right) \qquad (解\ 3.6)$$

を得る。式 (解 3.6) より，$F$ は $\mathbb{R}^3$ から $\mathbb{R}^4$ への線形写像である。

また，式 (解 3.5) より，$F$ は行列

$$A=\begin{bmatrix}2&-1&0\\1&0&1\\1&2&3\\0&3&-2\end{bmatrix}$$

の定める線形写像である。

**【4】** (1)　$A=[\boldsymbol{a}_1,\boldsymbol{a}_2,\boldsymbol{a}_3,\boldsymbol{a}_4]$, $\boldsymbol{x}={}^t[x_1,x_2,x_3,x_4]$ とおくと

$$A\boldsymbol{x}=x_1\boldsymbol{a}_1+x_2\boldsymbol{a}_2+x_3\boldsymbol{a}_3+x_4\boldsymbol{a}_4$$

であるから

$$\mathrm{Im}\,F = \{A\boldsymbol{x} | \boldsymbol{x} \in \mathbb{R}^4\} = \langle \boldsymbol{a}_1, \boldsymbol{a}_2, \boldsymbol{a}_3, \boldsymbol{a}_4 \rangle_{\mathbb{R}}$$

となって，例題 3.2 より $\mathrm{Im}\,F$ は $\mathbb{R}^3$ の部分空間である。$\mathrm{Im}\,F$ の基底と次元を求めるため，$A$ を行基本変形すると

$$\begin{bmatrix} 1 & -1 & 7 & 4 \\ 3 & 1 & 1 & 0 \\ 5 & 2 & 0 & -1 \end{bmatrix}$$

$$\xrightarrow[(\text{第 3 行}) - (\text{第 1 行}) \times 5]{(\text{第 2 行}) - (\text{第 1 行}) \times 3} \begin{bmatrix} 1 & -1 & 7 & 4 \\ 0 & 4 & -20 & -12 \\ 0 & 7 & -35 & -21 \end{bmatrix}$$

$$\xrightarrow{(\text{第 2 行}) \times (1/4)} \begin{bmatrix} 1 & -1 & 7 & 4 \\ 0 & 1 & -5 & -3 \\ 0 & 7 & -35 & -21 \end{bmatrix}$$

$$\xrightarrow[(\text{第 3 行}) - (\text{第 2 行}) \times 7]{(\text{第 1 行}) + (\text{第 2 行}) \times 1} \begin{bmatrix} 1 & 0 & 2 & 1 \\ 0 & 1 & -5 & -3 \\ 0 & 0 & 0 & 0 \end{bmatrix} = [\boldsymbol{a}'_1, \boldsymbol{a}'_2, \boldsymbol{a}'_3, \boldsymbol{a}'_4]$$

となり，明らかに $\boldsymbol{a}'_3 = 2\boldsymbol{a}'_1 - 5\boldsymbol{a}'_2$, $\boldsymbol{a}'_4 = \boldsymbol{a}'_1 - 3\boldsymbol{a}'_2$ が成り立つ。行基本変形の前後で，列ベクトル間に成り立つ 1 次関係式は不変（補題 3.24）だから，$\boldsymbol{a}_3 = 2\boldsymbol{a}_1 - 5\boldsymbol{a}_2$, $\boldsymbol{a}_4 = \boldsymbol{a}_1 - 3\boldsymbol{a}_2$ であることがわかる。また，$\boldsymbol{a}_1$ と $\boldsymbol{a}_2$ は平行ではないから 1 次独立である†。よって

$$\begin{aligned} \mathrm{Im}\,F &= \langle \boldsymbol{a}_1, \boldsymbol{a}_2, 2\boldsymbol{a}_1 - 5\boldsymbol{a}_2, \boldsymbol{a}_1 - 3\boldsymbol{a}_2 \rangle_{\mathbb{R}} \\ &= \langle \boldsymbol{a}_1, \boldsymbol{a}_2 \rangle_{\mathbb{R}} \end{aligned}$$

となるから，$\mathrm{Im}\,F$ の基底は $\{{}^t[1,3,5], {}^t[-1,1,2]\}$ であり，次元は 2 に等しい。

(2)　(1) の行基本変形より，斉次連立 1 次方程式 $A\boldsymbol{x} = \boldsymbol{0}_3$ は

$$\begin{cases} x_1 \qquad\quad +2x_3 \quad +x_4 = 0 \\ \qquad\quad x_2 \quad -5x_3 \quad -3x_4 = 0 \end{cases}$$

に帰着する。いま，$x_3 = s$, $x_4 = t$ とおくと，$x_1 = -2s - t$, $x_2 = 5s + 3t$ である。すなわち

$$\begin{bmatrix} x_1 \\ x_2 \\ x_3 \\ x_4 \end{bmatrix} = \begin{bmatrix} -2s - t \\ 5s + 3t \\ s \\ t \end{bmatrix} = s \begin{bmatrix} -2 \\ 5 \\ 1 \\ 0 \end{bmatrix} + t \begin{bmatrix} -1 \\ 3 \\ 0 \\ 1 \end{bmatrix}$$

† 練習 3.10 の解答の脚注参照。

である。${}^t[-2,5,1,0]$, ${}^t[-1,3,0,1]$ は明らかに 1 次独立である†から

$$\mathrm{Ker}\,F = \left\langle {}^t[-2,5,1,0], {}^t[-1,3,0,1] \right\rangle_{\mathbb{R}}$$

を得る。よって，$\mathrm{Ker}\,F$ は $\mathbb{R}^4$ の部分空間である。また，その基底は $\left\{ {}^t[-2,5,1,0], {}^t[-1,3,0,1] \right\}$ であり，次元は 2 に等しい。

## ★ 4 章

【1】$n-1$ と $n$ の互換 $(n-1;n)$ を $\rho$ と記すことにする。$n$ 次置換群 $\mathfrak{S}_n$ のうち偶置換であるものを

$$\sigma_1, \sigma_2, \cdots, \sigma_r$$

とし，奇置換であるものを

$$\tau_1, \tau_2, \cdots, \tau_s$$

とする。

各 $\sigma_k$ に対し，$\sigma'_k = \rho \circ \sigma_k$ をつくると，各 $\sigma_k$ は奇置換である。いま，$1 \leqq j \neq k \leqq r$ に対し，$\sigma_j \neq \sigma_k$ であるから $\sigma'_j \neq \sigma'_k$ も成り立つ。なぜなら $\sigma'_j = \sigma'_k$ のとき

$$\rho \circ \sigma_j = \rho \circ \sigma_k$$

の両辺に左から $\rho^{-1} = (n-1;n)$ を掛けると

$$\sigma_j = \sigma_k$$

となって矛盾するからである。これは $s \geqq r$ を意味する。

一方，各 $\tau_k$ から $\tau'_k = \rho \circ \tau_k$ をつくると，各 $\tau'_k$ は偶置換である。よって，いまの議論を繰り返すことにより $r \geqq s$ が成り立つ。よって，$r = s$ である。

【2】(1)

$$A\,{}^tA = \begin{bmatrix} a & b & c & d \\ -b & a & -d & c \\ -c & d & a & -b \\ -d & -c & b & a \end{bmatrix} \begin{bmatrix} a & -b & -c & -d \\ b & a & d & -c \\ c & -d & a & b \\ d & c & -b & a \end{bmatrix}$$

---

† ${}^t[-2,5,1,0]$ と ${}^t[-1,3,0,1]$ が平行でないからである。再び練習 3.10 の解答の脚注参照。

$$= (a^2 + b^2 + c^2 + d^2)I_4$$

を得る。

(2) 定理 4.5 より，$\det {}^tA = \det A$ である。定理 A.5 と (1) とを合わせて

$$\begin{aligned}\det A\,{}^tA &= \det A \det {}^tA = (\det A)^2 \\ &= \det (a^2 + b^2 + c^2 + d^2)I_4 \\ &= (a^2 + b^2 + c^2 + d^2)^4\end{aligned}$$

を得る。よって

$$\det A = \pm(a^2 + b^2 + c^2 + d^2)^2 \qquad (解\ 4.1)$$

である。複号のうちどちらが正しいかを決めるには，例えば $a^4$ の係数に着目する。$\det A$ を定義通り計算したとき，$a^4$ の係数は明らかに 1 である。よって，式 (解 4.1) の複号のうち，$+$ のほうが正しい。したがって

$$\det A = (a^2 + b^2 + c^2 + d^2)^2$$

を得る。

【3】例題 3.12(2) より，$\mathrm{r}(AB) \leqq \mathrm{r}(A)$ である。また，例題 3.12(1) より $\mathrm{r}(A) \leqq m, n$ であるから，$\mathrm{r}(A) \leqq m$ である。この二つを合わせて，$\mathrm{r}(AB) \leqq m < n$ が成り立つ。

よって，定理 3.20 より $AB \in M_n(\mathbb{R})$ は正則行列ではない。系 4.12 の対偶より，$AB$ が正則行列でなければ $\det AB = 0$ である。

別証 $A, B$ をそれぞれ膨らませて

$$A_1 = \left[\begin{array}{c|c} A & O_{n,n-m} \end{array}\right], \quad B_1 = \left[\begin{array}{c} B \\ \hline O_{n-m,n} \end{array}\right] \in M_n(\mathbb{R})$$

を定義すると，定理 A.5 から，$\det A_1B_1 = \det B_1A_1$ が成り立つ。

ところが

$$A_1B_1 = AB, \quad B_1A_1 = \begin{bmatrix} BA & O_{m,n-m} \\ O_{n-m,m} & O_{n-m} \end{bmatrix}$$

であるから

$$\det AB = \begin{vmatrix} BA & O_{m,n-m} \\ O_{n-m,m} & O_{n-m} \end{vmatrix} = 0$$

が成り立つ。

【4】式 (4.17) の両辺に $\prod_{i,j=1}^{n}(x_i-y_j)$ を掛けた

$$\prod_{i,j=1}^{n}(x_i-y_j)\det A=\Delta(x_1,\cdots,x_n)\Delta(y_n,\cdots,y_1) \qquad (解 4.2)$$

を証明する。式 (解 4.2) の左辺は, det $A$ がもつ $(x_i-y_j)^{-1}$ の因子を $\prod_{i,j=1}^{n}(x_i-y_j)$ を掛けたことにより打ち消しているから，$x_i$, $y_j$ たちの多項式である。

いまもし $x_i=x_j$ $(i\neq j)$ であるなら, 第 $i$ 行と第 $j$ 行が一致するから det $A=0$ となる。よって，式 (解 4.2) の左辺は $x_1,\cdots,x_n$ の差積 $\Delta(x_1,\cdots,x_n)$ で割り切れる。同様にもし $y_i=y_j$ $(i\neq j)$ であるなら，第 $i$ 列と第 $j$ 列が一致するから det $A=0$ となる。よって，式 (解 4.2) の左辺は $y_n,\cdots,y_1$ の差積 $\Delta(y_n,\cdots,y_1)$ で割り切れる（差積の並び順が $y_j$ たちと $x_i$ たちで逆であることに注意せよ）。そこで

$$\prod_{i,j=1}^{n}(x_i-y_j)\det A=C\Delta(x_1,\cdots,x_n)\Delta(y_n,\cdots,y_1)$$

と書くと, $C$ は定数である。なぜなら, 式 (解 4.2) の左辺の次数は $n^2-n$（$-n$ は det $A$ からの寄与）であり, 式 (解 4.2) の右辺の $C$ を除く次数 $2{}_nC_2=n(n-1)$ に一致するからである。

次に定数 $C$ を決めるため，式 (解 4.2) の両辺の $x_2y_2x_3^2y_3^2\cdots x_n^{n-1}y_n^{n-1}$ の係数を比較する。式 (解 4.2) の左辺は

$$\begin{aligned}&\prod_{i,j=1}^{n}(x_i-y_j)\sum_{\sigma\in\mathfrak{S}_n}\varepsilon(\sigma)a_{\sigma(1)1}\cdots a_{\sigma(n)n}\\&=\prod_{i,j=1}^{n}(x_i-y_j)\sum_{\sigma\in\mathfrak{S}_n}\varepsilon(\sigma)\prod_{j=1}^{n}\frac{1}{x_{\sigma(j)}-y_j}\end{aligned} \qquad (解 4.3)$$

である。$\mathfrak{S}_n$ の元 $\sigma$ に関する和の各項のうち，$y_n^{n-1}$ の項は

$$\prod_{\substack{i=1\\ i\neq\sigma(n)}}^{n}(x_i-y_n)$$

のすべての括弧から $-y_n$ をとって得られるが，もし $\sigma(n)\neq n$ だと式 (解 4.3) の $x_n^{n-1}$ に比例する係数は 0 である。よって，$\sigma(n)=n$ からの寄与しかない。

同様にして，$\sigma(n)=n$ の条件で式 (解 4.3) の $x_{n-1}^{n-2}y_{n-1}^{n-2}$ の係数が 0 とならない条件を求めると，$\sigma(n-1)=n-1$ となる。以下，これを繰り返すと，式 (解 4.2) の左辺で $x_2y_2x_3^2y_3^2\cdots x_n^{n-1}y_n^{n-1}$ に寄与する項は，$\sigma=\iota$ の項，すなわち

$$\prod_{\substack{i,j=1\\ i\neq j}}^{n}(x_i-y_j) \tag{解 4.4}$$

のみである。式 (解 4.4) から $x_2y_2x_3^2y_3^2\cdots x_n^{n-1}y_n^{n-1}$ の係数を求めると

$$(-1)^{1+2+\cdots+(n-1)} \tag{解 4.5}$$

である。一方，式 (解 4.2) の右辺の $x_2y_2x_3^2y_3^2\cdots x_n^{n-1}y_n^{n-1}$ の係数は，明らかに式 (解 4.5) に等しい。よって，求める定数は $C=1$ である。これは式 (解 4.2) を意味する。

## ★5章

【1】(1)　$AB$ の $(i,i)$ 成分は

$$(AB)_{ii}=\sum_{j=1}^{n}a_{ij}b_{ji}$$

であるから

$$\mathrm{tr}\,(AB)=\sum_{i=1}^{n}(AB)_{ii}=\sum_{i=1}^{n}\sum_{j=1}^{n}a_{ij}b_{ji} \tag{解 5.9}$$

である。一方，$BA$ の $(j,j)$ 成分は

$$(BA)_{jj}=\sum_{i=1}^{n}b_{ji}a_{ij}$$

であるから

$$\mathrm{tr}\,(BA)=\sum_{j=1}^{n}(BA)_{jj}=\sum_{j=1}^{n}\sum_{i=1}^{n}b_{ji}a_{ij} \tag{解 5.10}$$

である。式 (解 5.9) と式 (解 5.10) より

$$\mathrm{tr}\,(AB)=\mathrm{tr}\,(BA)$$

が成り立つ。

(2)　(1) で，$A \to P^{-1}$, $B \to AP$ を代入すると

$$\mathrm{tr}\,(P^{-1} \cdot AP) = \mathrm{tr}\,(AP \cdot P^{-1}) = \mathrm{tr}\,A$$

より，題意は成り立つ。

【2】まず，$A, B \in M_n(\mathbb{R})$ に対し

$$\Delta_{AB}(x) = \Delta_{BA}(x) \qquad \text{(解 5.11)}$$

が成り立つことを示そう。

まず，$A$ または $B$ が正則なら系 4.9(2) より成り立つ。実際，例えば $A$ が正則なら

$$\begin{aligned}\Delta_{AB}(x) &= \det\,(xI_n - AB) = \det\,A^{-1}(xI_n - AB)A \\ &= \det(xI_n - BA) = \Delta_{BA}(x)\end{aligned} \qquad \text{(解 5.12)}$$

となるからである。$B$ が正則の場合も同様である。

では $A$ も $B$ も正則でない場合はどうすればよいか。$A$ も $B$ も正則でない場合，$A^{-1}$ も $B^{-1}$ も存在しない。しかし $A^{-1}$ に近い存在として，余因子行列 $\tilde{A}$ がある。以下，$A = [a_{ij}], B = [b_{ij}]$ とし，$A$ と $B$ の成分 $a_{ij}, b_{ij}$ たちについての多項式としての等式を考えることとする。

$\Delta_{AB}(x)$ に $\det\,\tilde{A}\det\,A = \det\,(\tilde{A}A)$ を掛けると

$$\begin{aligned}\det\,\tilde{A}\det\,(xI_n - AB)\det\,A &= \det\,(x\tilde{A}A - \tilde{A}ABA) \\ &= \det\,(\tilde{A}A)\det\,(xI_n - BA)\end{aligned}$$

すなわち

$$\det\,(\tilde{A}A)\Delta_{AB}(x) = \det\,(\tilde{A}A)\Delta_{BA}(x) \qquad \text{(解 5.13)}$$

が $a_{ij}, b_{ij}$ たちについての多項式として成り立つ。$\det\,(\tilde{A}A) = \det\,(\det\,A)I = (\det\,A)^n$ は $a_{ij}$ たちについての多項式として 0 ではない。よって，式 (解 5.13) から式 (解 5.11) が $a_{ij}, b_{ij}$ たちについての多項式として成り立つ。

別証　ここまでの別証の概略を述べる。$\mathrm{r}\,(A) = r < n$ のとき，適当な正則行列 $P, Q \in M_n(\mathbb{R})$ を用いて，$A' = PAQ$ を式 (3.41) の形にできる。ここで，$B' = Q^{-1}BP^{-1}$ とおくと，$A'B' = P(AB)P^{-1}$ より $\Delta_{A'B'}(x) = \Delta_{AB}(x)$ が，$B'A' = Q^{-1}BAQ$ より $\Delta_{B'A'}(x) = \Delta_{BA}(x)$ が成り立つ。よって，式 (解 5.11) を示すには $\Delta_{A'B'}(x) = \Delta_{B'A'}$ を示せばよい。そこで

$$B' = \begin{bmatrix} \overbrace{B_{11}}^{r} & \overbrace{B_{12}}^{n-r} \\ B_{21} & B_{22} \end{bmatrix} \begin{matrix} )_r \\ )_{n-r} \end{matrix}$$

とおくと

$$A'B' = \begin{bmatrix} \overbrace{B_{11}}^{r} & \overbrace{B_{12}}^{n-r} \\ O_{n-r,r} & O_{n-r} \end{bmatrix} \begin{matrix} )_r \\ )_{n-r} \end{matrix}, \qquad B'A' = \begin{bmatrix} \overbrace{B_{11}}^{r} & \overbrace{O_{r,n-r}}^{n-r} \\ B_{21} & O_{n-r} \end{bmatrix} \begin{matrix} )_r \\ )_{n-r} \end{matrix}$$

となる。よって $\Delta_{A'B'}(x) = \Delta_{B'A'}(x) = x^{n-r}\Delta_{B_{11}}(x)$ より，$\Delta_{AB}(x) = \Delta_{BA}(x)$ が従う。

ここで，$A \in M_{n,m}(\mathbb{R})$, $B \in M_{m,n}(\mathbb{R})$ の場合に戻る。第 4 章の章末問題【**3**】の別証にならって

$$A_1 = \left[\begin{array}{c|c} A & O_{n,n-m} \end{array}\right], \qquad B_1 = \left[\begin{array}{c} B \\ \hline O_{n-m,n} \end{array}\right] \in M_n(\mathbb{R})$$

を定義する。すると

$$A_1B_1 = AB, \qquad B_1A_1 = \begin{bmatrix} BA & O_{m,n-m} \\ O_{n-m,m} & O_{n-m} \end{bmatrix}$$

となるから，$\Delta_{A_1B_1}(x) = \Delta_{B_1A_1}(x)$ より

$$\Delta_{AB}(x) = x^{n-m}\Delta_{BA}(x)$$

が成り立つ。

**注意**　この問題の結果より，$AB$ と $BA$ の 0 でない固有値に関しては，重複度をこめて一致する。

【**3**】(1)　$A_n$ の固有方程式 $f_n(x) = \det(xI_n - A_n)$ に対し，第 1 行に関する余因子展開を用いて

$$f_n(x) = \begin{vmatrix} x & -1 & & & \\ -1 & x & -1 & & \\ & -1 & x & -1 & \\ & & -1 & x & -1 \\ & & & \ddots & \ddots & \ddots \end{vmatrix}$$

$$= x\begin{vmatrix} x & -1 & & & \\ -1 & x & -1 & & \\ & -1 & x & -1 & \\ & & \ddots & \ddots & \ddots \end{vmatrix} + \begin{vmatrix} -1 & -1 & & & \\ & x & -1 & & \\ & -1 & x & -1 & \\ & & \ddots & \ddots & \ddots \end{vmatrix}$$

$$= xf_{n-1}(x) - f_{n-2}(x)$$

を得る。最後の等式で，第 2 項については第 1 列に関する余因子展開を用いた。

(2) 固有値・固有ベクトルが与えられているので，直接代入して $A_n \boldsymbol{v}_k = \lambda_k \boldsymbol{v}_k$ が成り立つことを示すことも可能である†。ここでは (1) を利用して，$f_n(x)$ の一般形を求めることにより解く。以下の解法で，複素数や複素 (数) 平面に関する知らない知識がある場合，高等学校の教科書などを参照してほしい。

$n = 1, 2$ のとき

$$f_1(x) = |x| = x, \qquad f_2(x) = \begin{vmatrix} x & -1 \\ -1 & x \end{vmatrix} = x^2 - 1$$

である。$f_2(x) = xf_1(x) - f_0(x)$ が成り立つように $f_0(x)$ を定めると，$f_0(x) = 1$ である。よって，$A$ の固有多項式 $f_n(x)$ は，初期条件 $f_0(x) = 1$，$f_1(x) = x$ と漸化式

$$f_{n+1}(x) = xf_n(x) - f_{n-1}(x) \quad (n \geqq 1) \tag{解 5.14}$$

で順次決まる。$\alpha, \beta$ を

$$\alpha + \beta = x, \qquad \alpha\beta = 1 \tag{解 5.15}$$

をみたす二つの数とする。このとき，式 (解 5.14) は式 (解 5.15) を用いて

$$f_{n+1}(x) = (\alpha + \beta)f_n(x) - \alpha\beta f_{n-1}(x) \quad (n \geqq 1) \tag{解 5.16}$$

と書き直せる。式 (解 5.16) より

$$\begin{cases} f_{n+1}(x) - \alpha f_n(x) = \beta(f_n(x) - \alpha f_{n-1}(x)) \\ f_{n+1}(x) - \beta f_n(x) = \alpha(f_n(x) - \beta f_{n-1}(x)) \end{cases} \tag{解 5.17}$$

を得る。式 (解 5.17) の第 1 式を $n$ 回繰り返し適用することにより

$$\begin{aligned} f_{n+1}(x) - \alpha f_n(x) &= \beta^n (f_1(x) - \alpha f_0(x)) \\ &= \beta_n (x - \alpha) \\ &= \beta^{n+1} \end{aligned} \tag{解 5.18}$$

† 三角関数の和を積に直す公式 (加法定理) に帰着する。各自確かめよ。

を得る。ここで最後の等式で，$x=\alpha+\beta$ を用いた。同様に，式 (解 5.17) の第 2 式より

$$f_{n+1}(x)-\beta f_n(x)=\alpha^{n+1} \tag{解 5.19}$$

となる。よって，式 (解 5.18) から式 (解 5.19) を辺々引いて

$$f_n(x)=\frac{\beta^{n+1}-\alpha^{n+1}}{\beta-\alpha} \tag{解 5.20}$$

を得る。

$A_n$ の固有値は，$f_n(x)$ の零点 ($f_n(x)=0$ の根) で与えられる。式 (解 5.20) より明らかに，$f_n(x)=0$ は $\beta^{n+1}=\alpha^{n+1}$ かつ $\beta\neq\alpha$ と同値である。式 (解 5.15) より $\alpha\beta=1$ であることと合わせ考えると

$$\alpha_k=e^{\frac{k\pi i}{n+1}}=\beta_k^{-1} \quad (1\leqq k\leqq n)$$

として，式 (解 5.15) より $x=\alpha_k+\beta_k$ で $f_n(x)$ の零点は与えられる。よって $A_n$ の固有値は

$$\lambda_k=\alpha_k+\beta_k=e^{\frac{k\pi i}{n+1}}+e^{-\frac{k\pi i}{n+1}}=2\cos\frac{k\pi}{n+1} \quad (1\leqq k\leqq n)$$

である。

次に固有値 $\lambda_k$ に対する固有ベクトル（の一つ）を求めよう。それには，$\boldsymbol{v}_k={}^t[v_1^{(k)},\cdots,v_n^{(k)}]$ とおいて

$$(\lambda_k I_n-A_n)\boldsymbol{v}_k$$
$$=\boldsymbol{0}_n \iff \begin{bmatrix}\lambda_k & -1 & & & \\ -1 & \lambda_k & -1 & & \\ & -1 & \lambda_k & -1 & \\ & & \ddots & \ddots & \ddots\end{bmatrix}\begin{bmatrix}v_1^{(k)}\\ v_2^{(k)}\\ v_3^{(k)}\\ \vdots\end{bmatrix}=\begin{bmatrix}0\\0\\0\\ \vdots\end{bmatrix}$$

を解けばよい。これは

$$-v_{j-1}^{(k)}+\lambda_k v_j^{(k)}-v_{j+1}^{(k)}=0 \quad (1\leqq j\leqq n) \tag{解 5.21}$$

を意味する。ここで，統一的に式を書くために，$v_0^{(k)}=v_{n+1}^{(k)}=0$ とおいた。天下りだが，$v_1^{(k)}=(\alpha_k-\beta_k)/2i=\sin\frac{k\pi}{n+1}$ とおくと，$v_2^{(k)}=(\alpha_k^2-\beta_k^2)/2i=\sin\frac{2k\pi}{n+1}$，$v_3^{(k)}=(\alpha_k^3-\beta_k^3)/2i=\sin\frac{3k\pi}{n+1}$，$\cdots$，$v_n^{(k)}=(\alpha_k^n-\beta_k^n)/2i=\sin\frac{nk\pi}{n+1}$ と順次決まっていく。よって，$\boldsymbol{v}_k$ は $A_n$ の固有値 $\lambda_k$ に対する固有ベクトルである。

**注意**　練習 5.5 の記号を用いると，$A_n$ の各成分は非負であるから，$A_n \geqq O$ である。また，$A$ の形から $A$ は既約である[†1]。一般にこれらの条件をみたす行列に対し，その行列の（複素数の意味で）絶対値最大の固有値（の一つ）は実数の正の固有値であり，その固有ベクトルとしてすべての成分が正にできるという，**ペロン・フロベニウスの定理**が知られている。実際，$A_n$ の最大固有値は $\lambda_1 = 2\cos\frac{\pi}{n+1} > 0$ であり，$\lambda_1$ に対する固有ベクトル $\boldsymbol{v}_1$ も $\boldsymbol{v}_1 > \boldsymbol{0}$ をみたしている。

物理との関係でいうと，$n \to \infty$ としたとき，固定端境界条件における長さ $l$ の弦の振動と関係がある[†2]。その関係をみるため，$H_n = 2I_n - A_n$ に対し

$$H_n \boldsymbol{v}_k = (2 - \lambda_k)\boldsymbol{v}_k \qquad (解 5.22)$$

を考える。任意に $l > 0$ を固定し，$\boldsymbol{v}_k$ の第 $j$ 成分から

$$v_j^{(k)} =: v^{(k)}(ja) \qquad \left(a = \frac{l}{n+1}\right)$$

とおく。さらに $n \to \infty$ の極限をとって，区間 $[0, l]$ における連続関数 $v^{(k)}(x)$ をうまく定義できたとすると，式 (解 5.22) は $n \to \infty$ の極限で

$$-\frac{d^2 v^{(k)}}{dx^2} = E_k v^{(k)}(x), \qquad v^{(k)}(0) = v^{(k)}(l) = 0 \qquad (解 5.23)$$

となる。ただし

$$E_k = \lim_{n\to\infty} \frac{2 - \lambda_k}{a^2} = \frac{k^2\pi^2}{l^2}$$

は弦の振動のエネルギー（に比例する量）である。常微分方程式 (解 5.23) の解

$$v^{(k)}(x) = \sin\frac{k\pi x}{l} \qquad (k = 1, 2, 3, \cdots) \qquad (解 5.24)$$

を弦の固有振動という。

式 (解 5.24) において，$v^{(k)}(x) = 0$ となる点（ただし，両端 $x = 0, l$ は除く）

---

†1　$A$ が既約であるとは，任意の $(i, j)$ の組に対し，$(A^m)_{ij} > 0$ となるような自然数 $m$ が存在することである。注意 5.3 のネットサーフィンのたとえでいうと，任意のサイト $j$ から任意のサイト $i$ まで，貼られているリンクをたどって必ず行けるという条件と同じである。

†2　以下，数学の話から離れるので式変形の詳細は省略する。

$$x = \frac{l}{k}, \frac{2l}{k}, \cdots, \frac{(k-1)l}{k}$$

を固有振動の節という。振動のエネルギー $E_k$ は $k=1$ のときが最小で†，固有振動 $v^{(1)}(x)$ は節をもたないことがわかる。さらに，$k=2,3,\cdots$ と振動のエネルギーが上がるにつれ，固有振動 $v^{(k)}(x)$ の節の数は一つずつ増えていくこともわかる。

**【4】** まず，$A_1, A_2 \in M_2(\mathbb{R})$ として $A$ が

$$A = \begin{bmatrix} A_1 & * \\ O_2 & A_2 \end{bmatrix}$$

の形に書けていることに注意する。一般に，このような形の行列をブロック上三角行列という。

ブロック上三角行列では

$$\det A = \det A_1 \det A_2 \qquad (解\ 5.25)$$

が成り立つ。実際，行列 $A$ の定義式より

$$\det A = \sum_{\sigma \in \mathfrak{S}_4} \varepsilon(\sigma) a_{\sigma(1)1} a_{\sigma(2)2} a_{\sigma(3)3} a_{\sigma(4)4} \qquad (解\ 5.26)$$

となるが，$A$ の形から $\sigma(1)=3,4$ または $\sigma(2)=3,4$ の場合 0 となり，式 (解 5.26) の和に寄与しない。よって，$\{\sigma(1), \sigma(2)\} = \{1,2\}$ となる。すると必然的に $\{\sigma(3), \sigma(4)\} = \{3,4\}$ となるから，結局 $A$ の行列式は式 (解 5.25) のように $A_1$ と $A_2$ の行列式の積に分解するのである。

これは固有多項式を考える場合も同様で

$$\Delta_A(x) = \Delta_{A_1}(x)\Delta_{A_2}(x)$$

となる。$\Delta_{A_1}(x)$ は

$$\begin{aligned}
\Delta_{A_1}(x) &= \begin{vmatrix} x-(1+a) & 1 \\ -a^2 & x-(1-a) \end{vmatrix} \\
&= \{x-(1+a)\}\{x-(1-a)\} + a^2 \\
&= x^2 - 2x + (1-a^2) + a^2 \\
&= (x-1)^2
\end{aligned}$$

† $A_n$ にとっては最大固有値に対応している。

であり，ほぼ同じ計算で $\Delta_{A_2}(x) = (x-1)^2$ となるから，$\Delta_A(x) = (x-1)^4$ である。よって，固有値は 1 のみである。

また，$A - I_4 \neq O_4$, $(A - I_4)^2 = O_4$ より，$N = A - I_4$ は指数 2 のべき零行列である。命題 5.8（命題 A.8）より，ジョルダン細胞のサイズの最大値は 2 であるから，$A$ のジョルダン標準形は $\begin{bmatrix} 1 & 1 & 0 & 0 \\ 0 & 1 & 0 & 0 \\ 0 & 0 & 1 & 1 \\ 0 & 0 & 0 & 1 \end{bmatrix}$ または $\begin{bmatrix} 1 & 1 & 0 & 0 \\ 0 & 1 & 0 & 0 \\ 0 & 0 & 1 & 0 \\ 0 & 0 & 0 & 1 \end{bmatrix}$ のいずれかである。

命題 A.8 での基底の作り方を思い出してみると，ジョルダン細胞の数は $A$（あるいは $N$）の固有空間の次元に等しいことがわかる。そこで，上の二つの候補のうち，どちらが $A$ のジョルダン標準形であるかを決定するためには，$A$ の固有空間を求めればよい。

$$N = \begin{bmatrix} a & -1 & a & 1 \\ a^2 & -a & a^2 & a \\ 0 & 0 & -a & -1 \\ 0 & 0 & a^2 & a \end{bmatrix}$$

$$\xrightarrow{(\text{第 2 行}) - (\text{第 1 行}) \times a} \begin{bmatrix} a & -1 & a & 1 \\ 0 & 0 & 0 & 0 \\ 0 & 0 & -a & -1 \\ 0 & 0 & a^2 & a \end{bmatrix}$$

$$\xrightarrow[(\text{第 4 行}) + (\text{第 3 行}) \times a]{(\text{第 1 行}) + (\text{第 3 行}) \times 1} \begin{bmatrix} a & -1 & 0 & 0 \\ 0 & 0 & 0 & 0 \\ 0 & 0 & -a & -1 \\ 0 & 0 & 0 & 0 \end{bmatrix}$$

より，$W_1 = \langle {}^t[1,\ a,\ 0,\ 0], {}^t[0,\ 0,\ 1,\ -a] \rangle_{\mathbb{R}}$ となる。よって，ジョルダン細胞の数は二つとなるから，$A$ のジョルダン標準形は $\begin{bmatrix} 1 & 1 & 0 & 0 \\ 0 & 1 & 0 & 0 \\ 0 & 0 & 1 & 1 \\ 0 & 0 & 0 & 1 \end{bmatrix}$ である。

# 索　　引

―― 著 者 略 歴 ――

1988 年　東京大学理学部物理学科卒業
1993 年　東京大学大学院理学系研究科博士課程修了（物理学専攻）
　　　　博士（理学）
1993 年　京都大学数理解析研究所研修員（日本学術振興会特別研究員）
～98 年
1994 年　メルボルン大学数学科 Research Fellow (Level A)
～95 年
1998 年　鈴鹿医療科学大学講師（数学担当）
2005 年　鈴鹿医療科学大学助教授
2006 年　鈴鹿医療科学大学教授
　　　　現在に至る

基礎からの線形代数
Basic Linear Algebra

© Yasuhiro Kuwano 2014

2014 年 9 月 12 日　初版第 1 刷発行　★

検印省略

著　者　桑　野　泰　宏（くわの やすひろ）
発 行 者　株式会社　コ ロ ナ 社
　　　　代 表 者　牛 来 真 也
印 刷 所　三美印刷株式会社

112-0011　東京都文京区千石 4-46-10
発行所　株式会社　コ ロ ナ 社
CORONA PUBLISHING CO., LTD.
Tokyo Japan
振替 00140-8-14844・電話(03)3941-3131(代)
ホームページ http://www.coronasha.co.jp

ISBN 978-4-339-06107-9　（松岡）　（製本：愛千製本所）
Printed in Japan

本書のコピー，スキャン，デジタル化等の無断複製・転載は著作権法上での例外を除き禁じられております。購入者以外の第三者による本書の電子データ化及び電子書籍化は，いかなる場合も認めておりません。

落丁・乱丁本はお取替えいたします